天下・文化
BELIEVE IN READING

科學文化　A03

The Dreams of Reason

The Computer and the Rise of the Sciences of Complexity

理性之夢

科學與哲學的思辨

Heinz R. Pagels

裴傑斯——著　牟中原、梁仲賢——譯

理性之夢
科學與哲學的思辨

The Dreams of Reason

The Computer and the Rise of the Sciences of Complexity

序

分享優秀心靈的夢境　　　　　黃榮村

　　在荒野仰望星空，心中一幕一幕湧來的是自然與人文的互動。假如一個人曾有過這種充滿智慧與愉悅的經驗，我想推薦他來看看這本《理性之夢》，說不定能重拾過去的蛛絲馬跡，同時分享一個優秀心靈的夢境。沒有過這種經驗的人，就拿這本書當作嶄新經驗的開始吧！

　　我無法預測心靈交會的結果是什麼，因為這本書很複雜，相信看這本書的人也不簡單，但只要堅信理性而且實行它，則在未來應該會發展出一種可以安身立命的穩定狀態，那裡實實在在閃耀著生命的光彩。這就是本書想要遊說讀者的重點之一。

介於科學與哲學之間

　　《理性之夢》是一本在樂觀情緒驅使下，對尖端科學的奧祕與展望有著無限憧憬，用一種非常白話方式寫出來的書。這類書往往表現出具有強烈智慧品味（而非單純的知識），一推出新書市場立即風靡暢銷。這些書的作者泰半是研究做得相當不錯，並且關心其他人類事務的大學教授（所以他們才能在市場上擁有一定的聲望，間接促成新書的暢銷），如本書作者裴傑斯（Heinz R. Pagels）就是一位英年早逝的洛克斐勒大學物理學副教授。

這種介於科學與哲學之間的智慧書籍，在歐美知識份子界相當受歡迎，在日本則透過翻譯亦有很好的市場。類似的書，如印第安納大學電腦學教授霍夫史達特（D. R. Hofstadter）的《哥德爾、艾雪與巴哈：一條永恆的金帶》（*Godel, Escher, bach: An Eternal Golden Braid*），以及哈佛大學心理學教授嘉德納（H. Gardner）的《心靈的新科學》（*The Mind's New Science*），與本書同樣是市場的暢銷書，而且在寫作風格與內容上頗多相似之處。

《理性之夢》主要分兩部分。第一部分討論複雜科學（Science of complexity）的大要、非線性系統的特色，與電腦（尤其是超級電腦）無遠弗屆的影響，作者旁徵博引而且花了相當的精神在各層次上予以詳細說明，一般非科學背景的讀者，應該不會有困難了解這些科學的主要精神。第二部分則提高層次，談論科學與哲學之間的關聯與日後的會合，作者不只對科學的哲學（包括數理哲學）有一套看法。且以自己過去的求學經驗穿插其中，相當引人入勝。在這部分，廣涉跨學科的認知科學、現代語言學、視覺計算理論、心物問題、演化論、分子生物學、集合論、邏輯、數學、歸納與演繹方法，包括物質與認知兩類儀器的有趣談論，這些尖端學科中興味盎然的內容，在作者娓娓道來的氣氛中，讓讀者毫不費力沉浸在知性與溫暖的感覺中，令人覺得科學其實也是日常生活與思考中的一部分。

知性與人文的會合

在本書中，作者選擇了很有趣（然後解釋得淺顯易懂）的科學根據，來說明介於單純秩序與完全混沌之間，具有廣大範圍的複雜

性如何度量。接著說明系統的基本組成分子可能很簡單、運作規則可能很單純，但由於各成分間相互作用的變化，使系統行為趨於複雜。作者因此描述哪一類複雜系統，是可以用比較簡單的模型來模擬，哪一些複雜系統（如天氣、國際經濟、人心或大腦功能）是不可模擬、無法預測的。若在初始狀態的輸入端無法給予完整資訊，而只有部分或模糊的資訊時，則該系統又會碰上資訊基礎複雜性的尖端問題。

　　在介紹各類自然界（物理、化學與生物現象）與人腦的模擬時。作者對當代知識的根源及內容，顯然有第一手的觀察（有的屬於自己的專長，有的則是與原始創見者有直接的接觸），因此在熱情中沒有忘記這些知識的極限。像在描述以記號運作為主體的人工智慧，如何演變到需要考慮外界新事物介入、脈絡效應，與相互作用的神經網路理論時，作者不會忘記神經網路理論與神經科學實質進展之間的差距，也不避談現在神經科學在某些題材上的有限進展。所以，這不是一本會誤導入門者的「熱心過度」的書，這項特質顯示了　位關切世界事務科學家的批判理性。

　　綜合而言，《理性之夢》具體而微表現出下列三點特色：

　　一、本書容納了當代智慧人物，在他們一生中最重要的學術發現，及其引申出來的重要應用。作者見聞廣博（是一位有創造力的物理學家，在過去曾認真修習人文學科，又任職於紐約科學院，接觸各學術領域的一流人物），在撰寫時自然流露出一種知性與人文會合產生的品味。

　　二、本書最好的一部分，是作者以一種素樸的實在論或「科學基本教義人士」觀點（作者自嘲自己這些哲學觀點，是「哲學家中較差的一類」，單是這點自嘲，就值得你去翻翻這本書），來對各學

科的重要發展提出自己的看法。譬如當他說：「有很多假設是不能直接驗證的，但從假設推演出的結果，則是可驗證的；假如結果符合經驗，則假設正確的可能性會增強。」時，你參照著看，就不會覺得他對科學哲學家的嘲諷與期許，是無的放矢了。

安身立命的樂園

另外他認為：「複雜的行為，可能源自可以了解的簡單元素」，若你參照著看，你也會了解為什麼作者對複雜科學的發展，那麼熱切而有信心，你也會了解為什麼他對人心或大腦那麼有興趣，因為他認為這麼複雜的系統，未來終將找到可以描述它們的實質基礎。

作者在做著他的理性之夢，我們要與他共享這個遠景。

三、作者在面對科學的尖端發展後，辛苦發展出來一些觀點與期待，他相信有一個最後的存在，那就是洞識（尤其是在倫理價值上）、選擇與理性，這個存在的新綜合體與使用的智慧，將能使影響當前與未來世界的尖端知識，面臨「新綜合」的開始，前面的亮光將愈來愈開闊、愈來愈實在，導引我們走向一個安身立命的樂園。

最後我想說的是，雖然台灣的科學界人士，還沒有人寫出這類智慧書籍，但願意著手翻譯已經是很感人了。譯者之一车中原教授是我的好友，更是台灣極出色的物理化學家，平時對人文與哲學思潮亦極為關切，這本譯作因此很忠實的保留了原書的內容與精神。我願意鄭重向大家推介這本書。

（本文作者係前教育部長、現任中國醫藥大學神經科學與認知科學研究所講座教授）

導讀
科學搖籃孕育哲學新夢　　　苑舉正

　　對於哲學家而言，《理性之夢》的「夢」是一個「夢魘」。為什麼我會這麼說呢？答案就在這本書原文的副標題：「電腦與複雜科學的興起」。電腦是我們生活周遭再熟悉不過的應用工具，而複雜科學卻是一個感覺頗為新鮮的名詞。為什麼這兩個既熟悉又新鮮的名詞放在一起，會成為哲學的夢魘呢？答案就在於電腦的計算能力，讓科學的發展變得非常複雜；有的時候這個複雜性，讓傳統哲學問題顯得無足輕重。

　　例如說，宗教哲學討論的「上帝是否存在？」，在本書作者一貫之科學立場下，變成探究宇宙本質的問題，而與道德判斷沒有任何關係。「人是否有自由意志？」，這個長年困擾哲學家的問題，也因為人的認知與決策能力已經透過電腦模擬，進行高速計算的結果，可以將意志化約為因果相循的決定論。至於哲學中那琅琅上口的「靈魂不滅」，原先一直是道德的基礎，在本書中則隻字未提。

　　身為科學家的作者，以非常堅定的口吻，宣稱自己是素樸實在論者，甚至是科學基本教義派。這種表白的方式，對於所有哲學家而言，無異於是一個來自科學家的宣戰。作者不但要以科學家的立場，質疑哲學的傳統，還要針對科學哲學的發展，提出正本清源的策略。

用科學開展哲學

最重要的是，作者在本書的第二部分，提出「哲學與反哲學」做為本書的次要標題（首要標題就是複雜科學）。這個標題說明作者對於哲學的興趣，在於立與破。他想要在電腦與複雜科學的基礎上，建立新的哲學，同時也要在這個基礎上，破除舊的哲學。

在這個企圖中，我們可以感受到作者的用心，就是面對電腦與複雜科學的新局面，哲學家必須好好面對時代的轉換，也就是科學徹底顛覆舊哲學的「成就」。當然，對於不熟悉科學發展的人而言，認知這麼具有顛覆性的複雜科學並不容易。因此，想要透過一本書的內容，讓社會大眾理解這個劇變，本書必須滿足下面四項要求：第一，翻譯要好讀；第二，系統要明確；第三，內容要清楚；第四，預測要準確。坦白說，這四點都不容易達到。

本書由台大化學系牟中原教授與行政院原能會梁仲賢博士翻譯。對於我這麼一位從事哲學研究的人而言，如果沒有專業人士進行翻譯的話，我根本無能，也不會有興趣閱讀本書。

本書所牽涉的，還不單是懂不懂，或是能不能理解複雜科學的發展。更重要的是，本書的內容以二十世紀數學與物理學，各種計算模型與實驗儀器的發明為基底。在說明它們問世的過程中，有非常多的專業名詞必須要能夠清楚的呈現，才能讓讀者了解它們的意義。理解它們很重要，因為這些計算法與儀器，與後來發明電腦，以及透過電腦進一步發展成為複雜科學息息相關。

然後，我們應用科學理論與模型來模擬世界的時候，需要創造非常多的假設性概念，用來說明超越三維空間的現象，例如「決定性混沌」、「奇異吸子」、「吸引盆」、「極限環」等等。面對這些奇怪

的名詞時，我不禁啞然失笑，若不是這兩位專業人士的辛苦付出，我根本就沒有信心去閱讀這些專業術語，遑論把它們放在一個批判傳統哲學的脈絡當中。

其次，本書表面上看來零零散散說了一些科學的突破，尤其是二十世紀以來的發明，但其實它非常有系統的介紹百年來的科學成果。作者在 1950 年代末期，就讀於普林斯頓大學的物理系，專攻高能物理與量子場論。在經歷了 1960 年代的嬉皮歲月，作者以非常寬容的態度學習各種知識，讓他注意到新型態的科學，正在朝向複雜化前進。其中最重要的特點是，許多原先不甚相關的學科，例如神經科學、人類學、族群生物學、學習理論、認知科學、非線性動力學、物理學和宇宙學等，在新時代的發展中，不斷的重疊與整合，揉合出複雜科學。

電腦開啟無限想像

複雜科學的誕生，最主要的實驗工具就是電腦的廣泛應用。電腦的計算功能，採用了一連串的新式計算法，為原先普遍以為純機械式的計算工作，轉換成為模擬有機體發展的功能。這是一件非常重要的事情，因為大多數人，雖然日日都與電腦為伍，卻不能從整體角度，審思這個工具為人類帶來什麼樣的改變。

作者從數學家的發現開始，告訴我們一般用混沌否定機械終將取代心靈的假設，其實是可以透過高速運算而突破的。這種突破的成果，很快就應用在物理世界，探測極大的天文，以及極小的粒子。當人類在物理世界中有所斬獲時，對於極小粒子的探索，更挺進至模擬生命。

　　作者認為，生命的發展來自演化，而演化的改變，主要是靠狀似混沌的規則。微觀世界科技的應用，讓科學出現了「決定性混沌」的觀念。伴隨著電腦的快速發展，科學家居然可以模擬真實世界，並連帶發明人工智慧。無論這裡所談的「智慧」是否值得渴望，但機器確實會思考，而且可以應用在我們的日常生活中。我們的世界已面臨完全不一樣的問題：模型與真實之間會完全吻合嗎？

　　我認為本書最成功的地方，就在這裡。作者用很有系統的方式，把數學、物理學、生物學以及神經網路連結在一起，讓我們赫然發現，電腦的革命已經深化了我們的生活；不知不覺中，我們已經活在虛擬的世界裡。如果哲學的目的在於求真的話，那麼一個讓我們感覺與真實世界完全一樣的虛擬世界，又是個什麼樣的世界呢？宣稱是素樸實在論的作者，對於這個問題採取樂觀其成的態度，因為他認為，重點是活在經驗感知之中，而不是去問為什麼我們會有經驗感知，這種永遠不會有答案的問題；所有的哲學問題都必須交由科學來回答。

　　第三，縱使本書包含了嚴肅科學內容，但作者總是能夠把這些科學發展的過程介紹得生動有趣。比如說，當我們訝異於二十世紀這一段不算長的時間裡，有這麼多位數學家與物理學家，對於知識擴張提出各種突破的時候，發覺這些傑出科學家，居然有很多人來自匈牙利這個小國。作者甚至在形容發現造物主的密碼時，認為匈牙利人的表現不成比例的多。他玩笑式的引用核物理學家費米的話：「外星人早就在這裡了，稱為匈牙利人。」

　　全書當中，包含了各式各樣原創科學家的描述，都由作者有意無意的遵奉為「發現祕密的天才」。在閱讀本書的過程中，我特別喜歡這種近似接觸超自然的人物描述。因為他們的出現，讓我感覺

得到科學的工作，是一項發現造物主祕密的工作。自然中，一切都那麼有秩序的安排著，等待科學家去發現，組織、整理，呈現在我們的眼前。我感覺到，這是讓人比較能接受又符合科學原則的上帝論述。

這種不完全屬於科學的內容，對於閱讀本書有很大的幫助。在科學實驗中有很多不可想像的地方，科學家因為要解決問題，發明各式各樣的理論與機器。經常發生的情況是，當各種科學整合出現的複雜性需要合理解釋時，往往出現了許多不可理解之處。在這些地方，需要科學家設計實驗，或是透過某種演算法的發明，讓模型更真實模仿我們的世界。有關演化的模擬，是這種情況中最重要的突破，因為演化結合了大量的運算，以及計算法針對突變所做的隨機轉換。

當我們閱讀這些案例的時候，作者告訴我們，二十世紀重要科學突破的地點，絕大多數案例發生在美國，理由就是國家、大學與企業的結合。國家為提升競爭力，挹注大量資金，成立大型實驗室，企業則在銷售的考量下，專注於技術應用的發展。兩者的結合，巧妙的打開大學原來堅持做一般研究的象牙塔思想。這個新穎的結合，帶來的結果，意想不到的改變了全體人類命運的發展。

跨越知識間的邊界

最後，我必須針對這些變化，提出我對作者最欽佩的一點，也就是他對於未來的預測。預測的內容有四個部分：一、思想的橫向整合；二，電腦的模擬連結；三，智慧的向外搜尋；四，科學的選汰系統。

傳統的學術思想，強調縱向的發展，透過歷史脈絡的過程，掌握學科的精要。在複雜的發展中，學科的分類成為過時的觀念，取而代之的是，以解決問題為主軸的思想整合。這種深富實用精神的發展，不但打破了學術的壁壘，也讓科學的發展進入新的層次。

在新的層次中，電腦的廣泛應用，不但加深了我們對於實驗儀器的依賴，也讓許多原先我們認為無法理解的神祕層次，獲得一一解碼的機會。電腦所帶動的演算能力，不但能夠提升計算的數量，也提高了模擬自然的品質。原先一度懷疑是否能夠解決的問題，在高速運算中，成了完全可以掌控的發展。甚至連生命與演化這種與人類相關的問題，都在電腦的應用中，成了解釋的對象。

對生命的探索，讓我們能夠有機會，不但想要追尋人的極限，更想跨越限制，探求生命以外的智慧。這是一種很奇特的好奇心，因為若不是在複雜科學與高速運算的輔助下，我們根本就能能超越人的極限。一旦掌握到所有人能夠理解的範圍之後，向外探求更高智慧的好奇心，就永無止盡成為新的哲學課題。重點是，這個課題來自於科學的引導。

在複雜科學的指揮下，科學成為了一個創造與發展的有機系統。正如同作者所說的，所有的科學家，從各自不同的觀點與角度，發展不同理論時，他們所在意的並不是理論的正確性，而是理論的存活性。沒有人能夠提出永遠正確的理論，就像是沒有哪一種物種會永遠活在這個世界中一樣。科學本身就像是一場會發生突變的演化，而在這個過程中，只有最能夠禁得起挑戰的理論，才是公認最具有生存能力的理論。

新的哲學誕生了

　　的確，在我們今天的世界中，所有讀者都能夠感覺到，在大多數人均茫然於複雜科學時代的來臨時，這一本二十多年前出版的書，以科技整合的思維、電腦的廣泛應用、追求宇宙的智慧以及強調科學理論競爭的新情勢，昭示大家新時代即將到來。我們驚訝於作者預測的準確性之餘，必須記住，這並不是本書的重點。本書的重點是，它為我們指出方向：一種新的哲學誕生了！

　　讓我們姑且用「反哲學」這種名詞來稱呼這種新哲學。當然，這也是一個跨時代的區分。當舊有的哲學不能迎合新器具與新理論的訴求時，就等同於一個沒有辦法在新環境中生存的物種。選汰理論的比喻很好，讓我們深切體會傳統哲學，一樣只是個過去適應很好的理論，而現在必須面對延續生存的壓力。

　　對於我這位哲學工作者而言，哲學的主要工作就是求「新」若渴。我不擔心改變，也不害怕否定，更不在乎任何對哲學的批判。我在意的是，這個否定的論證、說明以及證據是否充足？閱讀本書後的感覺，除了學習新知的喜悅之外，也讓我不斷的反省，驚覺科學的發展，已經迅速到讓哲學家必須面對新的時代、新的挑戰以及新的哲學。我基於以上所述，鄭重向大家推薦本書。

（本文作者為國立台灣大學哲學系教授）

新世界觀

西方思想將世界理解成二元，即心和物的世界。這種二元論是對真實世界的割裂，也始終讓我們頭疼。我們能調和嗎？

大多數自然科學家認為，整個宇宙的運行都是根據人所能了解的自然律。從它的開始到結束，從最小的粒子到最大的星系，都按一定規則，沒有例外。地球上的生命可看成是複雜的化學反應：演化、分支之後，最後產生具有法律、宗教、文化的文明。我相信這種對自然世界的化約—唯物主義（reductionist-materialist）觀點，基本上是正確的。

另外一些人，則認為自然只是存在於心中的理念，所有我們對物質實體（material reality）的思考，都是超驗於這個實體的。按這種看法，藝術、宗教、哲學和科學形成一個不可見的意義世界，而它源於心的秩序。這些人的信念和前述「物世界」的信念一樣強，我也相信這種強調以心認物的「超驗觀」是正確的。

這兩種世界觀（自然的和超驗的）顯然有深層的衝突。似乎「心」是超驗於「自然」的。但是，按照自然科學，那個超驗的實驗本身必須要有物質基礎，那麼它必須遵守自然律。如何解決這個衝突，將是人類文明在未來數世紀的課題。

一個很誘人的化解方法，是將這二元歸於其中一元，而號稱解決。

拈花微笑的佛陀

傳說中，當佛陀面臨類似的問題時拈花微笑。這顯示二元或非二元都無法解答。但是這種洞識（insight），為我們提供了探尋的出發點，而不是終點。

最新發展的「複雜科學」就是踏出的第一步。

「複雜科學」是什麼呢？科學早已探索了小宇宙和大宇宙，我們也大致清楚整個景觀。而尚未探討的處女地是「複雜性」。身體器官、腦、經濟、人口和演化系統、動物行為、大分子，這些都是複雜系統。這些系統之中，有些可以由電腦模擬計算，有些則除了自己本身之外，沒有任何東西能模擬它。科學家正以跨領域的方式來迎接「複雜性」的挑戰。令人驚訝的是，他們發現可以從簡單的規則產生複雜系統。

例如有一種在電腦螢幕上的遊戲叫「格狀自動機」（cellular automata），螢幕上的點只是按簡單規則去演化排列，卻能產生很複雜的行為。換個角度看，宇宙中由原子排列成的三維空間格狀自動機，也已經演化出生命和文化。這所有的一切，都可看成簡單元件所演化出來的複雜系統。

本書第一部分描述的是複雜科學的一些主題，包括：生物組織原理的重要性、以計算法來看數學及物理過程、平行計算網路以及非線性動力學的重要性、對混沌的了解、實驗數學、神經網路（neural network）和平行分配處理（parallel distributive processing）。

沒有人能預測複雜科學終將朝哪一個方向發展，但它預示科學的新綜合體，很可能改變我們的物質世界觀。

新的世界觀

近三世紀以來興起的現代科學研究工具，像顯微鏡、望遠鏡都是解析性的，它促進了化約式的科學觀。按此觀點，處理最小物質的物理學，是最基礎的學科。由物理原理可以導出化學定律，然後

是生物學，依此建立階梯。這種自然觀並沒有錯，但它的確深受當時的工業和技術影響。

具有處理大量數據、資料能力以及模擬真實世界的電腦，提供了另一個觀察自然的窗口。正由於電腦所產生的知識與傳統工具不同，我們可能開始看到不同的東西，它提供了對真實不同的視角。我將描述一些電腦上的應用情形：模擬智慧、模擬分子的行為、建構真實生命與人工生命的模型、決定性混沌（deterministic chaos）的發現、非線性系統、模擬演化、神經網路、波茲曼機器（Boltzmann machine）、實驗數學等等。這些應用所發展出來的技術將在商業界、財經界、法律界和軍事上有巨大影響，世界將隨之改變。

做為一種新的生產方式，電腦不但創造出努力追求知識，並且融入社會的新人類，也讓人對知識有了新的想法。電腦轉變了科學，也帶來了新的世界觀。本書第二部分討論「複雜科學」對科學哲學的影響。科學哲學前途堪虞，許多哲學家都認為它日薄西山，因而棄之不顧。過去，哲學是神學的婢女，在二十世紀則為科學的娼妓，最後它差不多成為棄婦。像我這樣的科學家，通常是反哲學的，拒斥讓哲學家解釋科學。但是過去並非如此。

幾十年以前，很多科學家，尤其是物理學家，經常討論科學哲學；時下的趨勢則由思想轉向行動。科學家從事本行之外的活動，較傾向道德問題而少涉及哲學。他們參與的活動包括環境、戰爭與和平以及人權。所以現在由我這麼一個「反哲學者」撰寫有關科學哲學的文章，是需要一番解釋的。

讓科學哲學與科學再度整合

對科學活動的思考已經壁壘分明，一種是哲學的，另一種是經驗實證的。科學哲學和科學的分裂，始於兩百年前的康德（Immanuel Kant），並且延續至今。我相信由於新的複雜科學，這個分野在未來會比較不明顯。我欣然迎接這項發展。尤其是在認知科學方面，哲學家和科學家也許要重新攜手合作。也許，科學哲學並非日暮途窮，而是要再度與科學整合，恢復到康德之前與科學整合的情況。

我不是哲學家，本書所提及的也算不上是哲學，因為其中的論證並不嚴密，我只是試著呈現「複雜性研究」帶給科學的新展望。我利用傳統哲學上的主題，來討論物質實在的性質、認知的問題、心物問題、科學研究的特性、數學的性質、儀器在研究中所扮演的角色等。

由於我身為物理學家，諸般觀點頗受訓練所左右。但是複雜科學一些最令人興奮的發展，是在社會、經濟及心理行為方面。有趣的是，這個新科學的跨學門性質，將超越傳統自然科學和社會科學的鴻溝。有些人對此樂見其成，有些人則嗤之以鼻。

在我科學思考中重複出現的主題是「選汰性系統」（selective system）的想法。它是將達爾文－華萊士（Darwin-Wallace）的天擇想法，用到廣義的模式認知系統上。經驗科學是一種選汰性系統，它選的不是物種，而是有關自然的理論。經驗科學可視為找尋宇宙不變律的選汰性系統。這樣的概念在生物學上已經普遍應用；但它對社會科學和心理學的衝擊才剛開始——孕育的時間很久，但是產生的改變既深且巨，很多較傳統的科學家仍將抗拒它的來臨。

未來的第一線曙光

　　我想，心物二元論的問題，最後不是解決而是消失於無形。以前認為很基本的問題就曾消失過：幾世紀以前，自然哲學家曾爭辯「實質」和「外觀」的區分，後來經驗科學成熟後，這區分就消失了。同樣的，「心」與「物」的涇渭分明，也會隨著複雜科學的興起而消弭。當我們透過神經科學、認知科學、計算科學、生物學、數學和人類學……等等，深入了解心靈世界的意義，是如何由物質支持和表現，將會產生科學的新綜合體，和嶄新的文明與文化世界觀。

　　我相信率先掌握這種新科學的國家和人民，將會成為下一世紀經濟、文化和政治上的超級強權。本書的目的即在闡釋這個知識綜合體的雛形，並捕捉未來文明的第一線曙光。

第1章

美麗的碧蘇爾、塞尚的蘋果

陰莖勃起時，理性便從窗口溜走。

—— 摘自赫欽斯（Robert M. Hutchins）
的幽默劇「笨瓜」（*Zuckerkandl*）

美國加州坐落在兩大地殼板塊之間，地質變動劇烈，雖然目前地殼相當穩定，卻只是暫時的。事實上，太平洋板塊正沿著聖安德魯斯斷層、緊挨著北美大陸板塊往北滑，最後在阿留申群島附近深入地球熔岩之中。

加州地層的活躍，使得陸地與海洋間出現劇烈的衝突，是我生平僅見，尤其在莫羅灣之北、卡美爾市之南的碧蘇爾（Big Sur）一帶最為明顯。這兒，聖露西亞山脈直逼海洋，千尺懸崖對著大海的驚濤駭浪。

碧蘇爾是個原始而美麗的地方，迷人之處在於它的陽光——在冬天和有霧的清晨，陽光幽幽散射，夏日午後則澄澈明亮。山坡乾燥的草皮在豔陽下呈金黃色，陰涼的森林滿布杉柏、松樹、橡樹、紅杉以及野生動物，海岸外是綿延的海藻床，沉浮在海浪中。岩岸間，偶爾夾著沙灘，其間充滿各種海洋生物：寄居蟹、海星、海膽

和鮑魚。海鷗和鵜鶘安詳的翱翔著,似乎沒有演化這回事,鸕鶿則在岸邊等著浮游生物吸引過來的魚兒。

那裡唯一的人造物是一號海岸公路,是由一群囚犯在 1930 年代建造的。原本只有牧人的地方,因為這條公路帶來了人潮,其中多數是藝術家和流浪者。有一些旅館和餐館坐落其間,但碧蘇爾的孤立、冷寂的冬天和工作機會欠缺,使那兒遲遲沒有開發。

在東部長大的我,1960 年代來史丹福大學讀物理研究所以前,從沒聽說過碧蘇爾。那時我年方二十一,像我那樣年紀的研究生,常在學生活動中心門口的噴泉邊流連,希望交到朋友。在那兒,我遇見了哈爾,他自陸軍情報局退役以後,就成了老學生。哈爾是第二代的加州人,祖先是愛爾蘭人,他黑髮、碧眼,皮膚曬得很黑,跟許多愛爾蘭詩人一樣,是個叛逆的冒險者。

他對碧蘇爾區很熟,有次他邀我一起去那兒度個長週末。他有幾部自己改裝的金龜車,其中一部是把車頂切了,在切口處加上木條,然後為車裝上強力的保時捷引擎,看來活像裝了輪子的澡缸——好快的澡缸!我們就坐著這部澡缸上路去。

我們走的是一條小道(哈爾似乎知道所有的路),穿過向日葵田,海水的鹹味飄浮在空氣中。在蒙特利灣,我們花了整個早上探看那些老製罐廠,它們生產的魚罐頭曾餵飽了二次大戰的英國人!功成身退之後,就廢棄在那兒任海浪侵蝕。這兒是小說家史坦貝克(John Steinbeck)的家鄉,一個人吃人、聚集失敗者的地方(拜史坦貝克小說之賜,現在有些製罐廠整修以後成了觀光中心)。

哈爾認識一些義大利漁夫,他們還記得灣裡充滿魚蝦的光景。在那些日子裡,當地餐廳的海鮮都是由他們供貨的。

徜徉學思之路

　　經過蒙特利灣之後，我們從一號公路經過卡美爾、羅勃角，通過蘇爾岬的燈塔，直入聖露西亞山，海浪在懸崖下不斷拍打著。四周出奇安靜，我們好像跨過了門檻，回到了原始時代。但是，我在哪裡？

　　丹麥哲學家齊克果（Søren Kierkegaard）曾說：「生命的無奈，在於走過方知來時路。」回想起來，在我生命中的那段時光，走訪碧蘇爾是很有意義的──自然的力量激發我思考自己的存在。

　　我那時是個年輕的理想主義者，口若懸河，對人類充滿希望。而在研究所，我攻讀最具挑戰性的高能物理和量子場論（quantum field theory）。除了研究物理，我想像不出還有什麼事可做。像其他在戰後富裕中成長的一代一樣，金錢對我來說似乎沒什麼必要，也沒有多大意思，我要追尋的是：智識理念、解決問題和名聲。

　　那時候，西岸的大學從東岸爭聘了許多名教授。史丹福大學正計畫建造巨型的直線加速器（linear accelerator），將電子加速撞向約 3.2 公里外的靶子。在那兒，物理學家將要發現核子的組成粒子──夸克（quark）；另一方面，生物學家專注於解出遺傳密碼，進行著生命問題的基本研究；心理學家則正拓展認知的新領域；計量經濟學（econometrics）也誕生了；而電機工程師正深入電子控制與資訊系統的理論。

　　1950 年代末期，活力四射的校長特曼（Fred Terman）爭取到法令的修正，使大學也能租地皮設立工業區，那就是矽谷的前身。他使得技術界和財經界的關係日益密切，促成了史丹福附近的高科技發展。在聖克拉拉，他們砍掉杏樹來建房子和辦公室。一場將改變

都市人口、經濟力量、戰爭方式、就業形態的電腦革命即將爆發。

除了理論物理，我也受其他智識所吸引，例如哲學和藝術。我開始學畫，嘗試弄清楚畫家在做些什麼，也想改變我的視覺感受和習慣。在所有畫家之中，塞尚（Paul Cézanne）最早讓我了解用不同的方法去看這個世界，而人類的視覺經驗往往是文化的產物。

一位叫克欽的朋友，經常在家裡舉行藝術和哲學討論會。在那兒，我開始讀康德和胡塞爾（Edmund Husserl）。從室友和同學那兒，我學到計量經濟學、分子生物學和生物化學。在學校裡，我旁聽一些課（為興趣，而不是為學分）。記得有一門課，分析哲學家戴衛森（Donald Davidson）對一群大學生解釋塔斯基（Alfred Tarski）有關真理的語法觀念。我們分析的是這樣的句子：「雪是白的，若且唯若雪是白的。」我從來沒有真正了解過真理的語法觀念，也沒搞懂語言哲學的多層次真實意義。不過，這並不是哲學老師的錯。

我猜我是學了太多物理，以致毀了我的哲學靈氣。物理太講實際了，物理學家常很快區分出物理和數學。數學是研究物理的語言形式；那些著迷於數學之美，而不見事物之理的理論物理學家，總使我想到，那些忽略了語言到底在描述什麼事物的語言哲學家。每當我問起到底語言哲學家在做些什麼時，我得到的回答，使我相信他們和語言學家做的事一樣——了解怎麼用字。

我覺得，你若要了解一種語言，就應該研究熟悉那種語言的人。外交部的同步口譯者多半是語言天才。我認得的一個俄國佬真是驚人，精通東、西方幾十種語言，若你要了解語言是怎麼回事，你就應該找他這種人。他聽了某人說話，可以即席譯成幾十種語言中的一種。他是怎麼辦到的？

語言、思想和真實世界

照他說，他聽到的不是任何一種語言，而是他腦中自創的一種意義架構。要翻譯出來時，他從這個架構中查詢正確的意義，再用某種語言將意義表達出來。似乎，語言只不過是某種非語言式架構裡的一個分支，是一種獨立於任何語言的深層邏輯結構。在 1960 年代初，只有極少數人清楚這點，但是由於杭士基（Noam Chomsky）的努力，今天已廣為人接受。

近代語言哲學之父維根斯坦（Ludwig Wittgenstein）認為在語言、思想和真實世界之間有一種形式的對應，但在其巨著《邏輯哲學論》（Tractatus）的結尾卻反諷寫道：「當不能說時，就必須沉默。」許多哲學家誤解這句話，以為他在隱喻應該消除形上學和神學。但晚年的維根斯坦深信，開啟知識和了悟的鑰匙，存在於語言之外的無聲世界。畢竟，人類發明語言，包括數學這種形式的語言，是為了表達我們的經驗。我們可以把語言看成是一種遊戲，但曾經努力嘗試用語言清楚表達無聲思想的人，一定同意語言是一種表達工具，但有時候語言甚至會成為表達的障礙。

這真是個不容易的遊戲，思想根本不等於語言。

哈爾和我去碧蘇爾的原因之一，是他要介紹我認識一位語言哲學家。那人只要一有空，就離開校園，住到靠海邊的一部拖車裡。那兒真是一個冥想的好地方。

我一向對哲學家抱持懷疑的態度。他們總是不停玩箭靶遊戲：一個傢伙豎起靶子，另一個人就忙著射，然後再互換角色，樂此不疲。更甚者，他們的把戲還似乎過分依靠個人的智識風格，而與我心目中的真理無關。真理應是普遍的而非特殊的（這兒就流露出我

身為物理學家的偏見了），但是哲學家卻沒有保持誠實的工具；像物理學家要訴諸實驗，數學要訴諸公設，哲學家訴諸什麼？我怎麼知道他是錯的？我在去之前讀了一些文章，準備好好激辯一番。

哈爾知道他住哪兒，我們到時，已是炎炎午後。轉下公路，我們駛入一條往岩岸的土路。在懸崖邊的大樹下停著一部拖車，看起來不像有人在裡面。我們的活動澡缸停了下來，揚起一陣灰塵。好熱的天。敲了好一陣門後，門悄然打開。在中央一張桌子上，我們的哲學家全身赤裸睡著，陰莖豎在那兒像個示範垂直線的幾何模型。桌邊只有一張椅子，而包括《邏輯哲學論》在內的幾本書散置一旁，還有一隻蒼蠅拚命想往外飛。「我們不該打斷他的夢，」我的朋友說。我們就離開了，從此我再也沒見過他。

不帶感情的科學觀察

回到公路，哈爾和我猜想，什麼樣的語言之夢可以產生我們剛剛看到的那一幕。也許他正發現一種新的聯接主詞與受詞的動詞形式吧。幾年以後，史丹福大學做的一個睡眠實驗提供了答案。實驗證明男性勃起與夢境同時發生，也與在睡眠中循環出現的「快速動眼」（rapid eye movement，簡稱 REM）一起出現。當朋友講起這發現時，我非常驚訝。那些老婆與情婦怎麼沒及早發現這點？千年以來她們不知道有多少機會可以觀察。這就是科學厲害之處——它是不帶感情的觀察。

稍後，我們在山上一棵橡樹下扎營。連晨霧都到不了這麼高，我們可以整天曬太陽。當太陽下到太平洋時，滿山先是變黃而後變為橙色，投下長影。附近除了一座教堂外，什麼都沒有。山的那邊

是個軍區，有時可聽到炮聲。哈爾打開一個裝滿手槍的袋子，給了我一把點四五，自己則拿了一把點三八。我想，軍隊已經把這傢伙弄瘋了。但他堅稱這是個無法無天的地方，護身的槍絕對必要。天知道會碰上什麼逃犯之類的人，或是像我們這樣的傢伙。第二天早上，我們朝著靶子猛開火，滿山都是回音。我們活像兩隻到處灑尿作記號的狗。

那天稍晚，我們開到海邊的溫泉鄉——史雷溫泉（Slate's Hot Springs），地下冒出帶硫磺味的熱泉。此地在 1882 年原本屬於一個叫史雷的人，1910 年賣給莫非醫生，他和妻子夢想把那兒變成歐洲式的溫泉鄉。莫非夫妻有三個女兒和一個叫約翰的兒子。而約翰的兩個兒子丹尼斯和麥克，「罪者和聖者」，傳說是史坦貝克小說《伊甸園東》（East of Eden）中的兩個主角：卡爾和亞倫。他倆在溫泉鄉後來的發展上扮演重要角色。

當我們的澡缸滑入鎮裡時，哈爾說溫泉鄉不是帶槍的地方，我們就把槍留在車上。他說該鎮有個愛玩槍的傢伙當警衛，最好別惹火他——後來發現那警衛是名作家湯姆森（Hunter Thompson）。

我還記得管理那個地方的是個老太婆，她本來要把這地方當成弗瑞斯諾市一個宗教團體在此的聚會所，牆上還掛著耶穌像。但是地方太遠了，那個宗教團體無法常來，而舊金山的同性戀人士卻看上了溫泉，成群結隊來了。此外，還有當地的流浪者、藝術家和史丹福文學院的教授帶著學生來此講課。那天來此的大學生中，包括了哈爾的女友（我才知道他來此另有目的），她對哈爾的追求不大感興趣。後來，她跟一個同性戀者跑了。哈爾頗為傷心。

非語言的學習

一年後，我回到碧蘇爾找哈爾。他已經不是學生了，在聖露西亞山以南某處紮營而居。他的營地變大不少——好幾個陸軍營帳、一部發電機、卡車和吉普車，還有火箭筒（沒看到火箭彈），儼然像個小國的軍事中心。其中一個營帳中有個櫃子，在「C」櫃中，我找到三個化油器。哈爾在那兒有幾個朋友：有戴耳環的黑白混血兒、有色情刺青的獨臂水手，他們都帶著武器。我搞不清他們在幹什麼，我也沒問。哈爾說我該認識一個人，那人是個哲學家兼心理學家。後來我們到溫泉鄉吃飯，耶穌像已不見了。

溫泉鄉的店已經大為改觀。麥克從印度回來後，在舊金山住了一陣子，然後回到這裡，決定親自管理祖母留給他的遺產。他和普來士成立了一個教育中心——伊薩冷中心（Esalen Institute，此名源自當地早期土著名）。丹尼斯隨後也來了。

這個中心是根據赫胥黎（Aldous Huxley）、羅傑斯（Carl Rogers）和馬斯洛（Abraham Maslow）的思想，強調非語言的學習及心靈生活。伊薩冷後來成為人文心理學的開拓中心，吸引了許多人去那兒開設類似的中心。這兒看不到什麼書，不過最近有家小店已經開始賣些書了。

我坐在一位「哲學家」對面，我想他是個逃離納粹的德裔猶太籍精神分析師，不知怎的，他流浪到這大陸的邊緣。我問這個不停抽菸、像聖誕老公公的人，他是怎麼來到這兒的。他談起 1930 年代的分析運動，以及他脫離這個運動的經過。接著我們聊精神分析，我認為它像個文學或文化運動，那不是科學，因為科學總是含有自我淘汰的規則，精神分析則沒有這種規則。聖誕老公公稱這種

聊天為「象屎」，我喜歡他。

　　正當我們聊得起勁時，有個漂亮女人過來，和他輕聲談了幾句後，在他肩上哭了起來；他也潸然淚下。我想是家庭問題吧。不久，我們回到原先的話題。然後，又是個漂亮女人來對他哭；整個動作又重演一次。我轉身向哈爾說：「咱們走吧，離開這怪地方。」這個叫皮爾斯的聖誕老公公大概聽到了我的話，他說本週末他將舉行完形心理學（gestalt）講習會，邀請我參加。我不僅去了，而且以後幾個週末也都參加。講習會使我的想法整個改觀。我喜歡那種感性氣氛，不談理論而重實用。我辛苦發現了我所不知道的自我。我從其他人身上學到不少；那是個團體學習的經驗。

身體內的「沉默夥伴」

　　但我從自己的軀體學得最多。仔細聆聽自己身體的訊號（而非只是無意識做出反應），我發現了身體內的「沉默的夥伴」。那些無意識的過程透過我的身體，對四周的人和世界反應。我想，最好和這些無言的夥伴好好相處、共度此生。我看顧它們，學著和它們說話，有時還得掙扎以保全身安寧。有時這會使我累到幾近瘋狂、糊塗的邊緣。但我發現，這些邊緣也是學習之門，人們通過此門時都會覺得不平衡——不能只靠理性過這門檻。最後，你得信任生命。若你不信任生命本身，你將冒著落入某種宗教、政治或智識上的基本教義派*的風險——那可是一種停止成長的信仰。

＊譯注：基本教義派（fundamentalism），原義為基督教信奉聖經的創世說、反對演化論的一支，如今泛指思想僵化的狂熱信仰。

　　而我並沒有發瘋，這使我對自我的完整充滿信心。我了解到，「真實」就好像時間和其他深層觀念一樣，只能意會不能言傳。你問任何一個人，是否明白什麼是真實和時間，他會以為答案十分明顯。但接著他想用語言、隱喻來表達它時，卻要絞盡腦汁。

　　我在二十來歲時，逐漸認清我是誰──不是指那外在的我，而是那內在的、無言的我，也就是心理健康的人需要休息時，離開紛擾，尋找的自我。我所找到的自我有點令我失望。

　　「我是誰」這句話的文法是第一人稱單數，它的語言邏輯結構，呈現出我的心靈與身體行動都是我所做的。這個不可化約的自我、大寫的「我」的存在，是像真理的存在一樣確定。因為你不可能毫無矛盾否認真理。比如說「真理不存在」這話，意指括號內的話為「偽」，那本身卻又是「真」。同樣的，我不能否定「自我」的存在，因為那是否定者存在的否定──那就是矛盾。你可以延伸這個在三百多年前，由笛卡兒（René Descartes）所發現的洞識，你只要思考，就無法忽略「自我」。

　　我想這種乾巴巴的「自我」，是不大令人舒服的，因為它是邏輯的形式，冰冷而普遍，好像數字中的「1」。

　　幸好這不是我唯一找到的。還有其他一大群沉默的夥伴，包括性格、虛榮、獸性、私心以及神性，也像「自我」一樣。沒有什麼比史培利（Rodger Sperry）、葛詹尼加（Michael Gazzaniga）的實驗更能戲劇化說明這些了。那就是有名的裂腦實驗──為了某些醫療理由，病人聯繫左、右半腦的神經給切斷了。左腦是管語言的，右腦則是那些沉默夥伴的家。這種病人表面上看來正常，但研究證明可以訓練右半腦做某件事，而左半腦卻完全不知道受過訓練，好似蒙面。當解除蒙面後，病人可以看到自己做的事，這人說（指的是

有語言能力的那一半）：「是誰做的？反正不是我。」

那「乾巴巴」的自我，在回應那「沉默」的自我做的事呢！

自覺也可以有外來的視野

我二十多歲時的反思，多是以「第一人稱」的角度，從內在觀點出發。

人們天生有了解自我和世界的欲望，這種欲望在二十多歲時成熟。我喜歡的聖者格雷西安修士，是十七世紀的修道院長。他在日記裡寫道：「人在二十多歲時為欲望纏身；三十多歲時則忙於應付；四十多歲時對世間事物自有判斷。」我現在進入了判斷期，我始終認為，事實上「內省」不是了解認知或情感的好方法，即使對自己也不好。

自覺可以有另外的視角，「第三人稱」的視角——這是外來的視野，也就是科學的視野。就某種程度而言，這是最困難的角度，因為我的每一部分都吵著要反對它。對大多數人而言，這是個難以跨越的門檻，要像個公正的見證人看自己實在不容易。但我深信，要深入了解「認知」與「情感」的本質（即使是自己的），你最後總要了解腦與身是怎麼工作的——這是另一章的故事。

離開研究所以後，我去北卡羅萊納大學教堂山分校的場論物理中心做研究。第二年，我到世界各處旅行演講，並探討各種文化，尤其在亞洲停留不少時間。回來後，我加入洛克斐勒大學理論物理群。隔年夏天回北卡訪友，遇見一位年輕的印地安人巴里。當我提到要開車去加州時，他決定和我同行。我沿途去幾個大學演講，巴里則告訴我，從他祖母那兒聽來的古老傳說。

　　我們在 1967 年「愛之夏」（summer of love，指嬉皮運動的高潮時期）之際抵達舊金山。海特—阿海伯里區（Haight-Ashbury）到處是嬉皮和各種怪人，我就是把巴里送到了那兒。巴里是個能做印地安手工製品的藝匠，也進口手工織品。我建議我倆不妨就在海特街上開個小禮品店，他管店，我可幫著跑腿。租了個店面後，我開始在灣區對面、加州大學柏克萊分校的勞倫斯輻射實驗室（Lawrence Radiation Lab）展開暑期研究。

　　兩星期之後，我回到海特街看看生意。巴里不見了，我就到宿舍找他。這是一個滿室東方神像、香火及素食油味道的地方，住著一些狀態恍惚的年輕人。一個還算清醒的女孩告訴我，巴里已迷失在迷幻藥之中，正在金門公園與自然為伍。她帶我去找他。

　　公園一角是滿植樹木的小道。夜裡，我們終於在空地的火堆邊找到了盤坐的巴里，到處都是瓶子、罐子和雞骨頭。他穿著短褲，蓋著被單，上身赤裸著，臉上塗著象徵印地安族人的油彩。見到我，他頭也不抬的說：「裴傑斯，我是個印地安人，不是商人。」聲音中似乎帶著歉意。

迷幻藥與實驗公社

　　我十分同情他的遭遇。四年前我曾服過 LSD＊。1963 年時，任職帕洛奧圖（Palo Alto）榮民醫院的何立斯特（Leo Hollister）徵求願意接受 LSD 注射的志願者。他要研究這種物質對血液內脂肪酸的效應。志願者可得五十美元──對我們這些窮學生來說，這可

＊ 譯注：一種厲害的迷幻藥

不是個小數目。我那時已讀過柴納（R. C. Zaehner）及赫胥黎談迷幻藥的神祕經驗，正躍躍欲試——我可同時得到五十元和那神祕經驗。

　　幾天後，我把經驗告訴朋友，並說等著看吧，那種藥有一天會傳到街頭。聖巴巴拉的心理治療醫師溫尼格（Ben Weininger）有次對我說，當人們探索神祕經驗時，表示他們需要社會關懷。人們開始以一種新的方式互動。那是 1960 年代典型美國人的寫照。

　　那年夏末，巴里和我往南去碧蘇爾。很多舊金山和洛杉磯的年輕人受碧蘇爾的美和孤寂所吸引，沿途都是嗑藥和逃避兵役的人。灰石溪是一條離瀑布不遠、流入太平洋的小溪，我們在溪邊營地找到了哈爾。他告訴我山裡一些有關公社和野蠻人的奇聞，並堅持要訪問深山的一個公社。開了兩小時車，我們在下午到達。那兒的人認為自己是騎在未來浪頭上的實驗公社，然而事實上，他們已經回到史前權威部落的生活方式。那地方的頭頭是個壯碩的首領（或巫師），頭上戴著念珠，紮著辮子，我叫他「拉斯布汀」（Rasputin，沙皇時代的宮廷寵臣）。幾個跟班執行他的命令，他以恐怖和魔咒統治公社，女人則是共有的，或由首領分配。到處是垃圾、大骨頭和迷幻藥。後來我曾在新墨西哥州的陶斯鎮，訪問一些較健康的公社，那兒的人比較追求精神超越和美好的生命，並共享勞動成果。我看到的這個地方絕不是那種好的公社。

　　哈爾和我當晚在離他們不遠的地方過夜，頭下枕著左輪手槍（這次他不必說服我帶槍）。我們下方的營地生著營火，一群人打鼓跳舞。我們聽到尖叫和呻吟——是痛苦或快樂？

　　明月升上山頭，萬籟俱寂，我睡著了。

　　第二天早上，有位年輕人要搭便車到高速公路，我們載了他一

程。我很喜歡了解一個人及社會的經濟基礎何在，就問他公社靠什麼過活。他告訴我，他們到處捕捉動物，週末時偷觀光客車子上的東西。然後，他以一種不經意的口氣說，他們已開始吃人，然後又說在一顆樹上，看到一個朋友的頭，並猜想自己可能是下一個，所以他要逃出來。我無法得知他是在幻想或真有其事，但聽來像是真的。

多年後，當我向一位法國籍的物理學同僚講這故事時，他說：「真是無聊，非洲已經很久沒有食人的事了。」當我回答說他聽錯了，我說的是加州不是非洲。他回答：「喔！加州！在加州什麼事都可能發生。」

重新和文明網路連接

迄今我還記得 1960 年代海岸公路沿途的那些孩子。有時他們離開文明幾星期後，才從路邊樹叢鑽出來。他們生活在神創造的大地上，過著原始的生活，沒有領導人，迷失了心與身。他們出來後都呈半瘋狂狀態，重新接觸到文明產物時，會撫摸公路、擁抱電線桿。他們正重新和文明網路連接，連接到集體的歷史之夢中；這是語言、建築、法律、藝術和科學的世界，這是由深淵中升起的世界之夢。他們回家了。

結果，加州的未來不在那些鄉下公社和地下文化之中，而是屬於電子工程師和投資者。沒有多久，高科技電腦革命從聖克拉拉開始了。許多人發了財（或破了產），自我和本我間又做了一次辯證。越戰結束了，年輕人回復到注重個人和經濟滿足的傳統價值，紛紛回去找份好職業。但追尋價值和生活方式的代價是不變的，那

代價就是個人的生命。

　　最後，我和哈爾失去了聯絡。有個熟人過去在史丹福時是個左派革命家，但是現在變成一個殷實的黃色書籍出版商，他告訴我哈爾在一所州立學院教書。多年後，巴里寫信告訴我，他在聖法蘭西飯店當侍者，和太太住在一起。信中夾著當初向我借的錢。

　　他在信末總結對生命的反思：「宇宙中有些事，上帝不要人知道。」當時，我正在東部研究粒子的對稱性，正以我唯一知道的方式，將黑暗的邊界往後推一點。

第一部

複雜科學

第 **2** 章

科學的新綜合體

計算科學，就像希臘神話中的大力士海克力斯一樣，
正要從搖籃中走出來。

—— 數學家拉克斯（Peter D. Lax）

　　三十年前，一般大學生可以選修自然科學中的生物、物理、化學以及行為科學中的心理學、人類學、社會學、經濟學等課程。這些科目都包裝得很精緻，各種課程之間只有些微的重疊。這種科學與知識本身的分割，反映出當時認定的自然、思想及社會的真正秩序。

　　今天，雖然教育結構大幅改變，這樣的分割仍沒有多大變化，可是它們之中某些事情卻一直在改變。物理學家葛爾曼（Murray Gell-Mann）即深刻抓住了這種改變的精髓。1984 年，他在新成立的複雜科學研究中心——聖塔菲研究院（Santa Fe Institute）的演講中談到：「我們常說，我們生活在一個專業的時代，這的確是真的。但是，二次大戰後四十年間，科學與知識明顯整合，這種現象在過去十年更是快速。傳統上互不相關的各種學科，確實整合在一

起形成新科學，這種發展愈來愈顯著。」

　　葛爾曼所敘述的變動和科學的新展望關係較小，較有關係的是許多專家發現，不同領域的研究者，正共同致力於相同的問題，例如，神經科學、人類學、族群生物學、學習理論、認知科學、非線性動力學、物理學和宇宙學中的問題（在這裡我只隨便挑一些領域），都有重疊的部分。由於各學科間新的橫向整合過於快速，以致於我們找不到它的方向。但它已生根了，且正在快速成長。

　　「複雜」這個概念將可整合出新知識。

變化的原動力

　　複雜科學的工具——電腦，是這種變化的原動力。

　　最明顯的事實是，它創造出由一群精通電腦的人所組成的新社會階層。這個階層正在傳統社會中，為它未來的地位努力奮鬥。然而，電腦不但創造了一群新人類，也使知識結構大幅改變。把電腦看作研究，可提供我們了解「真實」的新方法，如此一來，科學的知識體系也必將改變。

　　在這一章中，我將探究這個新運動，及它所引發的知識巨幅重組。知識不僅存在於抽象的哲學概念，它也表現在社會組織和人類活動中。在此，我先檢視後者。

　　要尋找知識團體，首要且最佳的地方，當然是在大學之中。大學是保存知識的機構，而且只能漸漸適應改變。正由於這種保守主義，大學的主要資產——傑出的智識，才得以確保。大學的功能包含技術和知識的網路，但是這些很容易受到破壞，它們是脆弱的社會結構。我們必須在現代大學所代表的偉大成就之中，看看背後的

努力與掙扎。

在民主社會中，大學面臨的挑戰是提升知識至最高、最完美的境界，保存傳統價值與自由，保護意見不同的人，及教育年輕的一代。這些工作都要在輿論所支配的大環境中完成，但社會上大多數的人，也許並不能認定大學所提升的價值。而當時代改變時，大學和社會間的辯證是一個動力，它也可能使脆弱的大學解體。某些人更認為大學早已解體了。

「知識工廠」？

我曾詢問幾位在二次大戰後，經歷過高等教育巨變的校長，他們在那個時期看到了什麼？他們的回答令我非常驚訝，他們認為最大的變化在於法律、醫學、商業等學院的興起及其影響。大學已經不再是傳播人類價值的機構，而變成了「知識工廠」，專門生產現代社會賴以生存的專業人士。大學校長的主要工作也不只是訓練、教育、指導人才，而是籌措資金。我不禁要問：到底是誰在掌管學校？

戰後，大學教授（尤其是年資較淺的階層）的地位明顯式微。在過去十年，這種情形比 1960 年代高中老師所面臨的更為嚴重，這很可能是由於教授已變成「知識工廠」的雇員，而非創造文明與高等文化的傳播者。

1950 年代，艾森豪（Dwight Eisenhower）擔任哥倫比亞大學校長時，有一次會見資深教授時說：「我真高興能與大學的雇員會面。」這時，物理學家拉比（I. I. Rabi）立刻駁斥道：「校長先生，我們不是大學的雇員，我們就是大學。」

　　雖然許多重要的美國大學正闊綽增加各種補助，但事實上，大學的本質已跟往日不一樣。今天，大學的支助者認為，大學是社會的附屬品，而非獨立機構，有些知識份子認為這種改變，是高等文化的衰退，也有些人認為這是一種演化與演變。至於你的看法如何，就全看你受的教育為何。

　　許多科學活動，特別是科學研究，並不完全在大學中進行，企業界也擁有各種大大小小的研究機構。一些重要的工業實驗室，像美國電報電話公司（AT&T）的貝爾實驗室、國際商業機器公司（IBM）的研究中心等，對知識都有很大貢獻。這樣的情形也出現在日本及歐洲。在研究機構中工作，與在大學裡工作幾乎沒有什麼不同，只不過是薪水較高，而且不必教書罷了。較小的公司亦有較專業的小型研究室，專門解決所遭遇的特殊問題。我們在材料及製程上的許多知識，都是來自這類工業研究。

　　在科學研究中，政府也扮演了重要角色。美國聯邦政府在羅沙拉摩斯（Los Alamos）、利佛摩（Livermore）、阿崗（Argonne）等地及布魯克赫文國家實驗室（Brookhaven National Laboratory）、史丹福直線加速器中心（Stanford Linear Accelerator Center）、費米國家實驗室（Fermi National Laboratory）、美國國家衛生研究院（National Institutes of Health）、榮民醫院以及專門從事軍事研究的國家機構中，都有龐大的實驗室。今天，美國聯邦研究預算中的 25% 是一般研究，75% 是軍事研究，但前幾年還是 50 比 50 的分配*。這樣的改變，尤其受到來自大學的嚴厲批評。

＊ 編注：根據美國科學促進會做的研發預算年度報告（Annual AAAS R&D budget reports），2015年美國聯邦預算撥給研究與發展科目之經費約1370億美元，其中國防預算約710億美元，非國防預算約660億美元，兩者現今比例已接近。

一般人總以為，基礎科學研究都在大學中進行，而商業或軍事等應用研究，都在企業或軍事實驗室裡完成，這種二分法是不對的。美國國家科學基金會（National Science Foundation）在布羅赫（Erich Bloch）的領導下，在各大學附近設立了許多研究中心，從事大學與企業的建教合作。這個行動的真正原因在於：美國的科學政策領導人認為長久以來，美國沒有積極將基礎科學上的優勢，應用到商業上，而那卻是增加國際競爭力的最佳途徑。

然而，這些研究中心是否確實能解決問題，就得留待以後才見分曉了。不過，我記得在第一次世界大戰之前，德國的大學和德國與瑞士製藥工業的合作，不但創造了新的重要工業，同時也奠定了有機化學發展的基礎。

各大企業也已跨入了私人教育的領域。根據哥倫比亞大學教育家荷曼（David Herman）的說法，1980 年以來，企業界每年訓練員工的經費，遠超過美國整個高等教育的預算。當然，這些企業不是教授大學課程，實際的課程包括職業訓練、人事管理、財務管理、行政訓練等，這種新的應急教育計畫帶來很大的衝擊，但很少人想到它在未來能帶來什麼影響。

改變的是思想

由於科學受到內外各種衝擊，知識的秩序已逐漸改變。

我們已經檢視過科學受社會環境影響的情況。現在我們將探討科學的本質，以及各門學科之間的關係。在物理和生物學中發現某些理論是一回事，而要找到這些理論之間有何關係是另一回事。各學科之間打破藩籬，並列在一起，又如何能產生真實世界的形象？

知識整合本身就是一個問題，它深受我們的文化及真實理念所影響。

　　自然科學在三百年以前、經驗科學興起之前，它的知識體系是按亞里斯多德規範（Aristotelian canon）來確立科學之間的邏輯關係。一旦某個學科定下來了，它和其他學科之間的關係只是邏輯上的。在沒有科學儀器的時代，深思熟慮的人只能使用他們的思想，及發現的思考邏輯秩序來看真實。中世紀的知識體系，顯而易見是由邏輯而非經驗原理建立的。對當時的人而言，這並不奇怪。

　　隨著經驗科學的興起，以及新儀器如望遠鏡、顯微鏡的問世，提升了唯物觀；而由於化約論或大小觀念，使各種科學變得有秩序了，因此，小東西的特性可決定大東西的行為。根據這種概念，討論基本粒子的物理學成為最基礎的科學，其後延伸至化學、生物學、心理學及社會學。

　　當我是學生時，這種化約論很盛行；直到今日，化約論仍是大多數自然科學家最堅持的主要觀點。

　　基本上，現今各類科學並未改變原貌；真正的改變是我們的思想，是所有學科在我們心中形成的形象——那是由新儀器所宣告並勾勒出來的模樣。

化不可能為可能

　　現在，由於處理「複雜性」的儀器——電腦的問世，我們開始以新的視野，看各類科學間的關係。在這樣的視野中，會使系統變得單純或複雜呢？或能否模擬系統呢？

　　在過去數個世紀，自然科學限制在由少數概念要素構成的單

純自然體系中，而且這類概念可在心中掌握，因而產生了偉大的成就。然而環繞我們的複雜自然世界，居然可用一些簡單的物理定律來描述，這真是令人驚訝。這怎麼可能呢？

牛頓首先提出了一個解釋。依照牛頓力學，世界可大致區分成規定初期物理狀態的「初始條件」（initial condition），及規定狀態如何變化的「物理定律」（physical law）。初始條件反映我們生存世界中的複雜情形；自然定律卻簡單多了。這種區分法──簡單的定律和複雜的初始條件，直到今天仍保留著。在實用上，我們只能處理簡單的初始條件，和代表單純系統物理定律的方程式，像是發射火箭、月球及行星的運行等。

對物理定律而言，這方程式僅需要像行星位置、速度、加速度這樣的變數，就可定性描述系統的各種特性；然而複雜系統就不同了，它需要許多變數來描述行為。如人腦、經濟這些複雜系統，就得要上百萬個變數（事實上，我們並不能真正知道到底要多少個變數，這是問題之一）。

人類心靈很難靠直覺掌握複雜系統裡正在進行的事。根據心理學家米勒（George Miller）著名的估計，心智在集中時，最多只能同時保有 7 ± 2 個項目。這種低容量的思想系統，根本無法掌握住複雜系統的行為。但是，經由電腦的幫助，我們將複雜性化成人類可控制的資料，這樣，我們就能直接感覺且看到正在進行的事。那樣的轉化寧可說是一種技術，而非科學。

研究複雜系統的科學家發現，有時並不需要很多變數（這是令人激賞的發現），簡化之下，僅有一些變數是真正重要的。依照一些規則，在各要素成分相互作用下，即能顯現複雜現象。

或許那些千百個變數只是表面的，底下的東西卻很簡單。但

是，在發現那單純系統之前，我們仍必須直接處理複雜性問題。幸運的是，因為有了電腦，這樣的事變成可能了。

橫向整合

當我們第一次以電腦當研究工具時，它便單刀直入各門科學已存在的問題：第一個衝擊是「垂直」的。以前不敢碰的物理、化學、經濟學的問題，現在一使用電腦，許多人都躍躍欲試。這種複雜系統的新分析方法，不僅應用到天文、物理、化學、生物及新醫學等自然科學上，也應用到經濟、政治、心理動力學等社會科學上。

這樣的縱向深入，並不能改變我們看整個科學的方式，它僅深入到已有的科學領域中。然而，接踵而至的是全新且令人興奮的橫向整合發展：聯接各種科學，進而重建我們的真實影像。

這樣的橫向整合常冠以「跨領域」（interdisciplinary）之名，對許多科學界人士來說，它是膚淺而不嚴謹的。新的跨領域能產生多少知識，尤其是在不熟悉的科目上，我們很難評估。可是，如果我們將各學科最優秀的人才，集合在新領域之中，將出現一些饒富意義的發展。因此，全新且高等的跨學科領域一旦孕育出來，許多研究將躍居領導地位。

橫向整合是科學新綜合體的重要發展。它始於二次大戰後，迄今已持續了四十年，早已改變了科學的知識體系。但直到最近十年，由於技術改進，使得電腦更有效、也更便宜，它的衝擊才如排山倒海而來。

透過電腦，科學家能將人類的學習、無意識過程、演化、細

胞、激烈行為，及頭腦等複雜現象，建立成數學模式，而這類的應用只是其中一部分而已。數學家並不理會這種多變現象，他們只是模擬這種新科學綜合體中的基本要素，使它們成為新科學整合方法的基礎。例如，模擬演化現象的電腦模型，提示我們它是一種模式（pattern）識別系統，它具有使物種誕生或滅絕的演化功能，而且對了解學習行為、經濟行為有重大幫助。然而這種超越傳統的科學新綜合體，其他發展尚不明朗，我們僅知道它主要的變化。雖然組織數種科學的老方法已過時，但也還沒有人能告訴我們，經過這種知識激盪後能產生什麼。而我自己的想法，是有關複雜科學中知識體系上的一些主題，我並不談最終的知識結構。

用電腦做「實驗」

首要的主題，是複雜科學的主要研究工具——電腦的重要性。

電腦在研究上，具備了計算模型及模擬複雜系統的功能。由於它的強大功能，紐約大學庫朗學院（Courant Institute）的數學家拉克斯將它看成科學的新支流。他曾說：「傳統上，科學的流派分成實驗及理論兩類。過去二十年中，電腦的加入，成為第三種流派，它在重要性及知識地位上，將會迎頭趕上前兩者……由於硬體與軟體的驚人進步，以及大幅改進模擬物理現象的方程式之離散化和求解的演算法，使它快速脫穎而出。」這種模擬物理過程能力的新發現，對理論和實驗的傳統關係有很大的啟示。

有一次，我參加一位理論物理同事的演講會，開始發現電腦是多麼新奇，令人振奮。他敘述他的粒子理論，然後繼續說明一個「實驗」來支持他的理論。但我開始迷惑了，想像不出如何能進行

那種超越我們實驗能力的實驗。後來，我才知道他正談論模擬粒子碰撞方程式的電腦「實驗」（他故作幽默）。之後，當我遇到另外一位正在進行粒子碰撞實驗的同事時，我告訴他這個演講會內容，他回答：「電腦不是真正的實驗。」當我暗示他，或許除了使用理論中的類比計算外，真正的實驗得不到任何結果時，他開始懊惱了。

　　事實上，大自然可視為一種類比電腦。

　　在未來，科學發展的方向，將包括實際系統的精密觀測及系統的電腦模擬。它不同於傳統的實驗概念，我們可任意嘗試改變實際系統的條件，而決定接下去要進行的事。像太空實驗，我們無法做，而電腦模擬是唯一方法。同樣的，在社會學、心理學中，依實際及道德的考量，許多事情不能做實驗，但是電腦模擬又再一次提供新的觀察方法。的確，電腦模擬是做「實驗」的一個新方法。

偉大的新「黑板」

　　另一個重要發展是數學中的計算觀點——你必須計算，才能得到數學的真理。這是圖靈機（Turing machine）發明後，帶來的一個探討科學新綜合體的主題。

　　圖靈機可看成是負責讀取有限長磁帶的機械裝置或印表機，磁帶的內容一律是點或空白。當它讀到一個內容後，就能執行四種動作：向右移動、向左移動、把點塗消及列印出點（邏輯學家王浩認為塗消動作是多餘的，實際上只需三個動作）。這種機器能執行以二進制碼表示的任何程式。然而最複雜的電腦，形式上是相當於一部圖靈機，只是它執行工作的速度快多了。

　　但是，想要超越圖靈機是可能的，我們可以問：在實際電腦

中，想要證明或解決一個問題，需要花費多少錢及時間。或許，在數學上也可以獲得可證明的結果，但花費得很大。某些時候，我們能估計得到證明需多久時間。這似乎是實用的基本因素進入了數學中。可是，純數學中，這樣的計算考慮所訴求的電腦是一部假想的圖靈機，並不是真實的。雖然如此，實際的電腦在數學中也能扮演重要角色。

電腦在數學中的角色常受到爭論。使用電腦的先驅——庫朗學院的徐瓦茲（Jacob Schwartz）認為：「數學家總是對一般原理感興趣，較少注意個別單一事件，這也就是為什麼在所有科學中，數學受電腦的影響最少。」

然而，二十世紀的數學，已趨向於更為抽象化及普遍化。而電腦的來臨已刺激了十九世紀數學的結構，導致「實驗數學」的興起，這是科學新綜合體的另一個主題。那麼誰是「實驗數學家」呢？就是那些在電腦上嘗試想法的數學家，本質上，他們視電腦為「偉大的黑板」。這種新式黑板，能讓他們了解到臆測的理論正確與否。由於它的緣故，在數學中，一般看成是極端相反的抽象化與建構，在研究時卻成為親密的夥伴。

在數學中，這些想法的最佳例證，就是物理過程中計算概念的興起。它的基本概念認為，實質世界及動力系統就是電腦，像人腦、天氣、太陽系甚至於基本粒子全都是電腦。當然，它們看起來不像，可是它們是正在計算自然定律的結果。根據計算概念，自然定律就像真正的電腦程式，控制著系統的發展。例如，繞著地球運行的行星正在執行牛頓定律的計算。

從自然科學的傳統定位看來，這種計算概念看來了無新意。畢竟，凡事都是自身的模擬。我們採用這種概念，從自然中又學習到

什麼呢？所謂凡事都是計算過程的理由又是什麼呢？

這種批評弄錯了對象，其實計算概念並不能解釋傳統方式無法解釋的事情。但是，它能以不同方式，創造出科學統一的新遠景——就像「哥白尼轉換」*（Copernican conversion）所創造的未來。它在思考物質的真實性上，創造了不同的架構，似乎很值得開發。它將帶往何處，則無人知曉。

選汰性系統

複雜科學中的另一個重要主題，是選汰性系統的概念。如果選汰性系統概念變成一般化、抽象化，達爾文—華萊士的「天擇」理念就能應用到其他各種現象上。

每當我們看到地球上的生命、動物行為或社會結構的模式、秩序時，我們就會問：模式如何形成？特殊模式又是如何選出的？選汰性系統提供了回答此類問題的新方法。在社會和心理學上所產生的衝擊更甚於前。或許，現在可能發展一種較不受研究者政治社會觀點扭曲的社會科學，就像自然科學一樣（當然，這種企圖心本身就反映一種價值觀）。

哈佛大學生物行為學家狄佛（Irven DeVore），在〈人類行為科學綜合之展望〉（Prospects for a Synthesis in Human Behavioral Sciences）文中的觀點，使我深感社會科學已受到生物演化論的影響。

他坦白道出自己的見解：「在我的職業生涯中，最重要的知識

---

* 譯注：意指哥白尼使人從地心說轉向日心說的轉變。

提升，大多源自脊椎動物行為生態學（或稱為社會生物學）中新理論的有趣發展。如何描繪動物行為的演化理論，是一次真正的革命。這個革命的核心，就是天擇是以個體及基因為單位，而非源自物種及群體的運作。我現在能嚴肅分析鬥性、利他主義、親代撫育、選擇配偶及覓食模式等複雜行為。我們之中，許多人幾乎一開始就感覺到這種新而有力的理論，會徹底改變人類行為的研究。」他繼續談到：「在現今的社會科學中，並沒有一個深入、完美且令人滿意的理論。」但他覺得新的生物學理念，或許已在正確方向上踏出了第一步。

自私的基因

　　社會學創始人之一涂爾幹（Emile Durkheim），視單獨的人類社會為一個完整的生物，社會團體像一個器官，個體則是器官中的細胞。但這種深深影響日後社會科學家的概念，卻不是有錯就是不合適。

　　生物的細胞在基因上是相同的，且會互相合作，而每個人的基因並不同，且人與人常不合作。就像狄佛所稱的，現代演化思想中最重要的元素是「自私的基因」（selfish gene）——這是一種「只求自我生存」的基因，除非有利於生存，否則它們不會關心整個族群或物種。許多社會科學家（雖然他們覺得他們的概念優於涂爾幹）仍抗拒個別基因會求生（伴隨著與親族的基因分享）的概念，他們提供了另一種思考基礎——思考人類相互作用（包括社會群體形成）的基礎。通常，他們肯定生物學觀點的重要性，但仍認為族群或物種是由大自然選汰出來的，基因則不是。例如，社會科學家常

常對社會群體或組織賦予很大意義，並且將它當作一個社會目標來研究。

不過話說回來，這樣的目標如果沒有實質基礎，他們不會認定它是科學理論（請參閱第9章〈等待救世主〉）。如採用康德的話，在找尋社會科學的深層理論中，常將應用在自然世界的理論推理方法，應用到道德、倫理判斷的實用推理領域中，這是一個常犯的錯誤。

人類學家蘭耿（Richard W. Wrangham）為建立辯證的架構，他警告道：「綜合並不是那麼容易做到的……一方面，生物學家傾向於簡化語言、文化、符號、意識觀念，及紛亂的社會網路所引起的複雜度。另一方面，多數社會科學家甚至在自己的領域，對化約論也有強烈的反感，更何況這回是要引入生物學的觀念。生物學家和社會科學家間若勉強連結，會引發彼此的敵意，產生畸形的後代，並不會產生強壯的混種。」他暗示，生物學的研究方式，是把社會行為看成具有物質的、遺傳的基礎；傳統社會科學研究的方式，則視「種類」（type）及社會形式為決定因素，兩者之間的差異，與認知科學特性的爭議相類似。

社會科學上的生物學觀點，將成為新的複雜科學的一部分。人類社會間的相互作用，以及文化的形成，都可當作選汰性系統來研究。

當社會學遇上生物學

勃德（Robert Boyd）和理查遜（Peter J. Richerson）合著的有關文化傳播的數學研究《文化與演化過程》（*Culture and the*

Evolutionary Process）一書中，已朝這方向踏出了重要一步。他們可不像大多數的社會生物學家，他們堅信文化對了解人類行為的演化很重要。

社會生物學家的理念大都來自動物行為，是否能真確應用到人類行為上呢？畢竟，人類不像動物，他們是有文化的，而文化是經由一代一代學習中，所得到的價值與技術之集合，並非遺傳而來。

勃德和理查遜認為，遺傳和文化在決定人類行為上都很重要，在他們的觀念深刻發展下，已形成了雙重遺傳理論。他們主張：「如果經由個體的努力（遺傳傳播）較經由社會學習（文化傳播），所得的資料代價較高，則一個文化演化機制的理論是必須的。」這表示，強硬的社會生物學見解，與視文化、社會因素為人類行為的客觀決定論的傳統觀念，已取得妥協。如此一來，他們自可定量檢視實質範圍與認知世界之間的疆界，而不必管誰站在遺傳因子（基因）的立場，誰又站在所謂「瀰母」（meme）這人類文化傳承單位的立場（在選汰性系統的一般理論架構中，如何定位總是有爭論的）。

演化的考量對心理學的衝擊倒很少，真是令人奇怪。正如狄佛的哈佛同事圖比（John Tooby）所指出的：「人類就像所有的生物，經由演化過程創造出來。因此，所有人類的天生特徵，都是演化過程的產物。雖然，這種意識很快進入研究人類的心理學中，但最近在將這種知識應用到人類行為上，卻有很大的阻力。可是，演化和規畫人類行為的天生定律，是有因果關係的——在演化過程和天生定律之間有合法關係。這些合法關係，組成了一種新的演化心理學基礎，它牽涉到控制行為機制的天擇『設計』特徵。演化和心理學之間的這種綜合，很晚才出現，拖延的部分原因，是整合這兩個領

域時出現了兩大阻力：最初的演化理論不精確，以及隨後社會科學及心理學的不精確。」

由於電腦在建立精密度上扮演了重要角色，因此我們可做出能演算心理學的電腦模型去控制行為，並顯現如何順應到合適的途徑。圖比指出，在心理學上應用演化論的方式才剛剛萌芽，在我們明白「生物學」和「文化」精神的界限之前，會有一段很長的摸索時期，但這工作仍不斷進行著。

選汰性系統已有效應用到許多範圍，而它的一般概念是由演化生物學所引起的。這個模式將成為複雜科學中一再重複的主題，這也正是藉由生物系統所發現的新原理。

演化只是這些原理的一個例子。而像桀尼（Niels Jerne）所了解的免疫反應，是能夠藉由電腦，使它成為適應及學習行為心理的模型。我們腦中的視覺和嗅覺系統，則告訴我們網路組織的新原理，這些組織生物學原理中的一部分，我將在第 6 章〈連結論與神經網路〉中敘述。

我預測未來將看到細胞、人腦、蛋白質合成、演化等基本生物系統上出現跨領域的研究，它代表物理學的參與——特別是非線性物理學及生物學的連結，也將看到研究生物系統及人工生命的計算生物學興起。

生物學正在進口各種最精確的自然科學，未來這種影響會更為顯著，而電腦模擬將增強其效果。然而根據已定義完善的規則，生物系統可看成具有複雜量子力學本質的功能。這種發展也有它的實用面。就像湯瑪士（Lewis Thomas）所著《最稚齡的科學》一書中指出的，醫學從一種醫療技術，轉變成現代的實驗醫學，雖然這轉變有它的困難與希望，卻反映了醫學與其他學科的整合。

一切不再混沌

在新綜合體中，還有另一個非線性動力學的研究主題。第4章〈生命可以如此非線性〉，將描述這種數學在自然科學中的發展。它說明了我們在自然科學中，所遇到的大多數方程式是非線性的。在過去，即使我們能解決，也必定很困難；但是你可不要忽略了，我們已經明白複雜現象了。隨著電腦的來臨，目前用數值分析已可以有效解決它們。

就在科學家揭開了非線性決定性方程式中的混沌解時，天氣、神經網路的行為，便能用混沌理論來描述了。在葛雷易克（James Gleick）的名著《混沌》（Chaos）中，對許多混沌解及它們的性質都有說明。至於心跳、演化、免疫反應、全球經濟等其他非線性系統的例子，也都可定量描述。

在非線性系統研究上使用電腦，已對模擬真實世界開拓了美好的遠景，這是前所未有的發現。

複雜科學支援下的另一個主題，就是平行系統 —— 網路（network）比串聯系統——階層體系（hierarchical）重要。

我想起初中時代，在電子工廠以串聯電路連接燈泡的情形。我們將一根電線從電源接到第一個燈泡，然後到第二個，最後回到電源。然而在平行電路中，是由兩根電線接到第一個燈泡，每根線都真正和燈泡中的電阻絲相連，然後兩根線再聯接第二個燈泡，一直下去。

串聯電路雖有較少接合（只有一根電線）的優點，但當一個燈泡被拿走或壞了，整個電路就停止，所有電燈都熄了；相反的，平行電路有較多電線，較多的連接，但是就因為有這種重複的性質，

使它較少受損，一旦一個燈泡被拿走，其他的仍可有效運作。

　　我們可以相當簡單的區別串聯與平行電路。串聯系統就像企業、教堂、軍隊這樣的金字塔組織的階層系統，它們有「頂」和「底」。如果將「頂」移開，就會像串聯燈泡一樣，剩下的系統便被切斷。然而，平行系統普通稱為「網路」，網路是沒有「頂」或「底」的。尤其，它有許多接點，可增加各部分之間可能的相互作用。它也沒有監督系統的權力中心；網路是繁多重複的，以致於當它的一部分遭破壞，整個網路仍可繼續運作。

複雜成分源自簡單元素

　　大多數實際系統是階層和網路的混合物。國際銀行業務系統就是一個例子。從每一家銀行或金融機構內部看起來，那是一個階層系統；但包含所有金融機構的整體金融系統卻是個網路，並沒有任何一個負責機構。人腦也是個網路，但也包含了階層系統組織（但腦部中尚未發現主要控制系統）。

　　研究這樣的混合網路，也是複雜科學的一部分。

　　將完全不同的階層系統和網路，應用到科學體系上是很有趣的。科學的化約體系，也相當於階層系統。因為量子場論討論的是最小物體的基本定律，因此它是「最化約的」，然後是核物理、原子物理、化學，最後是生命科學。由此，科學間相互關係孕育出來的形象，就像一個企業的組織圖。

　　可是，科學的階層體系也必須視為網路，它沒有「頂」或「底」，沒有中心科學。各種科學間，實際上有一個簡單關係。我們必須將科學，劃分成單純及複雜科學，或外延及內涵科學，而網路

正能代表所有的這些區隔。然而,有些人卻因為網路不夠整齊、嚴格及明確,因此不喜歡它;但是,一旦取消化約概念,網路整齊性不足的事實,也正反映了各種科學間邏輯關係的特徵。

最終且最重要的新科學綜合體,是著重在複雜系統的研究。我們除了在現象上談到複雜系統包含了許多不同性質的成分外,尚未給它一個「定義」(下一章〈秩序、複雜性與混沌〉中將討論到),可是,它們的基礎機制卻非常簡單。

過去十年,在人腦、生物及人工神經網路、適應性系統、社會性昆蟲的行為、對局及許多複雜系統中,研究人員愈來愈興味盎然。無論系統中發現哪一種科學,當我們愈來愈明白複雜性,它的定律都可應用到各種系統上。例如,無論是社會學、經濟學或生物學,天擇和人擇定律都已普遍應用。因此,我們可用一種新方法來看科學的統一。

這種綜合僅在開始階段,因此我為讀者引介的新綜合體的各種主題,必定不夠周全。就像科學上所有的重大發展一樣,這種綜合將建立在已知的事物上。尤其,假如自然科學中的化約概念是對的,那麼我們將努力證實複雜行為是如何從簡單元素中興起的。這麼一來,我們所看到的許多複雜系統成分,或許就是我們看不到的一些簡單元素的結果了。

先知與救世主

在科學的未知領域中,複雜科學的出現是最令人興奮的發展之一。但是單單從一本書你是很難一窺全貌的。在下面幾章中,我將對複雜性的抽象、數學及應用等詳細概念,在它們未知領域中的

現況，盡力為讀者提供一個素描。而且因為自然科學是我最熟悉的範疇，我的素描主要是從自然科學出發。但就像我在本章中所指出的，我相信複雜科學中一些最令人興奮的發展，正融入社會科學中。

過去數十年，電腦文化已形成新的社會階層及創造知識的新方法。無論在學術或商業團體中，老舊的文化都無法完全詮釋這種改變的真諦。沒有一個人知道它的源頭；這當兒，曾有許多先知出現，卻沒有救世主。

這些日子以來，科學所產生的粗淺、紛亂形象，正凸顯我們的時代是不斷變化的。知識的領導者將會出現，帶領秩序進入新科學綜合體之中，創造出新的制度。事實上，這種情形早已發生，就像大學和獨立學院中新設的複雜科學研究中心。最後，大學各個科系的結構也將反映這種新趨勢。

當科學家在檢視複雜系統的廣大範圍時，一個新的世界觀即將誕生。不過，我僅能看到上述粗略概述的一些特徵，無法看到新知識體系的最後全貌。然而，在混亂底定及新知識的一致架構出現之前，仍需數十年或一世紀的光景，而到時候，我們便可由已知自然界中不可變的秩序、宇宙定律，完全知悉這個架構。

我們獲得的新知識也將影響社會的組織方式。社會是如何使用資訊及技術呢？如果複雜系統可透過「由下而上」的方式了解，那麼開始計畫時就不需要很多的猜測。可是，這種知識絕不會自動出現。人才和相關資源必須分配到這方面，而且有必要在教育和商業上大量投資。

文化與經濟的超級強權

　　進步的社會必須開始接受這種新科學領域的挑戰。我極力主張，美國必須像數十年前建立國家科學基金會及國家衛生研究院一樣，積極確立資訊科學及複雜科學的政策與制度。最初的支助應來自政府，然後才是商業界。政府領導人必須明白，獨立、個別的目標導向計畫只會事倍功半，我們需要塑造一個整體的新科學文化。

　　我深信：熟悉複雜新科學，且能將知識轉變成新產品的新社會，在二十一世紀將變成文化、經濟的超級強權。但是，雖然這種發展前景看好，它同時也會擴大知與不知者之間的鴻溝。

　　現在，且讓我們從最基本的知識開始，看一看數學家對複雜性說了些什麼。

第3章

秩序、複雜性與混沌

大多數的數，都無法用有限字串來定義。

—— 數學家卡茨（Mark Kac）

　　什麼是「複雜性」？直到現在，我們仍用這個相當含糊的字眼，傳達它在一般語言中的意思——它是指一種包含著許多相互作用、不同成分的狀態。現在正是超越這個含糊定義的時刻。

　　我們將在本章中努力說明複雜性。它是介乎「單純秩序」與「完全混沌」之間的系統，或計算其中所能擁有的、可定量的值。像鑽石晶體，它整齊排列的原子是「秩序」的；而同時具有雜亂與秩序排列的薔薇是「複雜」的；而氣體分子運動是真正「混沌」的。因此，複雜性涵蓋了秩序及混沌間的廣大範圍。

　　十分有趣的是，我們已經很了解像晶體這種完全有秩序的系統，它們的原子在晶格中十分整齊排列著；我們也了解像單一氫原子的動力行為，因為我們能有效在氣體上應用統計定律，因此也明白許多像它一樣的完全混沌系統，而且混沌保證有穩定的平均行

為，使我們能夠發現適用的統計定律。秩序與混沌間的複雜領域，對科學是最大的挑戰——我們能定義秩序和混沌，但是我們如何精確定義複雜性呢？

數學家與科學家十分關心複雜性，且嘗試提出定義，因此它是先由這些直覺觀念產生的。因為怕損及任何可能性，一些人抗拒對這個觀念提出精確數學定義。但因數學研究方法很精確，我確信它終能讓我們理解，並且掌握以前無法釐清的意義。因為，清晰是加深理解的第一步。

數學家的發現

現在讓我們先忘掉任何含糊的複雜性概念，看看數學家及其他人的發現。在這一章中，我們將檢視各種複雜性概念：演算的複雜性（algorithmic complexity）、計算的複雜性（computational complexity）、資訊的複雜性（information-based complexity）、物理複雜性（physical complexity）及邏輯深度（logical depth）。首先我們將遵循一個基本處理方式：若我們能以數學抽象概念定義複雜性，那麼我們將可明白，物理世界中這種定義，是如何應用到其他實質物體上的。

現在，讓我們以十進位展開，檢視 0 與 1 間的數。這集合中第一個數是 0.00000……，最後一個數為 0.99999……，而「……」表示無止無境。在這個連續統（continuum）中，像 0.101010101010 這些數，看起來似乎很有秩序且單純。但我們也可將它想像成一個十面骰子滾動產生的數。然後，我們討論像 0.185320942116 這樣亂的數。我們如何更精確區別這兩個數呢？為了回答這問題，我們必

須問另外一個問題，我們如何計算這些與其他的數字呢？

圖靈（Alan Turing）在他的初期研究中，將數區分為「可計算」與「不可計算」。且為了精確區別，他想像為電腦寫一個程式，也就是演算法，來計算各種數。就像 0.42857142……這樣的一個數。這個數看起來很隨機且複雜，我們可想像它是由擲骰子產生的。不過，我們承認這個數是以十進位的 3 除以 7，那麼這個數可用簡單程式「3 被 7 除並列印出結果」表示。

另一個例子是張伯羅溫數（Champernowne's Number），即 C = 0.12345678910111213141516171819202l……。它看起來很複雜，但仔細檢查發現，實際上它是整數順序寫出所產生的。它的程式也相當簡單，只要讀入「順序列印整數」即可。同樣 0.101010101010 的演算法是「列印六次 10」。因此像十進位的 3 ÷ 7，或張伯羅溫數這樣無限長的數，由於有著簡單的演算法，都是「可計算」數的例子。可是對一些「不可計算」的數，它們唯一的演算法，是將數字本身明明白白放入程式中。

例如，前面提到的由骰子滾動得到的 0.185320942116，唯一的演算法是「列印 0.185320942116」，當然，那仍不是一個太長的程式。但是，如果我們將 0.101010101010 連續到一百萬個 10，它的程式長度不會改變許多：「列印 10 一百萬次」。相反的，如果我們將十面骰滾動的亂數再延續一百萬位次，則計算這個數的唯一程式是「列印 0.185320942116……」，而「……」在此表示另外一百萬個特定數字。那麼，程式長度將會有相當量的增加。

從圖靈的理念我們知道，計算數所需的程式長度，可用來描述數的性質。即使是無限長的「可計算」數，也可以寫一個相當短的程式來計算。然而「不可計算」的隨機數，唯一的演算法是明白

寫下數中所有的資料，此時演算法至少與數字本身一樣長。這種性質給我們一個定義「隨機數」的方法，它是由柯莫格若夫（A. N. Kolmogorov）與凱丁（Gregory J. Chaitin）於 1965 年提出的，那時凱丁還只是紐約市立大學的學生。根據他們的定義，隨機數需要的計算程式至少和該數本身一樣長。但這兩位數學家，那時並不知道所羅門洛夫（Ray J. Solomonoff）於 1960 年提出的相關定義──嘗試對科學理論之單純性所下的定義（不採用數的複雜性定義）。

雖然我們假想這個計算數的方程式，是以一般語言寫成，但若將各字母對應不同數值，顯然程式本身也可以化作一串整數。因此，程式的資訊內容可用介於 0 與 1 之間的某個實數表示，就像程式設想計算的數一樣。那我們就可拿表示程式的整數字串，和它將計算的數來比較長度。

我們幾乎已完成定義了。但在我們為「複雜性演算法」定義之前，必須談到什麼是一個「最小程式」？

任何特定的數，都能夠用許多不同的演算法計算，譬如，2397 這個數能夠以「2400 − 3」或「2380 + 17」或「51 × 47」或無數個不同程式得到。最小程式是這些當中最短的一個，也是最有趣的一個。或許有一個或多個這樣的極小程式；可是，我們必須確定最小程式的整數字串，所代表的數必須是隨機的。假如它不是隨機的，根據先前對隨機數的定義，我們可以寫出一個計算該數的更短程式，這和假設和它是最小程式相矛盾。

現在，我們將對一個數的複雜性下演算法的定義，即計算它所需的最小程式長度。這樣我們便能對連續統中的每一個數，測定一個測量值，這就是它複雜性的演算法定義。

前面，我們已提到滾動骰子產生的隨機數，因為最小演算法

必須包含數本身，因此根據這個定義，它的複雜性幾乎等於數的長度。相對的，像 0.010101…… 或 3 ÷ 7 = 0.42857142 這樣高秩序的數，它的最小程式長度較短，因此複雜性低。介於擁有最小程式的數，和演算法跟本身一樣長的數之間，就是秩序與混亂的混合體，也就是「複雜性」的真實範圍。它們介於於秩序與混沌之間。

將理念應用到真實世界

某些人對這些數學定義的反應，是它們只能處理數字串的複雜性。但是，為何我們要竭盡己力，明白它和真實世界的關係呢？有個例子可告訴我們，如何將這些理念應用到真實世界。

我們想像一個特殊動物（可能是你）的去氧核糖核酸（DNA）分子。這個分子是核苷酸鹼基對（base pair）的序列，它能告訴我們如何複製那個動物的基因。鹼基對序列可標示出一個簡單數。譬如，基因碼中的四種鹼基，可分別指定為 0、1、2 和 3。那麼 DNA 分子可完全由像 0.023011032221 的一個序列表示。所以我們能建造出表示 DNA 分子資訊內容的一個有限數，而現在我們要問「產生那個數的最小演算法長度為何？」

我們已知二十種胺基酸的鹼基對序列，是所有蛋白質的基石。且因為我們注意到它已有許多秩序，因此它不是完全隨機。由經驗中，我們也知道 DNA 分子有許多重複複製（一個不明就裡的發現），那也代表秩序。最後，原則上這個分子含有製造動物所有器官、頭髮顏色的指令，這也代表富有秩序且深入的資訊內容。這些事實意指 DNA 分子與代表它的數不是隨機的，但也不是全然秩序的，或許它是一個「複雜的數」。如果我們能發現它的最小演算法

長度，它似乎確定遠小於 DNA 數本身的長度，則能提供動物複雜性的一個定量測度。

因為 DNA 分子可視為鹼基對密碼串，因此如何使一個數和 DNA 分子聯繫就很容易。但事實上，這種建構能應用到任何由物質組成的東西上。為簡化起見，我們將限制在六打原子組成的物體上。這些原子可看成字母，而字母能像密碼通信般譯成數。不僅原子能譯碼，且原子的排列，它們在物體中的坐標、角動量，甚至於運動都能譯碼。所以，一把椅子或整個宇宙的物質狀態，原則上都可表示成一個很長的數。

科幻小說的夢想

回溯到 1930 年代，哥德爾（Kurt Gödel）指出邏輯證明中出現的一連串符號，可以用一個數字代表（即哥德爾數，或 G 數）。對於每一個邏輯證明命題，我們都可以譯成一個數。同樣的，一個物體我們既可用一個數來表達它，那麼，也應該可以（細節視物理定律與我們決定規化結構的方法而定）用一個特定的數，代表物理實體的狀態。我們稱它為 E 數，「E」代表實體（在此，我先忽略實際上發現這個數是很困難的）。將每件事還原成數是畢達哥拉斯學派的幻想，它引發了科幻小說中的夢想。一旦，我們知道一個物體的 E 數，就能想像經由電磁波將它傳到銀河系的另一端，在那裡它被解碼，且用來複製這個實體──一個物質傳送機。那樣，人和東西至少能以光速在宇宙運行。

姑且承認它是科學幻想，一旦我們有了物體的 E 數，就可以問什麼是那個 E 數的演算複雜性，而那個物體的複雜性就能得一個定

量測度。在這種情形下，我們就能對人、小雞、岩石或細菌，定一個複雜性的定量測度。那又如何呢？

我們已精確且成功的對複雜性下了定義，因而在定義物質實體的複雜性問題上，我們不必再用麻煩透頂的數學理論。但從實用面來看，我們仍有一個問題，即在發現一個數的複雜性之前，必須發現計算它所需的最小演算法長度，並且必須證明那個演算法是真正最小的。這要如何達成呢？這個問題使我們進入微妙的哥德爾理論中。

正如凱丁的主張，在數學中為了證明任何事，我們都需要一些公設（axiom，未證明的、視為理所當然的命題）與推論規則，這也就是希爾伯特（David Hilbert）所謂的形式系統（formal system，請參閱第 12 章〈向無限挑戰〉）。由於像這樣一個公設的形式系統，是由表達公設的符號串組成，它能定一個 G 數，這樣，我們就能探討關於這數的複雜性問題。代表一個形式系統公設的 G 數最好是一個隨機數。如果不是，那意味我們能發現一個比代表公設的數更簡單的演算法，公設將還原成更簡單的公設，因此它們不是最基本的公設，而只是一個定理。

凱丁也堅持除了公設外，我們需要一個使用公設的程式，來證明某個特殊演算法確實是最小的。而尋求證明的程式，也可譯成一個數。在公設與程式共同攜手之下，我們開始嘗試證明一定有些數是隨機的，它們的最小演算至少和數一樣長。但這能做到嗎？事實上是不行的。我們所希望證明的大數含有一定量的資訊，而我們使用的形式公設系統及找尋證明的程式，也能譯碼成含有一定資訊量的另一個數。我們不能用包含有限量資訊的特定系統，來證明另一個有更大量資訊的系統之性質。在數學中，我們不可能得到比原始

公設及規則更多的資料。那就像希望老鼠吞象一樣。

　　既然我們總是能發現含有任意大量資訊的大數，因此總是有一個數所含的資訊內容，超過任何的公設系統，所以不能證明它是隨機的。這也意味著，總是存在某些數，我們無法找到它的最小演算法及複雜性定義。

奇怪的現象

　　正如凱丁所說：「在這樣的形式系統中……總是有一些數的隨機性是無法證明的。」這是合理的結論。

　　這是一個奇怪的現象。我們能證明連續統中幾乎所有數都是隨機的，卻不能證明任一個特殊數是真正隨機。數學中充滿這樣的諷刺。

　　我已經談了演算複雜性相當抽象的數學概念，它們不但顯現完善的概念，且在任何企圖定義複雜性上都有其基本限制。複雜性的演算定義，提供我們思考複雜性和隨機度的一個數學架構，但它還是不能提供物理系統上的實際定義。

　　我們已討論了演算複雜性──最短的程式長度。另外的相關定義是有關計算複雜性的──用電腦解決一個特殊問題需要多少時間？這是一個問題困難度的直接度量。演算複雜性是空間複雜性的測量（最小演算法的長度）；而計算複雜性則是以時間測量複雜性（解決一個問題的時間）。計算複雜性的問題，在數學與電腦科學中，是豐富且快速發展的研究領域。

　　我們討論數學的計算觀念中，已簡述了這個計算複雜性的新領域。根據這個觀點，數學定理並不存在於思想的某些空泛領域，

而是必須實際證明，即我們必須在公設及推論規則的特殊形式系統中，決定定理是真或偽。假定我們已經知道在公設形式系統中，一個特殊定理是可決定的，那麼，我們就要問：「決定它為真或偽，會有多少困難呢？」那是計算複雜性領域中的問題。下面就是一個例子。

我們常用的算術是一個形式系統，但像哥德爾所指出的，根據以他命名的著名定理「哥德爾定理」（Godel's theorem），算術是不可決定的——算術領域中充滿無法證明它們為真的定理。但有一種算術，其中只有正數與零相加一種運算，稱為「普里斯柏格算術」（Presburger arithmetic），這是可決定的，其中所有陳述都是可證明的。所以，這種公設系統不隸屬於哥德爾定理。而費雪（M. J. Fischer）與雷賓（Michael Rabin）指出，在普里斯柏格算術中，對於「一個定理是否為真、偽」這樣的決定問題，在定理陳述長度中需要「超指數」（superexponential）量的時間。這意味著雖然原則上，普里斯柏格算術中所有的定理都可證明，但實際上證明它們需要很長很長、超過宇宙生命的時間。這個洞識能告訴我們，甚至建立可決定系統的真實定理，都要花極多計算時間。

如同哥倫比亞大學電算學系主任超布（Joseph Traub）提出的看法：「希爾伯特問題多麼豐富！」他指的當然是希爾伯特的著名問題——證明數學中所有的真定理。希爾伯特構思了一個數學計畫，可證實數學中所有的真定理，但他從不問要多久才能發現真定理。雖然計算觀點使我們的洞識深入可解決範圍中，要建立特殊問題的實際計算複雜性，仍是很困難的（就像很難發現最小演算法），但在這領域中仍有許多重大的數學進展。

找尋旅行推銷員的最短路程

　　假如我們檢視特定數學問題的計算複雜性，將這樣的問題分成兩大類——需要幾何（指數）計算時間的問題，以及只需要算術（冪次）計算時間的問題。前者需要宇宙生命的百萬倍時間，甚至在超級電腦上亦然。讓我們忘掉實際解決這類問題的可能吧！而僅需算術計算時間的問題，通常可在合理時間內解決（意指數學家對問題失去興趣前的時間）。

　　區別這兩類問題是很重要的，但總是不太容易。通常，我們並不知道解決一個問題，需要指數量或冪次量的時間。著名的旅行推銷員問題——訪問六個或更多的城市，且每個城市拜訪一次，然後回到最初的城市，其中的最短路徑是什麼？人們猜想這是一種指數的問題，但他們卻不能證明。我們無法判斷，是否某些聰明人僅使用冪次計算時間，就能找到解決這個問題的演算法。可是，對許多問題而言，數學家知道這種分類，因此他們能決定解決某些問題需多少時間。

　　計算複雜性領域，吸引了許多十分優秀的數學家，經由超布及其同僚的努力，已提升成資訊複雜性領域。因為它有實用價值，且讓我說明這個理念。

　　這個計算複雜性領域中已檢視過的，通常是像旅行推銷員一樣明確的問題。也就是所有的牌都是攤開的。理論上，因為解決問題的所有資訊都在問題敘述中，如果你夠努力（要努力多久並不知道），將能找到答案。

尋找可信度

　　但在真實世界中，很少是如此單純明確的。桌上只有少數牌是攤開的。

　　正如每一個決策者都知道，真實世界中所遇到的問題，常常不很明確，它們不是資料不完整，就是只知近似數據。就像超布的觀察，計算複雜性問題有兩種，取決於對資料所做的假設。它們是否像旅行推銷員的問題般確定且明白呢？或是像其他大多數真實世界的問題，資料是不周全的呢？資訊複雜性工作者的目標是「用部分或混淆的資訊建立一般理論，並且應用結果解決各個學科中的特殊問題」。如果我們想要抓住生物學、行為科學及社會科學中的問題，這是必須的處理方式。

　　譬如，在人腦、動物行為及全球經濟上，我們只有部分或混淆的資訊。關於這樣的系統，我們期望知道（計算）什麼呢？那個知識又有多少可信度呢？那些資訊複雜性理論中的問題，正處在複雜新科學的最前線。

　　至此，我已簡介有關複雜性數學定義中的重要概念。從直覺觀點看來，複雜性的數學概念雖然很明確，但仍有不周全的感覺。在我們心目中，複雜性存在於秩序與混沌間的某處。但使用複雜性的演算定義，一個數愈隨機，它就愈複雜（混沌）。那樣的定義，並不對應秩序與混沌間的複雜性概念。實際上，複雜性的演算定義，似乎是一個誤稱。它其實是「隨機性」的定義，而非「複雜性」的定義。

　　為了更進一步釐清，我們回到 DNA 分子的例子——我們已很清楚它是一個高度複雜分子。但是，DNA 分子會有生殖力的指

令。如果，我們拿一條 DNA 分子和一條有相同長度、但鹼基對隨機排列的分子來比較（由滾動一個四面骰子來決定），那麼根據複雜性的演算定義，這個隨機分子將比實際的 DNA 分子更為複雜。事實上，那個隨機分子的資訊不能構成任何生物，它只是無意義的東西。

物理複雜性

另一個例子是語言學。說或寫的語言，比猴子在打字機上製造的混亂字串更為複雜。但是「複雜性的演算定義」對猴子的創作，則賦予了較高的複雜性。所以，當複雜性的演算定義，要描述定義複雜性的問題時，無法解決下面將討論的事情。

對於複雜性的演算及計算定義，不能詮釋有意義的物體複雜性，有些科學家十分不滿意，而提出了其他的複雜性定義。1985年全錄公司帕洛奧圖研究中心（Xerox Palo Alto Research Center）的荷格（H. Hogg）與胡伯曼（Bernardo Huberman），根據階層組織的多樣性，提出了系統複雜性的物理定義。他們的量度在完全秩序與完全隨機的系統上都是零，且在以上兩種系統的中間有最大度量值，這與我們的複雜性直覺概念相符。

他們為了定義複雜性，使用一種分類體系概念「能對應於一個系統的結構配置，或更簡單的說，利用相互作用的力量，來群集各部分。更特殊的是，如果最強作用的各成分群集在一起，且這個過程可重複產生群集，我們就能產生反映系統分類體系的樹枝狀結構（像一個組織圖）。物理學中，我們將這種組織形態，看成夸克組成強子，強子組成原子核，然後原子、分子……等等。同樣的，在計

算中我們則組合副程式或程式，形成像操作系統及網路的高階結構。」

一旦我們定義並建立這樣的分類體系，在考慮各成分間相互作用的變化下，對它的複雜性便可賦予一個量度。根據荷格與胡伯曼的概念，這是「由簡單基本成分所組成的系統，其複雜行為背後的基本特質」。

荷格與胡伯曼所用分類體系的數學性質，給複雜性一個明確定義，它抓住「秩序與混沌間的複雜度為極大」的概念。一個完全秩序而自我重複系統的複雜性為零*，一個無秩序及混沌系統的複雜性亦是零。所以，薔薇比晶體或氣體更為複雜。這似乎是一種進展，但為了使用這個複雜性定義，首先必須建立適當的分類體系，可是要如何去做，總是不太清楚。或許在定義分類制度中出現的複雜性，並不是系統的內在本質。它們的定義，受到某些科學家批評過分人工化。

邏輯深度

其他的複雜性定義研究，則是由 IBM 中心的班奈特（Charles Bennet）提出。他也試圖找出，能使薔薇比氣體分子更為複雜的複雜性定義。他並不談系統的複雜性，只是講系統的「組織」，但他遵循著相同的概念。

班奈特格外堅持自我組織系統（self-organizing system）的行為。這些系統雖遵從熱力學第二定律（密閉物理系統總是愈來愈

---

* 譯注：例如完美晶體。

亂），但違反了它的精神。一個自我組織系統將熵*逐出到環境中而降低熵，因而避免變亂。植物或晶體成長，是自我組織系統發展的一個例子。自我組織系統的特性，首先必須是確實複雜，即高度組織化，其次，它們是由非常簡單的系統產生。班奈特的系統組織或複雜性概念，與簡單系統演變到完全複雜系統之困難度，有著密切關係。

　　他以資訊理論提出「定義組織，與定義訊息價值的問題相類似，但和它的資訊內容恰好相反」的看法。譬如：投擲硬幣的典型序列，含有高度的資訊內容，但較少訊息價值；星曆表提供月球及行星每天的位置，但除了運動方程式與初始條件外沒有更多資訊，卻使擁有它的人不必花精神再去計算這些位置。這樣的資訊價值，似乎不存在它的資訊中（它的絕對不可預測部分），也不會在明顯的重複性中（逐字重複及不同的數字頻率），但卻存在於所謂的隱藏重複性中（具有困難度的可預測部分）。原則上，接受者不需告知就可算出，但卻需要花費大量金錢、時間及計算，換句話說，資訊的價值是數學量或由創造者所進行的其他工作，而它的接受者可不必再重複……。

　　「這種想法可用演算資訊理論使它形式化：資訊最可能的起因，可用它的最小演算法說明，以及它的『邏輯深度』或數學工作的長度來確認。簡略的說，它由計算這個最小說明所需的時間來確認。」

---

* 譯注：熵（entropy）是物理學上對自然界亂度的衡量，物質狀態愈亂，則熵值愈大，例如水蒸汽的熵大於水的熵，而水的熵值又大於冰的熵。按熱力學第二定律，任何密閉系統都朝最大亂度發展，趨向於無序。

班奈特用一個物理實體的複雜性來定義「邏輯深度」。他以計算觀點看物理過程，其中物理過程可用自然定律所特定的計算方程式來考慮。這種觀點使太陽系運動，可看成解牛頓方程式的一個「類比計算機」。

　　同樣的，我們能在一部數位電腦上，模擬物理系統的行為或成長。我們可用類似太陽系的牛頓定律，或生命分子組合般的基本規則或演算，開始這樣的計算（最小演算法的說明）。而一個物體的「邏輯深度」，即複雜性，則由「電腦用不走捷徑的基本演算法，去模擬物體所需的時間」來測量。這種複雜性是測量「由基礎片段開始，將某些東西組織起來的困難度」。譬如，各種拼圖遊戲，可經由將它們拼好的困難度做複雜性分類。

　　這些以分類體系或「邏輯深度」的多樣性，來定義複雜性的企圖，是很有魅力的。但這種複雜性定義又有什麼好處呢？除非物體的複雜性，成為像物理實體的溫度或熵這樣的物理定律中的量，否則它不會有什麼用處，至少對物理學家是如此的。現今定義物理實體的複雜性提案中，沒有一個顯示它是物理定律中的量。

測量岩石、小雞及星球

　　假如我們研究找尋物體複雜性物理定義的企圖，將發現某些事情非常奇特。不妨想像某人已成功定義了物理實體的複雜性，而且每個人都同意。那麼，我們就能測量物體的「複雜性」，就像測量它的溫度一樣。岩石、小雞及恆星全都有一定量的「複雜性」，但這是一個多麼奇怪的想法。

　　岩石、小雞和恆星全都是複雜的，但複雜性是不同的，它們在

性質上互異。岩石由不同化合物與晶體組成，小雞由細胞組成，恆星則由導電氣體組成。將所有這些基本差異，化約成一個數似乎過分簡化了。物理系統複雜性最有趣的地方，在於如何將它們的細節組織起來。我們想將這些含糊不清的概念，推演得更精確些，在一些實質物體的複雜性上，就必須有更明確的定義，但目前為止尚未有人提出。這問題將繼續困擾著我們。

或許，我們對複雜性要求太多了，使它不能在物理定律中扮演這樣的直接角色。如果，我們想像自然是一部巨大的電腦，我們試著模擬電腦操作，那麼複雜性的定量定義或許能產生。複雜性觀念在計算世界中是自然的。如果我們採取計算觀念，那麼複雜性將能確實對應於某種物理實體——一個物理過程經由電腦模擬執行的時間。

動物成長的新詮釋，是自然界計算觀的一個特殊例子。一個生物的成長過程，可看成是計算生物 DNA 內容的過程。現在，我們已指出 DNA 的資訊內容，可譯碼成一個數，那個數的演算複雜性，由它的最小演算法長度決定。我臆測 DNA 的最小演算法計算過程，大約由對應於該 DNA 序列的生物實際成長過程表示。這個臆測假設 DNA（基因型）和生物（表現型）的演算複雜性，大約是相等的。這樣，生物的發育便是一種演算，它是將基因型翻譯成表現型的計算過程。

自然界的計算觀點，描繪出不可思議的遠景，其奧妙使我們拓展了新的洞識，我們甚至可以相信，未來會發現複雜性的有用定義。

某些科學家期望找出複雜性的明確定義，當東西演變成更複雜時，他們量化了直覺觀念。不管發生什麼事情，熵在密閉物理系統

中，總是必須增加（熱力學第二定律）。在熵的浩瀚海洋中，自然
創造出秩序與複雜性的島嶼。生命的演化似乎違反了第二定律的精
神。

動力系統的特性，似乎提升至愈來愈複雜的系統上了。為什
麼？人類和原生動物比較，不一定更好或更重要，但一定更為複
雜。人自然經由「實驗」而創造出更複雜的生物，代表大自然已發
展出，能使演化躍入新環境的技術。假如所有單純的生態範圍，早
已遭到簡單生物占據，那麼一個更複雜的生物（不需要為那些範圍
競爭）就能夠演化與生存。這可能就是為什麼演化會產生複雜生物
的答案之一。採用複雜策略能促進生存。但是假如我們有一個複雜
性的數學定義，那麼這個想法，便能像複雜社會及經濟體系一般發
展出來。

一窺「混沌」背後的事物

在結束複雜性與隨機度的話題之前，我仍要提出詮釋混沌的
另一個企圖。隨機度的演算定義提供了新的洞識，但我們無法識別
特定數是否為隨機數。假如原則上我們說不出隨機是什麼，或許實
務上我們仍可決定什麼是隨機。如果數學家不能告訴我們什麼是隨
機，那麼或許我們必須回到物理世界去。

1930 年代馮米澤斯（Richard von Mises）認為我們可由物理過
程中出現的隨機來定義隨機，就像賭博輪盤中的球或彈起的硬幣，
如果它是全然隨機的，一般而言，你下的賭注永遠不會只贏或只
輸。這種研究方式，使隨機的觀念運用到了實用基礎上。

一群在史丹福大學的統計學家迪亞科尼斯（Persi Diaconis，

以前是職業魔術師）、艾夫隆（Bradley Efron）以及伊格（Eduardo Engel）檢視許多物理過程，且提出混沌的定量定義。他們發現許多以前認為是隨機的物理過程，事實上不是。譬如，他們發現洗牌如果不超過五次，就不會出現真正隨機的一組牌。只有在洗了七或八次之後，它們才會突然變隨機。

迪亞科尼斯與同事凱勒（Joseph Keller）也分析了骰子的滾動，結果是相同的。迪亞科尼斯敘述：「如果你仔細觀察，事情並不像每個人以為的那麼隨機。」但因為它們不是如此隨機，你就能詳細檢視這些物理過程，看看隨機是如何消退的，然後我們就能從中學習到某些事情。

彈硬幣是一個很好的例子。當我們彈硬幣時，它開始有了速度並旋轉。我們能想像在一個二維圖上，畫出硬幣的最初速度及旋轉，而以速度為橫軸、旋轉為縱軸。開始時，硬幣總是在同一位置，它是正面的；而彈硬幣時，在二維圖上標示出導至正面及反面的區域。在接近原點、對應很低的初速度及轉速（甚至不彈動硬幣），是正面區域。當我們離開原點，會同時出現有正、反兩面的區域。在遠離原點、對應很高的初速度及旋轉下，正面和反面區域變成很窄──此時，稍微改變一下初始條件，將產生不同的結果。所以對應這些很高的初始速度及旋轉的區域，彈硬幣是很隨機的。要看出並非如此，必須彈上百萬次。

迪亞科尼斯發展出一個理論，使他能精確定量出某些物理過程中真正的隨機度。他的理論也使他能判斷，混沌程度真正離開隨機有多遠。經由他與同僚的努力，我們得以一窺物理混沌面罩後的事物。

以新方法分析舊定律

　　混沌和我們在一起已經很久了，但直到最近它才開始受到重視。當統計學家追求研究混沌的方法時，物理學的主要新發展出現了——科學家在決定性方程式中發現了混沌。這種新發現和本章中討論的複雜性及可計算概念有著密切關係。混沌與近似混沌已成為即將透析的有趣結構。

　　喬治亞理工學院的福特（Joseph Ford）昂首歡呼混沌新科學，並說：「二十世紀物理界第三次革命開始了。」（另兩次革命是相對論和量子理論）我雖然深受福特這句話的鼓舞，但並不同意他的評價。

　　物理學中以前的「革命」，主張的是新的物理定律。反之，所有有關混沌的理論，雖然深入描述實際物理過程，且為人所熟知，但它並不主張任何新的物理定律。我寧可說混沌是用一種新的方法，分析已存在的物理定律。

　　在現有的物理學方程式中，混沌「就在那裡」等著世人去了解。我將在下一章中仔細介紹。

第4章

生命可以如此非線性

古人以為……宇宙混沌無序，今人也有相似的看法！
可是其間是有差別的。穴居人認為自然像任意滾動的骰子；
現代人則認為自然是刻意灌上鉛的骰子。

—— 物理學家福特（Joseph Ford）

　　我們都聽過這樣的牢騷：「每個人都大談天氣，但沒有人能改變它。」這樣的說法並不完全對。

　　數學家馮諾伊曼（John von Neumann）就曾絞盡腦汁思考如何控制天氣。他體會到天氣變化可由溫度、氣壓及溼度的微小起伏引發，只要我們能改變那些起伏，當它們很小時就扼殺，即能控制未來的天氣。譬如，星期五從飛機播下改變雲層溫、溼度起伏的物質，那麼人們在星期天外出野餐時，就不會下雨。這是馮諾伊曼的夢想。

　　由於那些起伏是無法控制的，因此馮諾伊曼的想法完全錯誤。而描述未來天氣的決定性方程式中，隱藏著某些解，能顯現完全的混沌，並且能夠正確描述天氣概況。極微小的起伏，能成長得遠超過我們的預期或控制，因此產生混沌。就像在美國西海岸邊拍動翅

膀的海鷗，理論上可形成太平洋上的颱風。由決定性方程式顯現這樣完全的混沌，是現代數學物理中最顯著的發現之一。

以方程式解釋天氣

麻省理工學院的氣象學家勞倫茲（Edward N. Lorenz），在 1963年發現了這種決定性混沌。他相信大家熟知的天氣不可預測性，應該能用決定性方程式來解釋，因此開始找尋這樣的方程式。那時雖然已明瞭描述天氣的方程式，但是它們是一個無限集合，根本無法處理。勞倫茲的第一步是簡化這些方程式，直到正好剩下三個微分方程式，亦即有三個隨時間變化的量。這三個量描述天氣狀況，真正代表什麼，我們不必知道。勞倫茲發現除了非線性，這些方程式並無特殊之處。簡言之，所謂非線性方程式，就是任意兩個解的和無法形成新的解。這種非線性特徵就是決定性混沌的特質。

在此要先解釋「線性」和「非線性」。這些名詞簡單指出方程式解的性質，即是否能將解加起來得到一個新的解。如果方程式說明某些自然界或社會現象，那麼我們就能指出那些現象是線性或非線性。譬如，描述水波運動的波動方程式是線性方程式，它有許多不同的解，每個解有不同的振幅和波長。但是因為它是線性方程式，因此我們能將這些解加起來，得到一個新的解。它們能簡單反映出水波般真實的物理現象，它們能夠互相重疊，這些重疊的波也是線性波動方程式的解。

然而大多數描述自然界、人類行為、神經功能及許多領域中現象的方程式，是非線性的。儘管我們樂於了解這些有趣現象，但非線性方程式在數學上通常很麻煩，它們幾乎無法解出。

在電腦發展之前，非線性方程式僅有少數的一般特性與解可以分析；很少有恰當解的實例。但我們必須注意電腦中的方程式數值解析方法，大部分與方程式的線性或非線性無關，它只是得出解。電腦的來臨，意味著科學家不再受到非線性方程式的折磨，當研究中出現非線性方程式時，它不再是「不可解，必須停止了」。

嶄新的領域

非線性科學所研究的現象，需要以非線性方程式做為數學語言。生命是非線性的，其他一切耐人尋味的事也都是。人類一旦熟悉非線性組織之後，將開創出廣大且嶄新的領域。在本章中，我們將檢視這個領域中的一些例子。第一個例子就是勞倫茲發現的決定性混沌。

勞倫茲在電腦上執行非線性天氣方程式，並且列印出隨時間變化的三個量。他停止計算，檢查這些數字，選出一組做為重新執行的初始數據。在正常情形下，我們預期會列印出相同的後續表。畢竟，這些是決定性方程式，並且如果初始數據相同，系統隨時間的發展，應和先前的完全相同。但事實上，表上三個量的值很快就不同於先前的運算，而且差值隨著繼續執行而增大，因此勞倫茲確實已發現了決定性混沌。

這是因為三個量在電腦中的精確數值，無法完全列印出來。因此當勞倫茲以它們為初始值，開始執行第二次時，它們稍微不同於前次的使用值。而當方程式執行時，那些微小差值迅速擴大（這與拍動翅膀的海鷗如何形成颱風類似）。對初始數據非常敏感的這種行為，正是決定性混沌的特徵。

　　勞倫茲研究的微分方程式像牛頓方程式一樣，是古典物理方程式，它們都是完全決定性的。譬如，定下一組物理量的初始值，方程式就可完全指定出未來值。通常，如果我們在初始值的設定中做一個小變化，最終值也僅是微小變化，譬如射擊時，槍管方位的些微改變，會導致子彈擊中標靶的位置相應出現些微改變。這就是大多數古典物理的典型行為。然而能顯現決定性混沌的勞倫茲方程式及其他非線性方程式，具有初始值微小變化，將產生後續值巨幅改變的特徵。除非我們已知無限精確的初始值（實際上不可能），否則我們就會喪失預測未來的能力，就像預測天氣一樣。

　　決定論、可預測性及混沌，和上一章介紹過的演算法以及計算複雜性有密切關係。為了明白這種關係，我們必須明白古典物理中有關決定論的一些說法。

宇宙的守護神

　　古典牛頓物理概念下的決定論，認為如果我們已知質點的初始狀態——位置和速度，我們就能用運動方程式預測它的未來軌道。十九世紀法國數學家拉普拉斯（Pierre Simon de Laplace）對決定論的概念詮釋得十分完美。他想像有一個守護神，知道宇宙中每一個質點的位置和速度。守護神使用牛頓定律，就能夠知道宇宙的未來，宇宙的機械作用就像一個巨大的時鐘。

　　那麼要預測未來行為，就必須更加了解物理定律，譬如運動方程式。畢竟，運動定律的發現使牛頓的地位更顯重要，且開啟了現代物理的康莊大道。為了預測未來，我們還需要一組初始條件。這些初始條件似乎不太重要；它們僅代表一些無法很精確控制的事

物。在古典物理的許多問題中，精確度不是特別重要的。譬如，對一個鐘擺和太陽系行星的運動來說，確知初始條件的準確度就能決定未來運動的準確度。

如果我們採用計算觀點來看物理過程，那麼可將運動質點的初始條件看成一個字串，做為軌道計算的輸入值。而其輸出值可由運動方程式的數學解獲得。像鐘擺和太陽系的行星系統，少量的輸入資料，將產生大量的輸出資料，即系統的整個未來軌道。正如同我們將初始條件輸入「電腦」中，它就可以輸出所有的未來位置。這樣「具分析解」的系統，亦即那些能夠明確寫出方程式解的系統是決定性的、可預測的及非混沌的。如果我們將現在以初始條件表示，就如同拉普拉斯的守護神般，我們便能知道未來和過去。

具分析解的動力系統能夠以演算的複雜性來檢視。方程式的初始條件與明確的解，可以想像成計算軌道的一種演算。軌道本身可看成預備計算的一些數字集合。因為整個軌道可從簡單的演算法計算出，因此軌道是非混沌的，而且對應於初始條件，代表軌道的數字是「非隨機」的。

這種情形與非線性方程式完全不同，譬如，在勞倫茲方程式中，它具有混沌解。初始條件中任何一個小誤差，將產生完全不同的軌道。喬治亞理工學院的福特，描述這些混沌軌道像是一個計算過程：「我們發現軌道計算所需的輸入量，正如它所提供的輸出量一樣多。這意味著因為輸出的軌道數據是如此混沌，且是不可預測的隨機，以致於輸入資訊必須相當於輸出的複製品……因此我們的計算，現在已無法計算或預測任何事情。總括來說，混沌軌道是它自己最簡單的描述，而且是它自己最快速的電腦；它同時具備決定性與隨機性。由這個描述我們學習到，非混沌的軌道是『可模擬

的』（這正是計算所做的），然而混沌軌道是『不可模擬的』，例如唯一能模擬天氣的就是天氣。」

自然的奧妙

在這裡我們發現了自然的奧妙。隱藏在古典物理決定性方程式中的混沌是如此完全，以致於連拉普拉斯的守護神，都不能預測未來。而僅在守護神已確知無限精確的初始條件，並能記得無限多隨機數（此假定需要一個無限守護神）時，才能夠預測未來。在這種概念下，守護神本身必須完全等於一個無限宇宙，而這種情形實非當初拉普拉斯所能想像。

當勞倫茲發現決定性混沌時，他發現了物理學家所謂的「奇異吸子」（strange attractor）。何謂「吸子」？吸子是一個方程式的解所牽引吸入的軌跡，這樣的概念可幫助我們區分出動力系統是太陽系、滴水的水龍頭、神經網路或天氣。為了要更清楚認識吸子，我們必須先說明「狀態空間」（state space）的抽象觀念。吸子是處在狀態空間中的軌跡。

動力系統可以看成具有一個物理「狀態」。一旦我們可以描述所有獨立變數的值，就可完全指定物理狀態。例如，平面的鐘擺可由兩個變數——擺的位置與速度來描述。更複雜的動力系統需要更多，甚至無限多個變數來指定它們的物理狀態。一旦你知道了系統的物理狀態，你將知道有關那個系統的所有事情。

數學物理學家發現，用幾何方式來思考世界特別有趣，而那種思考也可應用在物理狀態上。我們能夠想像名為狀態空間，也稱為相空間（phase space）的一種抽象空間，它與真正的三維空間無

關,其中各維度對應於描述這個物理系統的變數。譬如,簡單的鐘擺對應二維狀態空間,其中一個代表鐘擺的位置,另一個代表鐘擺的速度。對於三個變數的動力系統,我們可將系統的狀態想像成三維空間中的一個點。但對上有許多變數的複雜動力系統,我們就需要許多或是無限維度的狀態空間,因此我們想像不出這個空間。

儘管如此,引用這種抽象狀態空間來思考的優點,在於無論系統是多麼複雜、有多少變數,精確的物理狀態,都可由多維狀態空間中的一個點來表示。讀出狀態空間中那個點的坐標,就可以指出所有物理變數的值,那也相當於指示出系統的狀態。當動力系統隨時間變化,在多維狀態空間中的那個點就能夠移動,而顯現出系統隨時間變化的確切情形。如果物理變數永遠有限(這是所有真實系統的情形),那麼點將在狀態空間的一個有界區域內移動。

心律是非線性的

我費了這麼大工夫描述抽象狀態空間的原因,乃是吸子「活」在狀態空間中。吸子正如其名所暗示的,它吸引在狀態空間中移動的點。圍繞吸子的區域稱為「吸引盆」(basin of attraction)。點可從狀態空間中任意一處出發,反映物理系統的初始條件,但如果它處在一個吸引盆中,最後必會遭吸入對應的吸子中。一個動力系統或許有一個或多個吸子,但系統最後會在哪個吸子中,則取決於它開始時所在的吸引盆。

有許多已知的吸子,最簡單的吸子稱為「定點」(fixed point)——即經由在吸引盆中的移動,狀態空間中的點最後會停留在那個定點上。這相當於真實世界中的什麼呢?假設有一個有摩擦力的鐘

擺，我們發現它最後會停止，擺的位置固定且速度為零。在狀態空間中，這對應於一個固定點的吸子。當鐘擺減速時，我們觀察代表物理狀態的點在狀態空間中移動，發現它圍繞著一個一直縮小範圍的軌道進行，直到停留在一個定點上。

第二種吸子稱為「極限環」（limit cycle）。顧名思義，狀態空間中的點最終不會靜止，卻會圍繞一個特定的閉環。這意味著某些物理變數會有週期變化。再一次拿鐘擺當例子，假如它是有摩擦力的鐘擺，且我們供應一個週期踢動（像節拍器那樣）；我們將發現它不會靜止，會一直振盪，反映出極限環。

非線性動力系統中極限環的發現，必須回溯到 1920 年代模擬人類心臟作用的凡德波（Balthasar van der Pol）數學模型。這些方程式說明心臟的跳動是非線性的，且心臟的正常週期跳動，反映出這些非線性方程式的極限環。在衝擊與壓迫下，這個極限環會瓦解，系統則投向另一個定點吸子，此時心臟停止跳動，導致死亡。

極限環也出現在複雜的化學反應中（也可以用非線性方程式描述），其中兩個或多個化學物質的濃度，將產生來回的振盪。活組織中的代謝反應也會振盪，這些就是生物時鐘的起源。我們每一個人至少有一個這樣的內在時鐘，時差便是證明。它可能就是人體和頭腦中非線性化學反應的極限環。

極限環是狀態空間中的簡單環路，接下來則要介紹十分複雜的「準週期吸子」（quasi-periodic attractor），它可視為狀態空間中一個環面（torus，狀似甜甜圈）的表面上，所畫出的一條無盡頭的線，以螺旋狀路徑環繞圓環面旋轉。在系統進行的週期運動中，它幾乎回到相同的狀態，但又不完全是。這樣的吸子可對應到含有不可通約（incommensurate）週期的兩個偶合鐘擺之共同行為上。這個系

統永遠不會回到相同的狀態，因此稱為具「準週期」。

美麗的幾何圖形

最後我們來談奇異吸子。此時，狀態空間中的點，在有界區域中沿著一條連續路徑移動，但永不會回到相同點上（途徑不是隨機跳躍的，是連續的）。如果你檢視狀態空間上兩條相鄰路徑，並沿著它們跟下去，會發現它們很快就發散，離得愈來愈遠，這就是奇異吸子的重要特徵（這也是與準週期解不同的特性）。這種行為反映出，混沌解對選擇初始條件的敏感度。初始條件中的微小差值，對應於狀態空間中的鄰近路徑，很快就放大。其他的吸子並沒有這種性質。因此假如我們知道系統的初始狀態（實際上我們僅能達到近似狀態），當奇異吸子存在時，因為它的未來軌道對初始狀態的選擇很敏感，因此這個資訊不具有預測能力。

抽象狀態空間中，路徑無盡的奇異吸子，是相當美麗的幾何圖形。它們能用電腦構成，在螢幕上顯示。奇異吸子路徑曲曲折折，填滿整個狀態空間中的一個子空間（subspace），而這個子空間能具有奇特的非整數維度。我們無法用數學確實構成這種奇異吸子的幾何路徑；也沒有方程式能精確描述它們。唯一真正可得到奇異吸子，並且能觀察它們在狀態空間中的形狀，是在電腦中畫出來的，這也是最先發現它們的方式。奇異吸子正是電腦的產物。

克洛區菲（James P. Crutchfield）、法默（J. Doyne Farmer）、派卡德（Norman H. Packard）及蕭（Robert Shaw）在一篇科學論文中曾說明想像奇異吸子的方法：

　　狀態空間中，混沌混合軌道（路徑）的方法，就好像麵包師傅以搓揉方式混合麵糰一樣。想像將一滴藍色食用色素放入麵糰中，我們就能了解一個混沌吸子的相鄰軌道將發生什麼事。搓揉是兩個作用的組合：壓平麵糰之後，其中的食用色素擴展開來，並且疊合成麵糰。最初，食用色素的黏稠液簡單的拉長，然後疊合在一起，在一段時間後黏稠液拉長，又和了許多次。仔細觀察可發現，黏稠液由許多交替的白、藍層所組成。僅僅做了二十次之後，最初的黏稠液拉長了超過原來長度的百萬倍，它的厚度縮小成分子程度。藍色色素完全與麵糰混合。混沌就是以同樣方法展開。

　　雖然今天奇異吸子已出現在許多方程式中，但這些吸子的理論出現較慢。蘇聯物理學家、諾貝爾獎得主藍道（Lev Landau），在 1944 年提出紊流（turbulence）的肇端，是源於不穩定性組成的無限序列；其中每一個加上一個新頻率到運動中，直到「複雜且混淆」為止。當雪茄煙的層流開始旋轉與扭轉時，我們能夠看到這種紊流的肇因。藍道的論點雖重要，但他並不能證實紊流狀態為真的、完全的混沌（今天我們相信它是如此），他把混沌看成準週期行為。而且在他的觀念中，沒有完全定義出紊流的肇端。

未受青睞的重大發現

　　勞倫茲在他於 1963 年寫的經典論文〈決定性的非週期性流〉（Deterministic Nonperiodic Flow）中暗示，紊流是真正非週期的（混沌），而非準週期運動。不幸的是，他的重要發現「決定性混沌」不受科學家的青睞達十年之久。準週期運動與混沌的差異雖然

微小但很重要：準週期運動中的兩個相鄰路徑總是相鄰，但在混沌運動中它們很快就會發散開。

1971年，惠依（David Ruelle）與塔肯斯（Floris Takens）寫了一篇名為〈紊流之特性〉的論文，指出大多數流體在幾個不穩定之後將產生混沌解。他們也創造了「奇異吸子」這個新名詞。隨後在1975年，李天岩與約克（James Yorke）最先使用「混沌」一詞，說明新的不規則解。我們漸漸明白了紊流與混沌解的真正性質。根據這些研究，當我們接近紊流時，系統的週期先倍增，然後再一直倍增，直到真正的混沌發生在某一個確定點上。

1975年夏天，我在羅沙拉摩斯國家實驗室的朋友費恩鮑（Mitchell Feigenbaum）到阿斯本物理中心（Aspen Center）訪問。他正在檢查一個方程式在接近混沌時的週期倍增現象，用紙筆計算一切步驟。在羅沙拉摩斯使用大型計算機，在毫秒內就能完成的工作，他卻在阿斯本如此費力演算，真是令人不解。他回答：「因為我喜歡玩數字。」

一個月後，費恩鮑回到羅沙拉摩斯，對另一個方程式進行類似的計算。令他驚奇的是，當接近混沌時，卻出現了阿斯本計算中曾出現的數字。他知道有些事情發生了。他立刻理解到接近混沌時，會出現兩個像 π（圓周率）的普適常數，然而來源是純幾何的，與動力學的細節無關（這正是他使用什麼動力方程式並無關緊要的道理）。如果，費恩鮑用一個大型羅沙拉摩斯電腦很快得到解答，他將失去這個重要發現。他親自把玩數字果然是值得的。

混沌的理念進入數學和物理中的動力系統，是和傳統觀念衝突的，一些早期的混沌研究者發現，很難使同事們接受他們的想法。這種情形在加州大學聖塔克魯茲分校由克洛區菲、法默、派卡德及

蕭領導的「動力系統集團」中特別顯著。我回想 1981 年訪問他們的「實驗室」時，他們的大多數設備是由當地五金行買來的。要使同僚相信他們正在進行某些重要研究是很困難的。

真實世界裡的混沌

混沌確實存在於古典物理的方程式中，但它存在於真實世界中嗎？勞倫茲的天氣方程式近似成三個變數方程式時，就顯現了混沌。那麼全部的方程式呢？它們也顯現混沌嗎？所有的方程式，不管它是處理天氣、流體或人類心臟都是近似的，所以我們不能確定混沌是不是由近似引入的。此外，真實世界中的混沌研究，並不能確定它是由動力系統，或外來「雜訊」所產生。也就是說，像以前我所說的，實驗上要區別真正的混沌，與複雜的準週期運動很困難。

然而，一旦澄清了這些疑慮，大多數物理學家現在確信，真實世界中必有混沌存在。哈佛德學院（Haverford College）的古勒伯（Jerry Gollub）與德州大學奧斯丁分校的史文奈（Harry Swinney）對環狀柯艾流（circular Couette flow，具有相對轉動的兩個同心圓柱體間的流體流動）進行這方面的第一個實驗。當轉動增加，流體的速度場會產生週期倍增，直到發生混沌。實驗者特別注意在週期行為與混沌間微妙的轉移。雖然結果明顯暗示有真正的混沌，但要真正區別混沌與準週期是很難的。

第一個混沌的明確實驗證據，不是來自流體流動的研究，而是由羅克斯（J. C. Roux）、羅西（A. Rossi）、雷奇拉特（S. Rachelart）與維德（Christian Vidal）在 1980 年的振盪化學反應實驗中得到。藉著仔細監視並改變反應物的濃度，他們發現化學振盪有真正非週

期性的混沌。而後透過哈德森（J. L. Hudson）、門金（J. Mankin）、羅克斯、史文奈的實驗，證實不規則振盪可透過奇異吸子描述。

　　除了已討論過的，是否還有其他的吸子？我們確信有。吸子是非線性方程式的特質，相信這樣的方程式，能夠描述真實世界中所有的複雜性。我們能夠想像到描述股票市場行為、國際經濟、人類心臟、人腦等器官的方程式。這樣的系統，因為它們可用非線性方程式描述，因此也受到像定點、極限環、準週期環、奇異吸子等各種吸子以及它們的混合物，或尚未發現的吸子所支配。

　　某些人已推測，我們描述神經網路的非線性方程式中的吸子，能表示對應於思想的精神狀態，記憶則可能對應於極限環。其他的科學家，已把這些理論有效應用到許多領域中，譬如演化論、分子演化、族群理論、對局理論，以及包括搶奪、戰爭、性行為等的動物行為上。螞蟻（尤其是牠們的覓食行為）提供了非線性數學模型，應用在社會性昆蟲上的一個例證。它顯示覓食時的混沌策略，可幫助螞蟻適應多變的食物供應條件，從而對其聚落生存有利。參加羅沙拉摩斯非線性研究中心與其他機構的一群科學家（這些人暱稱為混沌派）組織會議，來試驗非線性動力學的各種應用。許多類似的會議，已在新成立的複雜科學研究中心——聖塔菲研究院贊助下召開。

　　今天再也沒有人懷疑，古典物理方程式中存在決定性混沌。這個發現終結了古典物理中預言的理想（即牛頓學說與愛因斯坦所堅持的理想）。但是在這個美麗的新發現中，有許多不可思議的基本要素。第一個要素是混沌具備奇異吸子的幾何構造。混沌不是無意義的亂。事實上，混沌就像探針，窺測出混沌的統計性規則。

　　第二個不可思議的要素是，雖然古典物理通常為決定論的形

象，但它現在已包括混沌，然而量子理論的方程式（具有先天的統計詮釋）到目前為止，並不能顯現任何混沌。量子理論的薛丁格方程式（Schrödinger equation）是一種機率振幅的方程式，但它本身卻是完全決定性的方程式。在一些適當近似下，量子理論方程式可變成古典物理的方程式，且後者確實顯現混沌，因此，像薛丁格這樣的量子方程式不能顯現混沌，對許多數學物理學家而言相當難解。那麼量子方程式中的混沌在何處呢？這個尚未出現且十分重要的解答，將為量子世界與古典世界之間的關係，提供更深刻的了解。

秩序由混沌而來

過去認為混沌不能控制且十分可怕，現在則漸漸把它看成是友善的。混沌孕育出秩序，單純孕育出複雜性。

大約二十年前，研究者在非線性方程式中發現混沌構造的同時，另一批研究者也發現了新的非預期秩序解──一種稱為「孤立子」（soliton）的新構造。像混沌一樣，孤立子的發現，反映出非線性方程式令人驚奇的性質，它們對應於方程式所描述的真實世界的特徵。孤立子可想像成一個非線性的獨立波形，當它們在空間中移動時，能夠維持形狀，其自身作用的非線性將波形保持在一起，且阻止它的耗散（dissipation）。

雖然非線性波早在十九世紀就已為人熟知，但它一直被認為是特殊的罕見現象，所以這個領域一直呈停滯狀態。孤立子存在的最早證據是在 1950 年代初期，源自在羅沙拉摩斯建造的曼尼雅克 1 號（Maniac I）電腦。費米（Enrico Fermi）、帕斯塔（J. R. Pasta）

和烏蘭（Stan Ulam）決定使用這個新的電腦，模擬六十四個非線性彈簧連接質點的振動行為。他們認為一旦這個系統由某處開始振動，所有的質點將立刻顯現雜亂振動。但他們卻發現系統幾乎週期的回到最先的形態上。這個非預期的行為是孤立子存在的第一個線索。

1960 年代，數學物理學家沙巴斯基（Norman Zabusky）與克魯斯卡（Martin Kruskal）首先在電腦上檢視兩個孤立子的碰撞。大多數人猜想它們將碎裂或耗散，最後完全消失。但是他們卻發現兩個孤立子互相垂直通過，就像沒有任何事發生。孤立子是很結實的。

今天我們已知，孤立子顯現在許多描述物理過程的非線性方程式中。譬如在描述 DNA 與 α 螺旋蛋白質、巨大海洋波動，及複雜的雷射電漿交互作用方程式中，都可以發現它。某些人已發現描述神經網路的方程式中，確實有像孤立子的行為。它持續了數世紀之久，科學家為了說明，甚至推測木星的大紅斑是一種孤立子。具有單位磁荷的磁單極（magnetic monopole）的粒子，可由許多量子場論預測，且證實是孤立子——請參閱我所著的《完美對稱》（*Perfect Symmetry*）一書。

孤立子在許多動力系統中，像是一個場能量的穩定聚積，它們的存在見證了非線性動力學的豐富性。

實現笛卡兒的夢想

非線性動力學還處在起步階段。非線性方程式中發現決定性混沌與孤立子，可能只是冰山的一角，意想不到的新事物仍未涵蓋在內。今天，我們正實現笛卡兒以數學來描述世界的夢想，但這數學

乃是高度非線性的。科學家正開始面對非線性巨大的挑戰，準備進入下個世紀及更遙遠的將來。

　　非線性動力學可說是處於複雜科學的最前線。

　　如果沒有電腦，以上這些事就不可能發生。雖然傳統數學分析，仍對了解非線性方程式非常重要，但是當傳統分析失敗時，電腦卻能夠得到數值解，因此它提供了向前推展的原動力。馮諾伊曼在 1946 年於麥吉爾大學（McGill University）的談話中，已預見電腦的能力：

　　　　用我們已知的分析方法，似乎無法在非線性偏微分方程式的重要問題上提出解答……一種有效且快速的計算機器，能提供我們需要的線索。

　　馮諾伊曼這位數位電腦的重要創造者，對電腦進入數學表示歡迎。他對純數學和應用數學同樣在行。可是，那個時代的許多數學家，雖然承認應用數學的實用重要性，卻認為純數學應該遠離電腦。有些人甚至覺得電腦對年輕數學家有不好的影響。他們能接受圖靈機，卻不能接受真正電腦所做的結果，真是令人費解呀！

　　我們最好把數學中的電腦想像成精心設計的黑板，數學家在上面試驗他們的想法並進行計算。或許早期的數學家也反對使用黑板，他們覺得人們必須在腦中做每一件事。

　　雖然數學領域中仍舊著重抽象的研究，但使用電腦無異於回歸到十九世紀的建構觀——遠離抽象的集合理論、存在證明，而接近現實。電腦因而成為「實驗數學」這種新科學的主要工具。

　　實驗數學聽起來似乎有些矛盾。數學，甚至應用數學，不是應

該沒有經驗的限制嗎？的確是如此。但是在數學中，電腦實驗是愈來愈吃重的角色。一些數學上的問題及方程式是很難且複雜的，為了要透視它們，在電腦上進行數值分析實在有必要。一旦數學家得到那些透視，他們就能夠證實一般理論。

理論家的實驗

如果我們要解決非線性科學上的問題，實驗數學絕對有必要。純數學家將和電算科學家，及其他領域的自然與行為科學家攜手合作——為了推動「複雜性」領域，跨學科的整合是必須的。

為了接受這種挑戰，需要建造新的研究設備。科學家需要能操作大量資料、高性能及良好繪圖能力的超級電腦。甚至可以特別製作具有特殊功能的電腦，以解決某項特殊問題。

1930 年代，史達林問他的一位顧問，蘇聯最尖端的科學領域是什麼。他得到的答案是非線性數學與動力學。這時一位在這領域居領先地位的蘇聯科學家，正在巴黎巡迴演講，史達林立即召他回國，讓他領導籌立了研究機構。因此，雖然蘇聯研究人員在資訊傳送與處理設備上，受到嚴格控制，直到最近才有機會好好使用電腦，但長久以來，蘇聯在這方面一直是陣容最堅強的。

1985 年，美國國家科學基金會在普林斯頓大學的歐沙克（Steven Orszag）和康乃爾大學的威爾森（Kenneth Wilson）領導下，同意在美國建造五個超級電腦中心。以前許多大學研究人員不能使用超級電腦，甚至必須遠赴歐洲，使用美國政府以政治利益送給歐洲的超級電腦。那時只有在大型國家實驗室中，美國科學家才有機會使用到。但是現在已改觀了，威爾森所謂「任何人一旦發現

超級電腦，必須騙取時間」的情形已不復見。如今分布在全美的新型超級電腦，只要透過當地大學，經由大學與中心間的網路連線就可使用。

目前擔任康乃爾大學研究中心負責人的威爾森，評論超級電腦的能力時說道：「天文學家以望遠鏡可看到約五十年（相當於此人的學術生涯）的宇宙世界，但是具備超級電腦的天文物理學家能『看』到幾十億年。因此電腦模擬是理論家的實驗。」這些超級電腦將在非線性科學上，成為各種問題研究的主要「實驗數學」中心。

下一章，我們將看看這類問題。

第 **5** 章

模擬真實世界

不要失去信心，我們的數學是一座偉大城堡。

—— 數學家烏蘭

　　為什麼我們要模擬真實，以神話、隱喻或科學理論等面目來再現真實呢？為什麼不直接採用實物本身或我們的經驗呢？為什麼我們在心裡用符號改造經驗，而連我們自己都不了解這些符號的意義呢？

　　毫無疑問，以神話、隱喻及科學理論所表現的世界，在演化上有生存的優勢。在萬物中，我們的符號能力顯然是獨一無二的。在使用這些符號控制人類生存的條件上，我們確實擁有獨特且最適當的能力。我們能表現及模擬真實，意味著我們能挪用現存的秩序，使其為人類服務。好的模擬，無論是宗教神話或科學理論，都使我們覺得自己能支配經驗。用符號象徵性表達某些事，如同說或寫，多少都要捕捉住它們，使它們變成我們自己的。事實上，這種挪用否定了事實的直接性，不過是在我們廣大的幻覺網中，再加上更多

的絲，創造了代用品罷了。

　　在本章中，我將檢視複雜科學所創造的一些對真實的模擬。它們的共通性是：都在電腦上完成。

「創造」了真實？

　　電腦模擬隨著電腦而成長，是電腦主要的應用之一，如同研究的工具一樣。就像過去顯微鏡與放大鏡的發明，電腦開啟了對真實的新視野。或者應該這樣說：事實上，它「創造」了那個真實吧？

　　伽利略最早使用望遠鏡時，就做了很多實驗，使他深信這個儀器只是在放大物體，並不能創造物像或扭曲已有的物像，我對此印象深刻。當時有些人宣稱望遠鏡並非只是使已存在的真實更清楚，它會製造「新」真實。伽利略希望針對這些批評提出明確的答覆。那麼，我們憑什麼斷定電腦是模擬真實，而非炮製出加工品呢？

　　有一句諺語是電腦出現時就有的：「垃圾進，垃圾出。」這是指電腦只是依照輸入的資料及程式執行指令嗎？輸入的資料及程式確實是加工品，由科學家蒐集創造。電腦（至少現有的）就像望遠鏡及放大鏡一樣，終究是一個「笨機器」，我們不能在模擬之後，取消資料及程式上的人為判斷。我們必須將電腦看成人類手中的科學儀器，而不是魔術「黑盒子」，它並非創造出超過我們知識範圍的現實。不然，我們一定會混淆電腦模擬與真實。

　　通常，科學家在電腦模擬中，嘗試模擬的是相當複雜的系統（要不然何必用電腦）。隱藏在欲模擬之複雜系統後面的基本假設，是這個系統有明顯複雜性，它是按簡單規則，及包含相互作用的簡單成分所產生的。某些情形下，雖然系統有足夠的複雜性，但實際

上可以簡單解說一下：亦即有效的電腦模擬，必須使用比欲模擬的系統更簡單的程式。否則我們只是無知而盲目的模擬系統而已。這是對電腦模擬化約論的假設。我們必須知道，這個假設是對程式而言，並非對資料。

　　勞倫茲的天氣模擬就是一個例子。電腦程式由三個方程式組成，它們相當簡單。開始時，對應於初始資料的輸出是「決定性但不可預測的」，亦即代表天氣方程式的詳細輸出不能模擬。但在這片混沌中仍有秩序，狀態空間上的路徑形態不是任意的，它有明顯的幾何形式，也就是說奇異吸子的形狀是簡單程式的結果。所以我們不應該混淆不可預測性（不可模擬性）與內在複雜性。系統或許不可預測，但其程式卻很簡單。

　　在自然科學中，模擬真實系統的程式很簡單，這項假設已證實。這反映出物理學與生物學系統上的事實：即有一個簡單不變的秩序。一般物質都會有這種現象。無論科學家在模擬質子中的夸克、蛋白質穿透細胞膜、或心跳等行為上，總是有一個不變秩序存在。

　　行為科學家因為缺乏對社會學或心理學現象的深入認識，因此在製作電腦模型時，得接受更多的挑戰。常會有電腦模型與其對象實體互相混淆的危險。亦即不把電腦模型看成研究真實的儀器，而變成是真實了（這也可能發生在自然科學家身上）。

　　電腦對行為科學的衝擊很大，使得這些科學家能更深入描述心理及社會行為。這個衝擊與深層行為理論的存在較少關聯，卻與電腦在管理及分析大量資料上的能力息息相關。我們能得到社會、經濟及心理行為上更深入的描述，可說是因為建立了所謂的「現象學模型」（phenomenological model，即建立不同現象間的關係），而非

「深層模型」。現象學模型能以定量敘述的方式解釋及建立資料間的相互關係，而毋須考慮產生這種關係的深層理由。這樣的模型是深入理解的第一步。

本章中，我們將看幾個電腦模型例子（即模擬真實），看看這種技術能做到什麼地步。然而我所討論的視野仍然有限，因為恐怕我連電腦模擬成就之一隅都無法涵蓋。

人工智慧時代來臨

自從電腦來臨後，它在能力上就拿來與人比較，在智能上尤其如此。這種比較太輕率了，因為人與電腦完全不同，就像把螺絲起子比喻成人的手一樣。然而，因為電腦在模擬智慧行為上，挑戰原有的人類自我概念，刺激了我們人類的情緒。又因為這個比喻很容易理解，所以很容易引起大眾矚目。

大多數思索過模擬智慧的人，認為建造真正的人工智慧，原則上沒有困難，這機器可通過「圖靈試驗」（Turing test），使人誤信它可以像人一樣思考、感覺。但科學家與哲學家間的爭論，不在原則上它能否做人的工作，而在實際上如何完成。電腦能在預先安排下模擬真正的人類智慧嗎？電腦遵從明確定義的規則，執行時能以智慧型的輸出，回答智慧型的輸入；我們與它之間會有自發且令人興奮的對談嗎？

沒有人能建造具備這種能力的機器，或設計這樣的程式，到底是肇因於哲學家所堅持的原則性問題，或是人工智慧專家所堅持的實用性問題？這會有長期爭論。但這是毫無意義的，對如何建造一個更具智慧的機器毫無貢獻。而就這點而言，甚至最嚴謹的哲學家

都認為建造這樣的機器是可能的。

我相信未來的智慧機器，很少會依靠人工智慧專家或哲學家，而是在電腦工程師及科學家，即軟體與硬體設計師身上。這些人無視於爭論，終會進入技術及科學理解所引領的地方。電腦執行能力的智慧確定會改善，直到有一天，將出現令人矚目的智慧機器。然而，它們智慧的表現及運用方式完全不同於人類，它們具備自己的能力及限制。

我常想，第一個智慧機器會是什麼樣子。倘若不涉及深入的問題，我們或許可以與它相談甚歡。它會知道一大堆東西，像我所有朋友的電話號碼、西藏的河流等全部的知識，具備難以置信的計算能力；在這方面，它確實屬害，但在數學的「直覺」上就很差勁了。它有家中寵物的「個性」，並發展出個別習性上的知識。這樣的智慧在提出建議上表現良好，但下判斷就不行了。而在道德判斷上，則笨得像隻貓。

世界各國將在建造優良的智慧機器上激烈競爭。在這種競爭壓力下，智慧機器能快速改良。且因為它有這麼多優點，擁有它的人會盡量保有設計上的祕密，以免落入競爭者手中。這些機器將使心物問題的爭論終止。漸漸的，大眾會接受「心」是物質以正確方式，放入神經網路中所產生的，正如將電子零件正確組成一台電視。某些人甚至主張，人工智慧生命應該有它們的法律，即保護人工智慧財產權，那將是真正人工智慧時代的來臨。

五年前，智慧機器還是由所謂「人工智慧社群」主導。這個團體的定義含糊，但有很多共同性。首先，社群中的份子與數位電腦一同成長，因此他們對人工智慧的大多數想法，與此種特殊電腦構造密不可分；其次，他們具有和認知科學家同樣的觀念，即程式是

「心」的精髓。他們喜歡用高階符號來處理，且相信序列式的檢索過程是智慧行為的根本。

在定理證明、下棋、專家系統及機器人應用上，這種人工智慧研究方法有很大的成就。但是假如我們仔細研究這些人工智慧程式，將發現它們與人類做這些事的方法，關係很少甚或毫無瓜葛。這並不是批評，設計這樣的智慧程式的確需要很長的時間，每一項工作都需要一個程式；而且假如要求程式做設計之外的任何工作，很不幸的，你注定會失敗。

由於現有人工智慧的處理方式，不能滿足智慧模擬，因此電腦科學家到處尋找設計智慧機的新原理。今天它的重點在連結論（connectionism）上，這是由人腦的神經網絡組織、演化系統或免疫反應所引發的新發展。這個理念源自生物系統的廣泛平行對應，分配性資訊庫存及結合式交互連結，它們是智慧模擬進步的關鍵。在下一章，我會整章討論「連結論」。

揭開認知的問題

麻省理工學院的數學家羅他（Gian-Carlo Rota）詳述了羅沙拉摩斯國家實驗室數學家烏蘭的故事。烏蘭一直強烈批評人工智慧研究方法。羅他與烏蘭沿著聖塔菲街道漫步，討論實際建造智慧機器的重大問題，亦即「揭開認知的問題」，如何使電腦理解真正的意義，這是在 1970 年代早期就存在的熱門話題。烏蘭說：「從十二世紀的斯歌德（Duns Scotus）到近代的維根斯坦，哲學家與邏輯學家對這個話題，已有很多明確的想法。假如你在人工智慧界的朋友忽略過去，他們會重蹈覆轍，納稅人將付出極高的代價。」

　　羅他向烏蘭提出挑戰，要他說出一些「意義障礙」（barrier of meaning）的正面功用。面對這個挑戰，烏蘭建議他們來玩如何使用「關鍵」（key）這個字眼的文字遊戲。烏蘭說：「玩這個遊戲時，你會發現正在談的不是對象，而是功能，和事情背景的脈絡連結。去除脈絡，意義也就消失了……當你能理性的知覺時……你感受到的是功能，絕非實體的對象……腦中有一個笛卡兒式機器來記錄，是把視覺與照相錯誤類比之後所得的印象。如同相機總是記錄對象，但人類知覺是進行角色的認知。這兩個過程，看起來好像沒有很大的差異……你在人工智慧界的朋友，現在吹噓前後脈絡的角色，但卻不實際執行。他們仍想建造用模擬相機來觀看的機器。或許投入之餘，會有一些成果，但因為一開始就出現了邏輯上的誤解，這樣的研究方法必定會失敗。」

　　羅他繼續向烏蘭挑戰：「假如你說的都對，你投入多年心力研究數學邏輯及集合理論，它們形成的客觀性又是什麼呢？」

　　「是這樣嗎？」烏蘭反問：「什麼使你如此確信數學邏輯和我們的思考力法相對應呢？你正處在法國人所謂的『畸形職業病』中。看那上面的橋！它是以邏輯原理建造的。假設集合理論中發現矛盾，你真的相信橋會倒下嗎？在我們真正的思考方式中，邏輯只是非常少數的過程。現在，加入某些基本概念，豐富形式邏輯學的時刻已來臨。當你放眼四望時，你到底看到什麼？你看到的是像一把鑰匙的物體，像車內的乘客，像一本書的幾張紙。『像』這個字就必須以數來形式化，就如『和』、『或』、『含』及『不』這些同等地位的連接詞，早在形式邏輯中獲得接受。只有這樣做，才談得上是人工智慧問題。」

　　羅他說這聽起來像是不可能的事，但烏蘭向他保證：「不要喪

失信心，我們的數學是一座偉大城堡。數學總是禁得起挑戰的。」

烏蘭漸漸走遠了。而這也就是笛卡兒、康德、皮爾士（Charles Sanders Peirce）、胡塞爾及維根斯坦在類似的交叉路口上做過的事。

模擬退火

結晶物質融化後冷卻的過程，叫做「退火」（annealing）。從模擬心的主題轉移到模擬退火，我們也從「超越」轉到「世俗」。然而，我們對世俗的退火過程之了解，最終可能讓我們上一堂有關普遍性的一課；或許還能了解超越的心是如何由物質支持的。

我們想像有一個結晶物質，加熱至高溫，直到融化，變成流體。統計力學上的一個基本問題就是：溫度下降時發生什麼事？物質仍保持液態？或形成有缺陷的結晶？或形成全無結晶秩序的玻璃？仔細操作「退火」的過程，溫度下降到接近凝固點時，可維持一段長時間。這將使原子有很長時間形成相互間的「最佳排列」，當溫度最後降至凝固點時，乃形成真正的結晶。原子的真正結晶形態，接近所有原子的「基態」，即最低能量狀態。

羅沙拉摩斯國家實驗室的梅卓波利斯（Nicholas Metropolis），能用他所設計的特殊程式，在電腦上模擬這種退火過程。這個演算法模擬的是，在特定溫度下處於平衡的原子集合，即一團隨機運動的原子。將這個演算法應用到退火過程是很好的想法。但我們為什麼要研究如此平凡的退火過程呢？

科克派崔克（Scott Kirkpatrick）及他在 IBM 的同事吉拉特（C. D. Gelatt Jr.）與維希（M. P. Vecchi），最先領悟模擬退火過程中的深層意義：它能對數學中最麻煩的「最佳化問題」提供近似解。

回想我們已提過與計算複雜性有關的「旅行推銷員問題」：即我們想要為一位訪問 N 個城市，且只能路過每個城市一次的推銷員，找出所需的最短路徑。所有已知解決這個問題的方法中，電腦使用時間都是以 N 為變數的指數式成長（N 代表城市的數目）。在一千個或更多城市時，解決這問題所花費的時間是相當驚人的。看起來，解決這問題似乎與退火無關，實際上卻不然。

　　開始模擬退火時，我們會有一個隨機的原子集合。這些原子，在數學上能由其他東西取代，例如旅行推銷員的一個隨機路徑集合。隨機的大小可由溫度控制，溫度是電腦程式中能調整的變數。當液態原子慢慢冷卻，便會形成結晶——即最低能量狀態；它不一定是絕對最低能量狀態，但已經夠接近了。旅行推銷員問題也類似，控制路徑隨機化的「溫度」降低時，某一狀態的「結晶」路徑接近最短的狀態。所設定的路徑比起最完美實在的最短路徑可能稍長；但這個近似解之所以優於實際解，在於前者可在很短的時間內完成計算。

　　因此，模擬退火對先前的麻煩問題是個新出擊。以前的「分割」與「克服」的方法（將一個大問題分割成許多小問題，然後嘗試克服那些小問題）或「反覆改良方法」（猜測一個解，然後嘗試改良它）現在都可以改進。相對於這些傳統方法，模擬退火有一個隨機元素，當隨機性停止時，它就固定在一個近似解上。

　　這個解決複雜問題的演算法，是模仿實際自然的過程，此點耐人尋味。首先，我們學習自然的運作過程，然後嘗試模仿它。像天擇就是自然運作的另一個例子——它是選汰與模式識別。我們可以檢視這種選汰性系統的模擬結果。

　　我們發現模擬退火中的演算法，不只是一個知性遊戲；它能節

省我們許多金錢，也能幫助我們解決設計電腦「複雜性」的問題，特別是如何以最理想方法來組織及連接電路。它能使用在航空交通及其他類似航線問題上。此外，科克派崔克等人也指出：「這是人工智慧非常迷人的例子，電腦在此幾乎未經過任何指導，而自行解決問題；而這些問題，原本可能需要人類智慧介入才能解決的。」

當我第一次聽到模擬退火時，它使我想到自己如何解決問題，而這些想法很少經過理性的推演過程。我看重理念的自由組合，同時有三、四個紛亂理念活躍在我心中。當問題逐漸清楚時，活蹦亂跳的理念停止了，最佳理念或決策於焉形成。同樣的，當我感覺自己的行動流於反覆時，我引入一個混沌元素來承擔隨機的行為（像找尋一個新人、小組或會議），而不需用我已有的價值觀來判斷。即使不為其他理由，這至少是一種學習經驗。從科學中採用隱喻，會改變我們的思考及行為方式。

宇宙是一部電腦

1950 年代，馮諾伊曼創立了格狀自動機的數學理論。「格狀自動機」是一個格子集合（我們可想像西洋棋盤上的格子）。每個格子有很多狀態（像棋盤上的格子可能是黑色或白色的）。這個自動機的格子狀態，按預先安排的規則，隨時間改變。譬如，環繞每一個二維的格子，就有八個其他格子，所以在任何時候，其中四個或更多個是白色時，在下一次步驟，中央格子會變色。我們能發明很多規則，每組規則製作出不同演化的格狀自動機。格狀自動機的理念很簡單……但並非僅是如此。

在傅雷德金（Edward Fredkin）對它產生興趣前，格狀自動機

只是數學的奇玩。傅雷德金是當代電腦科學上了不起的狂人，也是極少數自修成功的科學家兼發明家。他未經學院訓練，但有高超的創造智慧，這使他的工作不會有任何障礙。他從加州理工學院輟學後，進入空軍，在那裡第一次看到真正的電腦。對他而言，這是一段艱苦的經歷。隨後，他創立了製作影像處理設備的公司，很快就成為百萬富翁。一切不虞匱乏，他前往麻省理工學院當教授，但他討厭學院派作風。他很少發表自己的理念，因為他一旦解決一個問題後，就心滿意足，不想把答案寫下來。雖然同時有許多科學家對模擬宇宙的自然過程有興趣，但他超越他們。他的概念就是：宇宙是一部電腦。

整個宇宙如何能成為一部電腦？特別是把宇宙看成格狀自動機呢？傅雷德金與其他人一樣在電腦螢幕上玩弄格狀自動機，他深受以下這個事實所啟發：假如設定正確規則，格狀自動機會產生波動及其他自然的運動。那麼自然可以是一個格狀自動機嗎？或許在極小的分割情形下，空間與時間是不連續的（無論如何，今天最有效的高能加速器，也無法顯現出這樣的性質）。如果空間與時間能分離且分割成小格子，那麼宇宙或許可看成是一個格狀自動機，簡單來說，就像一部電腦。傅雷德金正找尋其偉大規則，使這個時空格狀自動機的作用，像真實世界中人類的行為。目前為止他尚未找到，我對他的工作則存疑。

尋找最後答案

傅雷德金花了許多時間與物理學家費曼（Richard Feynman）討論，費曼是傅雷德金婚禮中的伴郎。我並不知道他們談什麼，但我

猜得到。費曼可能告訴傅雷德金，電腦不會重視「長距離量子相關性」（long-range quantum correlation）的量子行為。粒子並不遵守古典物理定律，它們是不可思議的。事實上，我們能證明（根據已知的貝爾定理），不會有局域力學系統能產生這種量子相關性，但使用量子的實驗中，卻能看到它。換句話說，你不能用任何機械觀來評估量子行為。格狀自動機（至少傳統的格狀自動機）正是局域力學系統。因此它建造的世界，不能成為我們的世界（量子世界）。這裡，我們所談的問題是電腦（格狀自動機是電腦），基本上它是古典物理裝置，它不能模擬量子現象。或許「量子電腦」這個電腦的通俗概念能做得到（請看第 12 章〈向無限挑戰〉最後的討論部分）。我相信傅雷德金不會那麼容易屈服，他會繼續尋找答案。

　　幾年前，他召集了一群電腦科學家及物理學家，到維爾京群島的一個小島開會，這小島是他買下的，參加的人和他一樣都對基礎計算問題充滿熱情。這個會議的特點是自由討論。有一位專家沃富仁（Stephen Wolfram）在那次會議之後，開始對格狀自動機產生興趣。

　　沃富仁可說是新一代智慧企業家的典型例子。他是理論物理學家，在量子場論上起家。在這個工作中，他全心投入計算過程，甚至發展出能處理數學方程式的電腦語言：SMP。他很快成為物理過程中新計算觀點的信徒，這個新觀念認為自然律是演算法，而物理過程則是處理資訊的計算系統。

　　沃富仁當時是伊利諾大學新成立的複雜研究中心（CCSR）負責人，他已位居複雜科學的最尖端地位。他認為複雜性是由單純規則產生的。他說：「自然提供了許多例子，它們的基礎成分很單純，但整體行為卻非常複雜……基本上自然中的複雜性，是由許多

成分的聚合所產生。預測任何特殊成分中的詳細行為，或整個系統的實際行為，事實上是不可能的。但系統所顯現的明確整體行為，通常有很多重要特性。」

螢幕裡的矩陣

　　繼傅雷德金之後，沃富仁繼續研究格狀自動機，使它成為一種物理過程。想看格狀自動機的好方法，就是想像有個影像螢幕，而格狀自動機是光點排成的規律矩陣。一個光點亮時為「1」，滅時為「0」。它們是自動機的組成元素。開始時，我們假定第一列格子（有十四個單位長）有某種特殊形式，譬如：01011010100110。

　　接著，我們選擇一個特殊規則，使這個最初形態演化。我們選擇的規則很簡單，即假使有一個0，其右邊有一個0時，則在下一步時不會改變這個0；假如有一個0，右邊有一個1時，則會將0變成1；假如有一個1，右邊有一個0，則不會改變這個1；假如有　個1，右邊有一個1，則將1變成0，假如右邊沒有任何1或0（最右端時），它會假設右邊是0。這個規則可做成下表：

00	01	10	11
0	1	1	0

　　此表告訴我們如何由前一列創造出下一列。簡單說，格狀自動機會隨時間演變，一列一列建造。我們以最初設定的列，及所給的規則，將看到自動機繼續演化。如次頁所示：

```
01011010100110
11101111101010
00110000111110
01010001000010
11110011000110
00010101001010
00111111011110
01000001100010
11000010100110
01000111101010
11001000111110
01011001000010
```

　　從最初列，按我們使用的規則，可發展出非常複雜的幾何形態。沃富仁有很多這類例子，事實上他甚至用很多有趣圖樣做成明信片。格狀自動機是一個漂亮例子，它能指出複雜性如何由單純的基礎產生。

　　關於這樣的自動機有很多有趣的問題。譬如，某個特定的自動機最後會停止嗎？（最後出現一列的 0）或變成週期性（後續列顯示與最初列相同）或永久繼續？假如它永久繼續，是重複的穩定形態，或是複雜不可預測的形態呢？我們又如何回答這類問題？

　　有些格狀自動機會停止，有些有週期性，另外一些則永久繼續下去。在某些情形下（非常單純的狀況），我們能用數學方法預測，它們很快就會停止或發展成穩定形態。因此，我們會有一個「可模擬的複雜性」例子，即有一種比自動機呈現的計算還簡單的演算法，它能告訴我們後續發生的事情。在「不可模擬的複雜性」中，不會有這樣的演算法，此時確立發生某事的最有效方法，是直接執行自動機程式，亦即自動機是它本身的最佳模擬。因此，對圖靈的「不完整」問題，即預測一個特殊計算將停止與否的問題，有

些自動機是不可決定的,其他則是可決定的。

雖然格狀自動機的單純性很明顯,它仍然使人類進入可模擬性及可決定性等深入的計算爭論中。

格狀自動機的行為分類,頗類似動力系統中的各種吸子(格狀自動機也是動力系統)。首先,也有「定點」行為,即自動機會停止。其次是「極限環」,即自動機會有簡單的週期行為。第三類是混沌。第四類最有意思,是準週期行為。第四類行為的範圍正好在混沌出現之前,它是「複雜」行為的真正領域。

格狀自動機能顯現非常多樣的行為。我們前面描述的格狀自動機,只有十四個單位長。在較大尺度中,光點遠小於我們所觀察的尺度,因此它能顯現波動、長距離相互作用與隨機性等連續統的特性。某些已知的格狀自動機與萬用圖靈機無異,因此能模擬圖靈機模擬的所有東西,簡單來說,格狀自動機是萬用電腦。

兩種人工生命

數學家康威(John Conway)甚至在沃富仁之前,就投身格狀自動機的研究領域,他設計了所謂「生命遊戲」,是個特別奇妙的格狀自動機。實際上,這不是遊戲,它是人工生命。目前已有兩種人工生命,即在真正空間及時間上移動的機器人,以及僅存於軟體中、由電腦模擬的生命。康威的生命屬於後者。

這個生命使用整個二維螢幕,而非只是光點的最初一列。每隔一個時間單位,整個螢幕影像換新,使我們能看到整個形態變化。此外也有一些規則,每個光點會依照上一個單位時間中圍繞的各光點,來決定現在是亮還是暗。康威發明的規則,可使有趣的形態永

存。使用他的規則，我們很快發現各種物件出現在螢幕上，它們似乎有自己的生命。在它們之中有些稱為「滑行者」，以四十五度角跨越螢幕；另一些是「蜜蜂窩」，以週期行為運作。假如各種物體在螢幕上碰撞，有些會消失，形成其他物件，或者離開螢幕。這是生命形式的完整旅程，但有時會發現新的物件。

　　沒有人知道生命遊戲的極限。許多形態會簡單的變成能預測，但某些會繼續產生更多的「生命」。假如它們的交互作用區夠大，超過電腦螢幕，這個人工生命想必會永遠繼續，或許會產生更多、更複雜的形式。由簡單的少數規則，卻能產生這樣的複雜性，真是令人驚奇。同樣的，真實世界中原子組合的規則，能產生生命體的複雜性，這就是生命的真實遊戲，著實令人印象深刻。

　　1975 年賴恩（R. Laing）提出人工分子機，經由互相讀寫的磁帶，產生交互作用。密西根大學的蘭頓（Christopher G. Langton）實行這些理念已很久了，他決心要「以人工分子間的交互作用為基礎，探究人工生物學中實現『生命態分子邏輯』的可能性。這些人工分子是電腦所虛擬的，自動機讓它們自由徘徊在抽象的計算空間上相互作用。我們知道，格狀自動機有能力支持虛擬的自動機制，使它完全相當於圖靈機，也因此它們能執行任何計算工作。在這個基礎下，我們相信『生命態的分子邏輯』概念，能用虛擬自動機制間的相互作用來捕捉，因此人工生命中的格狀自動機有明顯的可能性。」

在電腦中創造生命

　　像蘭頓這樣的研究者，對在試管中創造生命不感興趣，他們要

在電腦中創造。假使他們成功了，我們會懷疑什麼是道德？什麼是
倫理？

　　蘭頓最感興趣的是格狀自動機中突變（mutation）的行為，即
調整自動機制發展上的參數，孕育出新而複雜的行為。蘭頓經由人
工昆蟲聚落，顯現了他的想法。他在這方面的研究，部分受到司
馬賀（Herbert Simon）的鼓舞，在《人工科學》（*The Sciences of the
Artificial*）中，司馬賀曾說：「一隻螞蟻可視為單純的行為系統。它
行為上的複雜性，是反映它認知自我所處環境上的複雜性。」蘭頓
也受到威爾森（E. O. Wilson）的社會性昆蟲學理念所刺激。威爾森
認為螞蟻聚落中的聚集行為，是「各群體間的資訊傳遞，不是單一
個體所能做的。」

　　蘭頓製作了一隻「人工螞蟻」（稱為「假蟻」），即螢幕上一小
束的色點。它看起來不像螞蟻，而是能在螢幕上移動的格狀自動
機。當它在環境中碰到其他物件時，將按預先安排的規則行動。
假蟻能互相合作建築道路，經由這種方式，創造出高等行為的表
現　　就像真螞蟻一樣。暫且不論其限制，假蟻能表現「突現」
（emergent）的行為；那麼，複雜度更高的假蟻，會表現出何等高級
的行為？生命果真是一種影像遊戲嗎？

　　蘭頓也探究自我複製的自動機制。毫無疑問的，複製將成
為生命模擬的一部分。一旦我們有了預先安排的複製，就可能
研究演化。這方面的第一步，是研究可催化分子的演化。格狀
自動機顯然能模仿催化作用的活性。最後我們要模擬化學家艾
根（Manfred Eigen）及修斯特（Peter Schuster）所謂的「超循環」
（hypercycle），它是一個多層系統，能提供分子演化基礎上的循環
催化反應。這些反應可視為非線性分子反應上的極限環。假如它們

出現，即我們在人工生物化學上所使用的規則的確正確，就能顯現真正的演化。

電腦能直接模擬真實的演化——亦即在複雜生態系統中，與環境有交互作用的生物演化。這些生態系統非常複雜，它們的演化根據很多「次系統」發展而來，產生了各種新的形式。實際上，這些變化永不停止，實驗上也做不到。唯一觀察演化行為的方式，是做成電腦模型。瑞奇（Mateen Rizki）與康萊德（Michael Conrad）這兩位電腦科學家完成了這樣的模型，他們認為：「電腦技術對問題有新的處理方法。現在已能製作出具有生態組織基本特性的演化論詳細模型。在執行程式上，這些模型可以充當假想實驗室。」

雖然有一些人正努力研究第一個 DNA 複製分子出現後的演化複雜性，但另外一些人則注意到生命的起源，亦即第一個複製分子出現前發生了什麼？DNA 是複雜分子，一旦有了它，我們就能看到生命的演化。但是，第一個複雜分子是如何建造的呢？如果說是由簡單分子的雜亂組合產生 DNA，那看來太不可能了，一定有其他方法。

生命起源之謎

目前許多人運用電腦模型，研究生命發生前的分子演化之謎。一般的基本想法是：我們以一匙胺基酸及構成 DNA 或 RNA 的其他小分子，當成原料，嘗試以我們的方法，發展出能產生複雜蛋白質與核酸的化學反應鏈。

法默、考夫曼（Stuart A. Kauffman）、派卡德敘述了他們的特殊工作：「我們正研究的可能性，是生命起源自多肽或單股 RNA 等

自催化反應集合的演化。我們所指的自催化反應集合,即每個分子是一個反應產物,由至少一個分子所催化,並至少由一個反應所產生。我們相信不需模板,就可完成一個自催化反應集合,這也就是我們的中心主題。這裡的自催化反應集合隨時間演化,創造複雜的化合物,它們的性質可使彼此有效合作。因此,系統本身由簡單的初始狀態,變成複雜的自催化反應,這可能是生命的先驅。」

　　這樣的情節確實可能。一旦簡單的多肽分子超過某種濃度時,自催化反應上的網路會引發,就會產生豐富的蛋白質「湯」。雖然這樣的電腦研究並無定論,但這些研究帶來了這樣的希望:在化學基礎下,我們可以明白生命的起源。

自動機看演化

　　某些研究者,像賓州大學的考夫曼及史密斯(Robert Smith),使用自動機模擬演化過程。他們設計合適的自動機,它們有「基因型」(合有控制自動機上各種元素的特殊規則)及「表現型」(具有自動機的動力性質),這是模仿真實生命的新嘗試。雖然產生的生物行為定義了它的表現型,但其中的基因控制了蛋白質的合成及細胞的構成。自動機的突變,是由於基因型或規則的雜亂改變所造成。在表現型中,作用環境的選汰改變了下一代基因型的分配。所有這些特性都是電腦程式的一部分。然而,合適的自動機允許在恰當環境交相作用下模擬,我們將可看到一百代中「最合適」的自動機如何生存。這個模擬有幾個奇異的現象:第一,自動機不會固定於最理想的原子配列狀態,尤其是在複雜性增加時;第二,假如個體群驅動至最理想的吸子時,它們面對固定突變的選汰能力太弱,

以致無法固定在此狀態。

　　這樣的研究對實際演化有何意義，目前並不清楚；但合適的自動機是學習行為及模式識別的一個例子。換句話說，演化的模擬不僅告訴我們生物的演化，也實現了人工學習的例子。假如能深入了解人工生命，會有助我們設計更適當的人工生命，且利用它們為我們工作，解決複雜的問題，它們將變成人類有效的計算奴隸。

　　像考夫曼、蘭頓、法默、派卡德這些人的工作，為生物學啟示了嶄新的研究方法──命名為「計算生物學」（computational biology）。這是在電腦上進行的生物學。傳統生物學家可能懷疑這種科學，但它卻能使我們深入了解生物學中許多深奧的問題。

　　譬如，賓州大學的考夫曼就指出，天擇可能不過是演化論的一部分；假如這個觀念正確，將對生物學有重大啟示。他說：「我已耗費十餘年探究這個理念，即使沒有天擇，很多生物上的秩序，也反映出複雜系統固有的自組織性質。當然，自達爾文以降，從無數無用生物體中，得到少數有用突變個體的天擇，已被看成生物系統中唯一的秩序之源。然而，這個觀念正確嗎？」

　　為了回答這個問題，考夫曼在「大型基因組系統」（large-scale genomic system）上，進行大量的電腦研究（就像前述的自動機研究）。他發現在這個只有一萬個基因，且每個基因受另外兩個基因管束的系統上，能自發的傾向於少數穩定模式。這些模式與天擇間無直接關係。

　　他的結論如下：「一般來說，生物中雜亂組合的基因組系統，對於我們對世界的看法是當頭棒喝。原先的觀點認定天擇是生物唯一的秩序之源，我認為這是錯的。複雜系統能顯現遠超過我們想像更多的自發性秩序，而這種秩序常遭演化論忽略。但這正開始觸

及問題的核心……現在，這個工作更富挑戰性，因為我們不僅需要想像複雜系統的自我秩序性質，也要明瞭這些自我秩序如何與天擇相互作用，以及它是如何形成及引導、限制這個作用。這個問題以前從未提及，很值得我們重視。物理學上就有複雜系統及自發性秩序，譬如自旋玻璃（spin glass），但不必考慮『選汰』。生物學家完全認知天擇，但從未問過天擇與複雜系統集體自我秩序間的作用。我們正走進一塊處女地。」

由於科學家所面臨的這種種挑戰，計算生物學的天地正待我們去開拓。1987 年，聖塔菲研究院已經贊助舉辦了第一屆計算生物學研討會。

模擬分子

假如我們由模擬人工分子變成模擬真正分子，將會面臨新的挑戰，即模型與真實吻合嗎？人工分子則不會有這類問題。無論如何，模擬真實分子，在理論及商業應用兩方面，都讓我們能掌握以前無法觸及的部分，使我們能直接設計有用的分子及藥品，值得我們全力投入。

在電腦出現以前，化學家都是用棒與球製作大分子的實體模型。不同顏色的球表示鍵結在一起的原子，鍵則由棒表示。使用這些分子模型，科學家建立了原子間距離、鍵角及資料與模型的關係（由結晶的 X 射線繞射得到）。這是華森（James D. Watson）與克里克（Francis Crick）決定 DNA 分子結構的方法，他們使用了包括 X 射線資料、棒與球模型及出色的猜測。

我們對這種分子模型的印象是：它是複雜的靜態實體。然而，

這個長久以來為科學家所堅持的概念，現在已知是錯的。分子總是在運動，它是能伸長及扭曲的動態實體。在它之中，最快的運動是鍵的伸長運動，大約每秒有一千兆次振動。較慢的運動是鍵軸的扭曲，分子中部分的質量運動也很慢。射線研究只能顯現分子中原子的平均位置，因此我們會得到靜態實體這樣的概念。

　　大生物分子構造上的改變及波動，在其生物作用上很重要。這個觀察引發了新的蛋白質動力學。1977 年，任教哈佛大學的卡普拉斯（Martin Karplus）與同事，共同在〈折疊式蛋白質的動力學〉（Dynamics of Folded Proteins）論文中開啟了這門新科學。他說：「在演化發展中，必須考慮這些起伏。」這新的領域是電腦模擬分子複雜性的直接結果。

前途光明

　　今天，大分子的電腦模擬已是小型工業，有一些因素使得它們捷報頻傳。第一個因素是現有足夠的實驗數據，使科學家能用它們來測試模型。第二個因素是電腦及新的演算法都有計算能力，能模擬分子的詳細運動。最後一個因素是電腦繪圖能力的增加，使研究人員能在三維空間及在色彩中（目的在區別分子中的不同部分）看到他們努力的成果。分子在螢幕的空間上懸著，轉動著，且能以最大顯示度放大。

　　電腦模擬分子的第一個重要應用出現在 1964 年，當時蛋白質化學家李文索爾（Cyrus Levinthal）及物理學家蘭格瑞奇（Robert Langridge）在哈佛大學試圖於螢幕上顯示分子的三維構造。蘭格瑞奇在加州大學舊金山分校，領導電腦繪圖實驗室及進行複雜分子

交互作用的研究，李文索爾則在哥倫比亞大學繼續研究蛋白質動力學，這是他的眾多興趣之一。

李文索爾深受平行處理機的新能力鼓舞，這是一種新的計算技術，能取代序列型電腦來模擬分子動力。他解釋：「你能想像一個蛋白質在水中，能真正發生什麼？會有一個五千個原子組成的集團，顯然所有原子間的交互作用是同時的，而非依序進行的。假如我們有一個機器，能同時計算這些作用，即平行的計算，那麼它們就能像真實蛋白質一樣快速完成工作。」這種新穎巨大平行處理機的來臨，將改變分子模擬的工作。

在蛋白質構造中，基本問題在了解長分子如何折疊成特殊的三維結構。蛋白質分子可看成由胺基酸連成的長鏈，我們知道大多數蛋白質是由二十種胺基酸構成的明確序列，假如我們想像這條鏈橫放在桌上，會有奇怪的現象發生，鏈會扭曲直到它完全自己捲起來。首先，鏈捲成像疏鬆的彈簧（二級結構），然後彈簧本身扭曲成螺旋狀，形成複雜的三維構造（三級結構）。原始鏈的一部分會突出，其他部分都是螺旋狀。大多數分子可能相當不活潑，只有突出部分能與其他分子作用，成為活性位置。那些活性位置可能在生物學作用中，是很重要且特殊的三維構造。

分子模擬專家所面臨的問題，在於給定一個胺基酸序列之後，如何預測最終的三維構造？沒有人知道答案，可能得等到「分子工程」及「分子設計」神速進步，才會得到完整的解答。

前所未見的視野

哪一項物理定律可決定分子形態最後的折疊結果呢？可能的答

案是：它會選定於最低能量狀態上。然而問題是：對複雜蛋白質而言，可能有不少相異形態，它們全都在最低能量的幾個百分誤差之內，要找出真正最低能量狀態，就像大海撈針般困難。

面對這個問題，連分子模型專家也都惶恐不安。因為接近最低能量時有許多狀態，而分子的能量取決於模型細節，即如何模擬力學定律、鍵的長短、原子間的靜電吸引力或排斥力。假如我們的模型有小誤差，或忽略了很微弱的力量，就會選出錯誤的最低能量狀態，也因此會得到錯誤的三維結構。當研究兩個分子間的作用時，這個問題就變得很繁雜。今天，複雜分子的三維構造問題仍懸而未決。如果解決了，將是一項重大突破。

分子模型專家也對其他的分子感興趣。阿克隆學院（Agouron Institute）的海格勒（Arnold Hagler）正在研究胜肽類激素及蛋白質。其中胜肽類激素包括一種能放出性腺激素的激素（GnRH，能刺激排卵及產生精子）及血管加壓素（vasopressin，限制血管舒張），兩者在生物學上都很重要。梅格勒想了解它們的活性位置及受器，以明白這些激素為什麼會這麼有效。然後，再一步建造一個能堵住活性，且沒有「副作用」的分子。

胜肽比蛋白質更不安定且不斷亂動。因為它們的活性由形狀而定，因此研究起來很困難。海格勒透過調查一個較不亂動的似胜肽突變分子，希望分離出胜肽的主要活性成分，並且設計拮抗物。他早就設計了一個釋出性腺激素的拮抗物。

電腦的分子模擬開啟了人類社會前所未見的視野。它不是真實的，但卻具有能讓我們管理及處理的奇妙優點。也就因為這些能力，我們才能增進管理及處理分子世界的能力。

有一天，我遇見前史丹福大學電腦科學系主任兼科技知識公司

的創始人費根鮑（Edward Feigenbaum）。他拿著聖荷西地方報紙的廣告欄指出，未來的某一天，胡蘿蔔一把要 0.89 美元，漢堡一磅賣 1.59 美元，一些特殊矽晶片每片值 1.89 美元。他認為這是真正電腦革命的象徵。晶片的設計需要千年的科學思想輸入，數千年的工業技術——而這些現代科技能力的售價相當於水果及蔬菜。

費根鮑是電腦科學及人工智慧的先驅，那天他並不是在向我推銷矽晶片，而是在談專家系統——即處理世界上有用資訊的電腦程式。這些資訊可與人類專家的技巧相提並論，專家系統正是企圖幫助人類工作的程式。

知識與猜測連結

第一個專家系統是 DENDRAL。這個系統於 1960 年代末，由費根鮑及諾貝爾獎得主生物化學家賴德堡（Joshua Lederberg）開創，後來由布坎南（Bruce Buchanan）繼續，這些人那時都齊聚史丹福大學。DENDRAL 的工作是由質譜儀（測量分子質量的儀器）得到數據，以及使用者所提供的分子構造限制（包含專家知識），然後計算有機分子可能的構造。

為了得到含有合理限制的程式，DENDRAL 的設計師找了真正的專家，亦即投注一生探究這個問題的化學家。在知識連結猜測的基礎下，他們有許多規則，即熟練方便的技巧。所有的這些化學知識及直覺由演算法組織起來，且在權重（猜想強度）下分派到程式各部分。過去數年，DENDRAL 從質譜儀得到數據，然後猜測有機分子的構造，愈來愈像專家了。而且它很快成為許多化學家的好助手。至少有二十五篇論文，就是歸功於 DENDRAL 的支援。

這個系統的成功，立刻引發了許多其他專家系統：MYCIN是由修特里佛（Edward Shortliffe）所創，是血液及腦膜炎傳染上的診斷助手；PROSPECTOR 則是地質學家找尋新礦源的顧問。MACSYMA 能進行代數方程式的符號處理，用符號進行基本積分，因此成為科學家及工程師在研究上的一大助力。史丹福大學「啟發式教育程式計畫」的傅瑞瀾（Peter Friedland），甚至發展出一個專家系統，企圖自動操作科學研究。

分子生物學中發展專家系統的目的，在與科學家合作，使實驗數據更有意義，並提出新的假說來測試。布坎南目前正探究從核磁共振造影及其他化學數據，演繹出三維的折疊蛋白質構造。

專家系統是人工智慧的一個成功例子。它們牽涉到的一連串搜尋程式，能使用現代電腦的記憶功能來表現知識。當然，專家系統除了像會加法的加法機器之外，無法了解它們所做的事。但與具有技術的人類連結之下，它們就像提供知識與技巧的手冊般，非常有價值。它們可用來指導投資策略或檢查債權人背景。它們也能當作教學工具來使用。初學者可將 DENDRAL 當作一本教科書，學到許多有機化學方面的知識。

更廣泛的用途

現在，我們已完成電腦模擬的簡要概略介紹。雖然這些資料並不完全，但我已企圖為讀者提供各類電腦模擬的一些概念。還有一些目前不受重視的事例，也值得提出來探討。譬如 1950 年代末期，電腦模型用來測驗美國選民對社會問題的反應，這對甘迺迪成功競選總統，提供了絕佳的服務。國家及國際經濟的電腦模型，更

助決策者一臂之力；對局理論在程式中實現，它對了解談判過程
（在此視為一種遊戲）及避免冷戰甚至熱戰都有助益——但在談判
中，電腦模型有其他更直接更廣泛的用處。

　　譬如，電腦在「海洋公約」的條約中，就扮演舉足輕重的角
色。水門事件危機中的英雄里查生＊（Elliot Richardson），是這個公
約的美國首席代表（十分諷刺的是，這個公約雖然已有一百三十個
國家簽字，美國迄今未簽）。在一次電腦文化大會上，里查生講述
條約談判。那時是 1981 年，我恰好是這場會議的主席，會議是由
紐約科學院贊助。在這一次會期中，有一場討論是由美國仲裁公會
研究院的主持人史特勞斯（Donald Straus）當主席，討論電腦輔助
的談判。

　　海洋公約中有一個麻煩，與經營處理深海礦床上的海底金屬
岩塊有關。在這樣的區域中，沒有國際主權；然而工業先進國家
有較佳技術，能優先經營這些礦區，但未開發國家也希望分享這財
源，以做為政治合作的代價。1970 年，聯合國大會在沒有任何異
議下，宣布這些岩塊是「人類共有財產」。但在缺乏與開採、經營
有關的國際條約下，這些工業國的銀行不敢貿然投資，所以有許多
人熱心想推動協定的達成。

　　麻省理工學院的紐哈特（Dan Nyhart）及其同僚，早已發展包
含許多深海礦床經濟資料的電腦模型。美國政府與其他國家一樣，
對這種新興礦區的經濟潛力深感興趣，因而大力支援這個模型的發
展。在商業部為里查生工作的西賓尼斯（Jim Sebenius）在了解這
個深海礦區模型的同時，也正鑽研有關海洋談判的法律。他領悟到

＊ 譯注：里查生於 1972 年 6 月水門事件發生時，擔任法務部長，因不接受尼克森總
　統關說，拒絕開除檢察官而辭職，頓時成為英雄人物。後尼克森被迫下台。

這個模型的價值，便集合了一百五十個國家達成了一項協定。新加坡的大使柯湯米（Tommy Koh）領導這個工作群討論礦區問題，他也肯定在談判過程中，複雜電腦模型的價值。

談判成功的關鍵，在於這些領導者說服許多國家代表相信電腦模型。事實上，諷刺的是，某些商業礦業公司的政治顧問，批評這種利用第三世界代表建立模型信譽的行為。不管如何，深海礦床經營條約中的經濟項目，已由國際機構透過這種模型努力完成了。

假如，這樣的電腦能使用在管制武器的談判上，那就功德無量了。不過，建立武力平衡問題太難了，不容易克服，而且電腦模型不易受到各國認同。但無論如何，往後電腦模型在許多談判中，會扮演著重要角色。

電腦模型在科學研究中已成為有效且新穎的工具。經由模擬真實世界，我們更可了解科學。下一章中，將討論的是電腦模擬中，眾所公認的最大挑戰——模擬已知世界中最複雜的東西：人腦。

第**6**章

連結論與神經網路

「未來的電腦」將是高度平行作業，同時能高度容錯。
可是設計這樣一種機器相當困難，要不是人腦本身是高容錯
與平行處理的活證據，我們可能早就放棄了。

—— 物理學家鄧克（John S. Denker）

　　人類很早就有飛翔的夢想，鳥類是真正能飛的鮮活證據。因
此，人類最早有模仿鳥兒飛翔的企圖也就不足為奇了。遠古就有狄
德勒斯（Daedeluo）能飛的傳說，他是希臘神話中以建迷陣及製作
飛行翼著稱的巧匠。

　　史上記載的第一個飛行企圖是達文西（Leonado da Vinci）使用
的鳥類飛行器，那是由機械操作的翅膀。事後證明，以這種精細模
仿的鳥要完成飛行是不可能的。人類第一次使用氣球及後來乘飛船
升空，都與鳥類無關。事實上，飛機有部分是模仿鳥兒，它們有翅
膀及尾巴，但是也有推進器及引擎。雖然我們能從大自然學到很多
事情，但一味模仿，可能會得不償失。

　　人類也有建造人工頭腦的夢想，就像任職於 AT&T 貝爾實驗室
的鄧克所說，要不是有人腦當活證據，我們可能認為人工電腦是不

可能的夢想。

　　自然界有許多類似的啟示，對我們已足夠慷慨了，有一天，我們可能超越自然。可是，現今自然在很多方面超越我們，特別是在智慧及適應性上。電腦的來臨將有助於我們碰觸這個領地。

人腦與電腦的異同

　　電腦與人腦雖然有時可相提並論，但實際上迥然不同，就像馬與腳踏車（鐵馬）間的差異一樣。兩者都能處理資訊，但方法完全不同。人腦有各種能力，如適應、溝通、傳播等能力。電腦實際上不能有效做這些事，但計算及處理資訊卻比任何人腦都快。

　　它們之間還有其他差異。人腦不像電腦，它是自我組合的，在像宇宙一樣豐富的環境中演化，不僅沒有完全相像的兩個人腦，也沒有相像的兩個神經元，即使雙胞胎也一樣。人腦對語意很敏銳，它了解事情的意義及其作用；電腦只遵守規則或語法，這也就是為什麼它是非常好的計算器，但對人類擅長的事卻無能為力的原因。

　　真實世界不像「電腦世界」，它是毫無標誌的，但我們的頭腦能組織經驗及記憶。人腦明顯有識別模式的階層組織。在視覺上，它們組織「視點」（texton，即知覺「原子」）成物體，將物體變成影像，最後成為抽象概念。現有的電腦尚不能做這些事。

　　假如解剖人腦，我們也會看到它與現今的電腦非常不同。我們且不管對人腦的詳細階層組織一無所知這件事，我們確知它的操作尺度。你的頭腦中有 10^{11} 至 10^{12} 個神經元，每個細胞有數個至數十萬個突觸（synapse）與其他細胞連結，一般來說，連結的神經元有數千個。所以，你的腦中大約有 10^{15} 個突觸，假定每一個至少有兩

種狀態（開或關），人腦會有 $2^{10^{15}}$ 個可能的狀態。這個巨大（但有限）數目代表頭腦可能的狀態，暗示一個人所能具備的經驗是有限的。但這個數目遠超過宇宙中估計的原子數，更遠大於一個大型超級電腦所能具備的狀態數。

不僅電腦與人腦的單位數目不同，這些單位的操作速度也不同。在電腦上，微電路的操作時間為奈秒（nanosecond），也就是 10^{-9} 秒，而一般神經元操作時間為毫秒（millisecond）——10^{-3} 秒，比奈秒慢了一百萬倍。但人腦的神經元在一百毫秒中，可產生一百個步驟，它有奇妙的感覺、聽覺及思考。緩慢的人腦如何能與快速電腦競爭呢？它是靠大量的平行操作，即百萬個神經元同時平行作用。而串列型電腦不管速度有多快，同一時間裡只計算一步。甚至連強大的平行電腦：奚力思（Dan Hillis）的連結機器（Connection Machine），包含超過六萬五千個平行作用的處理器，也無法達到人腦的平行能力。

能容忍錯誤的人腦

人腦能容忍錯誤，沒有任何一個動作是根據單一的神經元，事實上，每天有上千個神經元死掉，而我們似乎不受任何影響（甚至可能受益）。相對的，一個串列型電腦，假如其中有單一元件損壞，就會當機。因此，人腦因有大量平行階層組織，使得它具有高度重複性，而大多數電腦沒有這種特性。

簡單的說，人腦是平行網路，而大多數電腦是串列型階層組織。電腦有中央處理單位；假如人腦也有所謂的執行中心，它是分配到所有網路上。電腦有程式告訴它們做些什麼，反之，網路並不

像這樣預先安排。雖然網路也能做計算，但卻不像電腦般一次只踏一步。

所以人腦與串列型電腦是完全不同的。有些人可能相當堅持串列型電腦，可精確模擬人腦中的物理過程，即任何平行計算也能用串列達成。可是，假如我們在這樣的精密模擬中檢查一下，發現實際上這是不可能的。想要在一個巨大串列型電腦上，有效模擬一毫秒下的人腦操作，那麼每一個神經元作用，每一個突觸上的小囊泡或離子移動，可能都需要數千年。

從人腦與電腦的實際差異來看，人腦內部（心）似乎擁有像電腦一樣的程式概念，這點看來很奇怪。這種觀念認為心的本質是一個程式，且不需要知道它的物質基礎就能了解它。這在今天看來似乎十分怪異，但僅僅在數年前，這卻是認知科學的主要假設（請參閱第9章〈等待救世主〉），這假說的基本形式，似乎不受任何證據支持。現有證據都在暗示人腦知識，不能由一個程式代表，程式是處理記號的集合指令，假如有，最可能是由一個連結網路代表。本章的目的就是探究這種連結論。

「流行思潮」

透過這個後見之明的智慧，我們能看到，數位電腦的來臨引發了思考心的問題，及建造學習機器的「流行思潮」。這個智慧工業的鮮活歷史極富教育性，不僅可看到過去的錯誤，也可嘗試發現今日的錯誤。透過簡史提供的背景資料，我們能看到電腦及認知科學中的新連結論發展，及平行分配處理中連結論的特殊狀況。

1940、50年代之交，當科學家開始思考電腦在模擬智慧時

能做什麼時，他們早已分成兩派——我稱他們為「計算論者」（computationalist）及「連結論者」（connectionist）。計算論者把認知當成是計算，這一派是在高速串列型電腦上完成的，這種計算的範例就是圖靈機。他們認為模擬智慧大抵利用記號處理就能完成，這些記號有一些規則可循。

相對的，連結論者則視「認知」為在輸入刺激之下，神經元或電子平行網路的回應，它的典範是人腦。連結論者摒棄了控制規則的記號處理，能模擬智慧行為的想法。反之，他們將智慧看成設計網路的一個性質。

雖然，我嘗試誇大連結論者與計算論者之間的區別，但實際上他們的區別不是很明顯。這有幾個理由，首先，神經網路能像串列型電腦般計算，只是計算方式不同而已；其次，原則上任何平行網路都能在串列型電腦上模擬，只是很難做，且相當慢罷了！所以從數學的原則上來看，這兩種觀念是相等的，那麼為何還要分辨兩者的不同呢？

首先，我們必須區別兩者的戰略及戰術。計算論者與連結論者兩派的戰略目標相同，都是盡力模擬智慧。但由上述的對比可知，戰術上，它們完全不同。當這兩個團體在競爭研究經費時，它們之間的差異則遭到誇大。

雖然過去這兩派之間的競爭很激烈，但今天逐漸消弭於無形。我並不想使這兩個觀念間的差異降至最小，可是，他們對心靈及智慧行為的理念是完全不同的。這兩個觀念似乎原則上相等，其實不然。

1943 年，麥克古洛荷（Warren McCulloch）及比茲（Walter H. Pitts）證實神經網路能計算、能做邏輯。雖然今天這似乎已是眾所

周知，但在 1943 年算是劃時代成就。這個洞識打開了另一扇挑戰之門。於是出現了一個問題，即神經網路如何學習？

加拿大心理學家海伯（Donald Hebb）在 1949 年出版的《行為的組織》（*Organization of Behavior*）一書，為解決這個問題，射出了第一道曙光。倘若機器能學習，必須在它裡面有某種物理變化，來表現學習行為。海伯以生物學基礎做了明顯的比喻，這就是廣為人知的「海伯規則」（Hebb's rule）。這規則意指：假定連結的兩個單位同時活化，則它們之間的連結會增強。這個規則反映出合理的假設，即有更多部分使用在連結上，它就更容易重複使用。但是，機器如何運用海伯規則來學習呢？

我們能想像連結一些處理單元（神經元）的網路，也有輸入及輸出。所有單元是相同的，只除了每一個單元對輸入，都有稍微不同的回應，而且單元的強度也受到某種限制。我們也允許單元對輸入的回應彼此競爭。這可由海伯規則實現——一個連結有愈多部分在使用，它愈是強化。當輸入某種模式時，各單元將調整連結上的強度，而這會反映在某種確定輸出上。相似輸入模式有相似的輸出，使機器「學習」到識別模式。依這些原理建造的機器，稱為「競爭的學習機器」。雖然，要得到能學習簡易事物的機器不難，但要它學習困難事物就很難了。譬如，雖然人類要識別同一平面上的兩張不同照片相當容易，但目前沒有任何學習機器能做這類事。

四大實驗室相互奧援

1951 年，閔斯基（Marvin Minsky）只是普林斯頓大學數學系的學生，但不久他就成為人工智慧研究上的權威。他和同學愛德

蒙茲（Dean Edmonds）接受米勒資助，到哈佛大學建造了一台學習機器——「史那克」（Snark）。1951 年美國理論物理學家伯斯坦（Jeremy Bernstein）在《紐約客》（*The New Yorker*）雜誌的一篇評論中，引述了閔斯基的話：

> （史那克）有三百根小管子及一些馬達。它需要一些電動離合器，這些都是我們自己裝配的。機器的記憶，儲存在四十個控制鈕中，當機器學習時，離合器調整按鈕。我們從一架 B24 轟炸機中取得多餘的自動駕駛器，用它來移動離合器……在這小小的神經系統中，有許多立即出現的動作，令我們非常驚訝！因為線路雜亂的緣故，它有安全制動特性……我不認為它已非常完整了，但這非重點。經過這近乎瘋狂且雜亂的設計，不管你是如何建造的，它確定能工作。

　　自此以後，閔斯基開始著手寫有關學習的博士論文。後來他到麻省理工學院，與人工智慧研究先驅麥克古洛荷與賽爾弗里奇（Oliver Selfridge）連絡上。當麥卡西（John McCarthy）加入麻省理工學院之後，他們開創了人工智慧計畫。1963 年，麥卡西到史丹福大學建立了人工智慧實驗室。很快的，史丹福另一個實驗室也緊接著設立，再加上紐威爾（Allen Newell）與司馬賀在卡內基美隆大學的實驗室相繼成立，這四所實驗室相互支援，在計算觀念的發展上注入了巨大動力。這觀念的基本理念是：心的本質可透過處理記號的程式獲得。這個智慧觀念背後隱藏的原動力，就是數位電腦能實際存在、工作及使用。

　　要開創任何新事業，都是成敗參半的。雖然學習是智慧的特性

之一，但機器不必經由學習顯現出智慧行為，它需要的是正確的程式。程式能證明定理、處理對象、下各種棋，但這些程式是用大量串列搜索完成的，與人的思考方法完全不同。這種處理方法也有明顯的限制。在現今發展翻譯語言的程式時，尤其彰顯出不足之處。靠字義找出脈絡就是很明顯的例子，人類依事物的功用來了解它們（請參閱第 5 章〈模擬真實世界〉，烏蘭與羅他的對話）。而程式沒有辦法呈現出這種關聯，程式僅僅一五一十列出字詞的所有用法，因此只能依實際運用給字詞下定義。這種方式受限極大。事實上，字詞的用法依文意而定，可以有非常多的方式造成「意義爆炸」的問題。

　　為了要領悟「脈絡」問題，許多人工智慧研究者決定限制住前、後文，創造出小型的人工世界，使所有詞句及操作互相指涉。他們嘗試獨立出前、後文，以避免「意義爆炸」。這種方法以「架構」、「劇本」、「輪廓」命名。耶魯大學的雪克（Roger Shank）發展了一個有關餐館的劇本，而餐館自成獨立單位。餐館中的各種景象，桌子、菜單、女侍、帳單、服務等表現成程式中的記號，彼此間有邏輯關係。假如這個小世界發生意外，問題就出現了。譬如，顧客突然頭痛，向女侍要一顆阿斯匹靈。程式就得立刻插進另一個「頭痛劇本」，而必須實現以下敘述：在好的餐館中，顧客才能得到阿斯匹靈。代表「菜單」、「女侍」的記號，都按程式中的規則來處理。程式是不能改變的，一旦介入新的事物，程式便無法處理。

人工智慧與認知科學

　　不管人工智慧成功與否，它引入了思考「心智」的新方法：即

處理記號的一組規則，它們是指涉概念及對象的。

我有一次與閔斯基討論時，就問為什麼他與麥卡西稱他們的事業為「人工智慧」，而不是我認為較合適的「認知科學」。他強調：「假如我不用人工智慧這個名稱，我們無法進入大學工作。現在我們已進入大學之門，哲學家及心理學家雖然知道我們是敵人，但是已經太遲了。」

閔斯基在他 1985 年出版的名著《心靈的社會》（*Society of Mind*）中，對其心得的說明十分引人入勝，凡是對人工智慧有興趣的人都應該拜讀一下。

1960 年代早期，閔斯基與羅森布拉特（Frank Rosenblatt）針對學習機器的本質，引發了一場爭論（兩人是紐約市布朗克斯科學中學的同窗）。羅森布拉特發明「知覺器」（perceptron），這是簡單的類神經元學習裝置。它有一些從「網膜」來的輸入，即視覺單位的空間排列，然後利用能計算輸入作用的一組二進位限制單位來處理。這些計算結果送到一個（或多個）決定單位上分析，修正與限制單位的連結，然後產生適當的輸出。羅森布拉特的希望，是知覺器能夠「知覺」，即學習到識別模式。他將這個概念收錄到他的另一本著作《神經動力學原理》（*Principles of Neurodynamics*）中。他敘述：「知覺器並不想做任何實際神經系統的詳細複本。它們是簡單的網路，設計目的在於研究神經網路、網路環境上的組織、網狀組織可能達成的『心理』表現間之合理關係。」羅森布拉特指出，我們能在一個串列數位電腦上，模擬這樣的類神經網路（不必由硬體建造），亦可在這種網路上推展數學解析。

他繼續發展知覺器，並進一步推廣他所謂的「自發性學習」。他對這項能力感到十分振奮，可是，他與研究人工智慧專家之間的

問題，在於他過於自信的宣稱「知覺器」優於電腦，他覺得知覺器有統計的特性，所以與一般串列型電腦不同；但他自己又在傳統電腦上模擬知覺器，因此他的說法令人覺得十分奇怪。

羅森布拉特也特別批評人工智慧概念。人工智慧專家認為，心靈的智慧能力能透過記號處理呈現。羅森布拉特的觀念符合連結論，他認為唯一能成就智慧能力的方法，是模仿人腦的行為方式。閔斯基、麥卡西及其他人工智慧專家，並不理會人腦如何成就智慧能力，他們只關心模仿人腦所做的事情。

羅森布拉特過分誇大了自己的研究。1960 年代，閔斯基與派普特（Seymour Papert）共同對知覺器進行了數學分析，嚴厲指出知覺器的限制。使用串列型電腦的人會遇到相同問題，像模式的組合爆炸，也會出現在知覺器網路上，但對知覺器而言是個網路問題而非串列問題。閔斯基與派普特於 1969 年合著的書《知覺器》（*Perceptrons*），有效扼止了知覺器的研究。羅森布拉特後來死於遊艇意外事件，據說可能是自殺。

演變到最後，似乎好像是計算論者勝利了，類神經網路的研究已完全停止，但這只是暫時性勝利。閔斯基與派普特延伸出的知覺器負面結果，只能應用到大多數的基礎單層知覺器上。他們的工作無法應用到知覺器的多層網路上，或是含有「隱藏單元」（hidden unit）的網路上（輸入及輸出不與外部單位連結）。

「連結論」形成浩瀚江河

現在，閔斯基與派普特又再次評估他們這本書所帶來的「衝擊」。閔斯基敘述：「現在，我相信這本書過分扼止了知覺器。而我

也開始更理解知覺器。它是如此簡單的機器，如果說大自然中沒有相似東西存在，是沒有道理的。」羅森布拉特是連結論擁護者中最受議論的人，但他絕不是唯一的一位。當傳統計算論上的問題更備受爭議時，連結論研究縱橫了整個 1970 年代。

1955 年，大約與羅森布拉特發展他的知覺器同時，賽爾弗里奇創造了「伏魔殿」（Pandemonium）——這是利用動力、交互作用機制的計算型知覺器。1970 年末期，葛洛斯伯格（S. Grossberg）的數學解析與模型，對神經網及競爭性學習機器提供了洞識。安德笙（J. A. Anderson）及榮格特海根斯（H. C. Longuet-Higgins）各自提出神經網路的模型，堅持網路中的知識是散布其間的，而非局部的。馬爾（David Marr）及波吉歐（T. Poggio）在 1976 年創立了立體深度知覺的模型，它與連結論的概念頗為相合。1982 年，費德曼（J. A. Feldman）與巴拉德（H. Ballard）首次使用「連結論」此一名詞，來闡述他們的工作，清楚確立新研究方向的許多構造原則。

霍夫史達特是 1979 年出版的一本有關人工智慧暢銷名著《哥德爾、艾雪與巴哈》（*Gödel, Escher, Bach*）的作者，他強調次認知（subcognitive）世界的重要性，認為符號及概念實際上是複雜複合物。

連結論觀念已成為現今模擬智慧最主要的研究方法，它就像 1960 年代地底的小河流，匯流之後，在 1980 年代形成浩瀚江河。

平行分配處理

「平行分配處理」的主題，吸引了很多優秀的青年學者，其

中包含：魯梅哈特（David E. Rumelhart）、麥考藍德（James L. McClelland）、希頓（Geoffrey E. Hinton）及另外十三位平行分配處理上的先驅，組成了平行分配處理研究小組（PDP Research Group）。雖然，認知科學集中在加州大學聖地牙哥分校的研究所，但這個小組的成員來自全美各研究所。1986 年，麻省理工學院出版了這個小組的兩冊論文集：《平行分配處理》（*Parallel Distributed Processing*），對這個研究有巨大衝擊（本章的許多內容亦發表在該書之中）。

　　至於其他的研究小組，則如雨後春筍般成立。例如我提過的伊利諾大學複雜系統研究中心，及羅沙拉摩斯國家實驗室的非線性研究中心。很多大學的電腦科學系也轉移了它們的研究重心，像加州大學聖地牙哥分校，即創立了新的非線性科學研究所。很多企業的實驗室，像 AT&T 貝爾實驗室、IBM，以及許多小型的私人實驗室，也加入了這項研究。洛克斐勒大學的神經科學研究所，及愛德曼（Gerald Edelman）領導的沙克研究所（Salk Institute）正在研究人腦。其他國家也正推動這項工作；在日本，由淵一博（Kazuhiro Fuchi）領導的第五代電腦計畫，正進行新電腦結構上的實驗。

　　「平行分配處理」指的是一些電腦模型，正如其名所暗示的，有許多平行而非串列的系統，它們的資訊處理分配到所有網路上，而非在微電路開關的局部位置上。麥考藍德、魯梅哈特及希頓認為：「這些模型假設，資料處理經由很多簡單處理單元的交互作用，每一個單元傳送引發或抑止的訊號到其他單元上。」經由人腦的結構類比，他們得到發展平行分配處理模型的靈感，因為「人腦比今天的電腦更聰明……人腦應用一個基礎計算結構，它更合適討論自然資訊處理的工作，這些工作是人類熟悉的。」

為了對新連結論或平行分配處理有整體觀，簡介它的某些中心主題是必要的。接下來，我將敘述一些確定的模型，像霍普菲德網路（Hopfield network）及波茲曼機器（Boltzmann machine）、免疫系統、分類體（classifier）及演化模型，並評論這方面的發展。

連結論上首要的中心主題，是由神經結構而來的網路設計啟示。雖然沒有人能完全明瞭人腦的神經結構，因此不可能精確模仿它，但連結論者常常從神經科學中得到線索。計算論者則摒棄人腦的實例，魯梅哈特及麥考藍德相信：「認知現象及人腦功能之間的關係，慢慢讓人們了解。我們也相信認知理論，為神經科學家提供了有用的資訊來源。可是，我們不相信從認知科學延伸來的知識，無法給那些對心智作用感興趣的人提供指引……我們已發現，『人腦形式』處理的資訊非常豐富，對我們建立模型十分有幫助。」

譬如，人腦由神經元組成，神經元之間由軸突（axon）及樹突（dendrite）連結起來，這個事實已讓連結論者運用在他們的設計上。神經元對應於「單元」，軸突及樹突對應於「連結」。不是所有的神經元都與輸入及輸出連結，某些只和其他神經元連結，這些神經元對應於平行分配處理的「隱藏單元」。人腦信號有抑止與引發兩種，這兩種可能性也反映在連結論者的設計中。同樣的，連結的修正反映出學習效果，就如同生物在學習時，會改變神經連結上的化學性質。

模擬智慧指日可待

簡而言之，網路的重大設計就是連結，它是網路作用的關鍵，不是傳統電腦中的那些內在程式。

　　雖然，平行分配處理設計從人腦得到靈感，卻不能完全模仿人腦。這些設計使用「類神經元」裝置，而不是神經元或接近實際神經元的任何東西。很多平行分配處理研究者使用的網路及系統，並沒有類似實際神經的構造。但不管這些差異如何，連結論者相信建造類似人腦裡網路的那一天，會比預期更快到來。

　　此外，與這個神經概念相合的，是強調平行處理，而非串列處理。人腦是一個大量平行網路裝置，暗示它有巨大的重複性，及錯誤容忍能力。此外，平行系統很容易以特殊方式傳送資訊，似乎模擬智慧行為是指日可待了。

　　另一個有關「知識之表現」的新觀念，主要內容是指：知識是分布到所有網路上，並非局限在規定的記憶磁心或微開關位置上。按照連結論，知識分布到單位間的連結強度上，我們接續描述的網路模型應該足以說明。「神經網路能如一般電腦來計算」這個觀念有些誤導；網路不是很會計算解答，它多半像我們一樣，在經驗中解決自己的問題。

　　神經科學家對記憶是局部或分布在腦中，長久以來即爭論不休，持續至今。「一抹記憶痕跡儲存在一條神經元上」的理念的確是錯的，但是，記憶分布到整條神經元上的想法也不對。

　　十九世紀時的概念是：人腦中有區分明顯的數個區域，各司其職。人腦視為擁有許多不同部分的機器，某些部分對應記憶，其他的則職司各類功能。各國神經科學家，如美國的休林斯傑克遜（John Hughlings Jackson）、賴西黎（Karl S. Lashley）及蘇聯的盧瑞（Aleksandr R. Luriia）指出，他們很難接受局部神經各司其職的概念，他們強烈主張分布作用（賴西黎更是特別強烈），而這兩點迄今仍未有定論。

超越人類的限制

分配系統要解決的一個明顯問題是「限制問題」。在處理真實世界的問題,而非人造的數學問題時,我們發現,在可接受解上有許多限制,當中有一些是暗藏的。

在環繞地球飛往各城市的航線上,我們必須限制飛機沿著地球表面飛行,而非穿越地球,這是一個明顯限制的例子。我們希望漢堡送來時,是放在桌上而非地板上,這是一個暗藏限制的例子。標準電腦會有演算法,像最新的卡馬克演算法(Karmarkar algorithm),它們專精解決的問題是明顯限制型的。但人類擅長解決的問題,則含有暗藏及模稜兩可的限制。暗藏限制的問題很接近前、後文脈絡的問題,就是要知道世界上任何東西的作用,就像了解漢堡如何送到顧客面前一樣。此外,限制隨著時間改變,這意味著限制問題是動態的。平行分配處理的最終希望,就是設計出來的系統接近人類處理「限制」的能力。

連結論的觀念,是在符號階層之下的微觀層次去了解認知問題。這個觀念與計算論的人工智慧觀念相對立*。我們應記得起初人工智慧研究者致力於模擬智慧行為,他們處理直接代表概念及對象的符號來達成工作。譬如,語言文字是直接指涉概念及對象的符號,我們發現只要正確處理這些文字的規則,就能模擬有智慧的語言行為。雖然文字遵守特定規則,然而因為它們的意義與前、後文脈絡互相關聯,所以要正確使用文字,必須同時指涉其概念、對象的作用,而不只是概念或對象本身。因此使用人工智慧的方式,我

＊譯注:人工智慧研究者以高階語言處理符號,連結論者則從硬體連結形態著手。

們不能掌握全部的文字意義。想要模擬語言行為，單靠高階層符號處理程式是不可能成功的。

顯然，像文字、概念、對象這樣的大符號，受到另一個層次所支撐，大符號是我們認知過程中的混合體，而非「原子」。因此，平行分配處理研究者在化約論的階梯上，邁出了另外一步（雖然他們形容自己的工作是「交互作用論的」而非「化約論的」）。

史摩林斯基（Paul Smolensky）反對紐威爾、司馬賀的物理符號系統假說（physical symbol system hypothesis），他訴求所謂的「次符號典範」（subsymbolic paradigm），他提出進一步說明：「最有效描述認知系統的層次，是在符號處理的層次之下。」按史摩林斯基的說法，大符號從次符號階層產生，這些次符號層次是連結的網路。霍夫史達特在他的兩本名著《哥德爾、艾雪與巴哈》及《後設魔法主題》（*Metamagical Themas*）中，清晰說明了由基礎層次如何產生大符號。

這些是與連結論相同的主題。接著，讓我們看一些模型，它們是由這些主題所延伸出來的。

霍普菲德網路

1982 年，加州理工學院的霍普菲德（John Hopfield）寫了一篇深具影響力的論文，他公布了一組方程式，說明模型神經網的動力行為。

霍普菲德的模型神經網可看成一個電子系統，關鍵單元是模型神經元，它是一個只有「樹突」輸入，及一個「軸突」輸出所組成的電容器。神經元的軸突與另一個神經元的樹突，利用「突觸」連

結，突觸在模型中以一個電阻代表。我們能想像上千條模型神經元透過電阻彼此連結，形成網路。所有神經元間的連結稱為「連結矩陣」，它規定了不同神經元上，軸突與樹突間突觸連結的強度。我們或許能想像有電流流過每一條神經元，然後看看神經網路發生了什麼事。

霍普菲德指出，不可思議的事情發生了，即這個簡單網路能顯現記憶及學習能力。此外，規定的記憶分布到所有網路上，而非局限在某一位置上。要探索這件事的來龍去脈並不難。

描述霍普菲德模型的方程式，就如同網路中的「神經元」一樣多，可能有百萬個。實際上這幾百萬個方程式無法完全有解；但在較簡化的情形中，當連結矩陣對稱時，霍普菲德能找出方程式的解（樹突與軸突的連結強度，相當於軸突與樹突的連結強度，但這並非神經學上逼真的假設）；這些解是神經狀態空間中的定點（狀態空間的說明請見第 4 章〈生命可以如此非線性〉）。意指電流在網路中，能達到不同的穩定狀態，每個狀態對應一個不同的定點。

鄧克根據霍普菲德模型做了個比喻：雖然霍普菲德方程式是應用在電子網路中，但仍然可以在古典力學中找到實際類比。這就好像是在山丘及山谷上，滾上、滾下的一顆彈珠。更精確來說，彈珠必須無重量，必須在像蜂蜜的黏液中運動。這個彈珠所在的表面不是二維空間，而是一個百萬維空間，百萬是我們推測的神經元數目。在這百萬維空間中，彈珠的位置由百萬個坐標所規定，它也規定了系統的狀態。所以思考霍普菲德模型的正確方法，就像是在百萬維空間中，穿過蜂蜜黏液移動的一顆無重量彈珠！

現在很容易看到霍普菲德網路中發生的事情，假如我們在百萬維空間中某一位置上釋放彈珠，它將移動到最近山谷的最低點，即

一個最小值上。因為在這個黏液中,彈珠無重量,因此它不能超越障礙,只能慢慢流到谷底。在谷底靜止的彈珠對應於系統的一個定點。這個定點(在多維空間中可能有許多)有一個特殊的吸引盆。在那個吸引盆中的任何一處放出彈珠,它將滾到相關定點上,然後停止。

記憶與學習的關係

這個系統上明顯的重要特性,是山丘及山谷的多維表面。這個表面的形狀,最後將由規定各種神經元間連結強度的連結矩陣所控制。適當選擇一個連結矩陣,我們就能建立系統的定點,在這裡,彈珠將停止在多維空間中。但這些與記憶及學習有什麼關係呢?

定點的位置能代表儲存的資訊或記憶。譬如,假設你想要擁有一座霍普菲德網路,它能儲存列有你所有朋友姓名及電話號碼的總表。姓名及號碼能譯成代碼,因此姓名的每個字及電話號碼每個數字,由 N 維空間中一個坐標上的距離表示。選擇適當的連結矩陣,每個姓名及號碼將對應於最小值或定點的坐標。當我們坐在一個定點上,我們只要讀出它的坐標,就能將它們解碼成一個名字及電話號碼。

現在假設你要回想一個朋友的電話號碼,但記不清楚,只知道前幾位數目是 874。此外,你也不記得他的姓,只知道名叫約翰。使用這些資訊,它對應你已知的「約翰」及「874」,你便能設定多維空間中彈珠的初始位置;你也能對不知道的資訊內容,隨意選出其他坐標。彈珠的初始坐標反映出部分資訊,它是在正確定點的吸引盆中某處,然後滾到定點上。在定點上,我們能讀出對應所有儲

存記憶的坐標「約翰・貝克曼，874-0500」。這是一個「可提出內容地址的記憶」（content addressable memory，簡稱 CAM）（或稱聯想記憶）的例子。你只需設定部分內容，就能得到全部。

耐人尋味的是，名字及電話號碼的記憶分配到所有網路上。若除去網路的一部分，只會讓吸引盆移動一些，整個系統仍能運作。假如，我們嘗試讓儲存的資料超載，定點將變「模糊」，它們會開始重疊。這模型的設計初衷，並非要能逼真模擬實際神經的作用，但它有很多性質是與人腦相似的。

在數學中，霍普菲德模型敘述的神經網路，與自旋玻璃這個模型無異，後者是另一個完全無關的領域——凝態物理學中的模型（這是霍普菲德在對神經網路感興趣前的研究課題）。自旋玻璃是相鄰原子及分子的自旋，以特殊方式作用的物質。而描述鄰近原子間交互作用的方程式，與霍普菲德神經模型上的方程式相同。這種研究帶來的影響之一，就是很多理論物理學家研究自旋玻璃時，會變成神經網路專家。像霍普菲德就是這樣轉移了研究方向。

霍普菲德網路能利用海伯規則進行學習。我們加強某些連結，就可以加深定點的山谷。在多維空間中，創造新的山谷，則新的記憶不斷增加。假如不夠小心，我們會創造出死觀念——即有一個很寬且陡峭的吸引盆的定點，使所有其他的吸引盆匯流於其中。

心智的新隱喻

霍普菲德模型並非真正合乎神經學。舉例來說，腦中的神經元並非對稱連結。一旦我們不再假定有對稱連結矩陣時，我們所運用精確力學上的比喻（像定點）便會消失。於是，人們以數學檢視

這個簡單對稱模型中的這些推廣時，便猜想必定有其他種類的吸子——極限環及奇異吸子的介入。

縱然有限制，簡單模型仍提供一個心智的新隱喻：即山丘及山谷的多維表面。透過新外在經驗及內在過程而來的學習結果，這個表面會持續變化，而產生了新的吸子（絕不是一個真正的定點，因為定點暗示思想已停止）。如此看來，所有人類心理的複雜性，都由這種表面上的山丘及山谷來代表，這是一種未來的骨相學（十九世紀的偽科學，認為頭骨形狀與人性有關）。

霍普菲德網路的概念還可以推而廣之，運用在真實世界中。貝德（Bill Baird）及傅瑞曼（W. J. Freeman）在兔子嗅球組織的模式識別研究上，便運用了霍氏的模型。

由兔子嗅球組成的神經網路數學模型，與霍普菲德網路相似，可對應於所觀測到的生理學資料，有平衡狀態、吸引盆及極限環等狀態。當兔子在使用嗅覺的時候，系統遠離平衡，變成不穩定。各種不穩定相互競爭，直到系統進入一個極限環，此時氣味被識別出來。因此，哺乳動物的腦中，真正的模式識別系統與抽象神經網路模型之間，有一種奇妙的關係。

波茲曼機器

在前一章，我們已敘述了「退火」的意義，顯示使用動力系統的電腦模型，是解決困難的最佳方法。主要理念是加入溫度，使系統中的元素產生隨機的運動，當溫度下降時，元素的排列便會凝固成適當的形態。像旅行推銷員這種難以解決的問題，也可用模擬退火找出近似的解答。在我們使用這個方法時，問題並不是靠演繹而

求得解答，而是「掉」到解決之道上。

　　因為模擬退火在處理含有許多限制的問題上十分特別，因此能用來建造霍普菲德網路上的學習機器。這個處理方法，讓希頓及沙諾斯基（Terrence J. Sejnowski）拿來建造波茲曼機器，史摩林斯基則使用在調和理論（Harmony theory)的發展上。這是為紀念十九世紀物理學家波茲曼（Ludwig Boltzmann）而命名的，他是用數學方法描述氣體統計力學的第一人，並建立了熱力學第二定律的機率基礎。

　　讓我們再次來想像神經網路，不過這次某些單元（神經元）將與環境直接作用，我們假設這環境有某一個確定模式。這些感知單元稱為「可見單元」。其他單元不會與環境直接作用，但能與可見單元相互連結，還有彼此間也相互連結，這些稱為「隱藏單元」。現在，我要利用可見單元的知覺，訓練機器識別模式。這必須要找到最佳狀況——即代表所有神經連結狀態空間的多維表面，它對應由環境而來的輸入模式。因為，這個表面不僅要調整可見單元的連結矩陣，也要調整隱藏單元的連結矩陣，因此通常很難找到它。

深入夢境一探究竟

　　我們可以利用模擬退火，找到網路中最佳的連結矩陣。希頓及沙諾斯基在波茲曼機器的數學構造上，規定了「學習演算法」。他們使這些單元具備像一個氣體分子般的特性，首先將它們之間的強度變成隨機連結，然後「冷卻」網路，而當網路安定時，連結網路上會發現一個適當的解，它順從原先制定環境模式上的輸入限制。因此，網狀細胞「學習」到識別一個模式。它會發現對應於制定輸

入模式的最佳多維表面，即是已學習模式的內在表現。

這些學習理念，有個有趣的意外進展。克里克及米奇遜（Graeme Mitchison）推測哺乳動物做的夢（即 REM 睡眠，請參見第 1 章第 29 頁）可能是一種「逆向學習」形式。通常多數人認為夢很重要，它能深入我們的無意識生活。而克里克他們卻持相反想法，認為夢是驅逐無用資訊的方法。如果以代表人類心靈狀態的巨大多維表面來看（我們的現代骨相學），或許有很多其他小的山丘及山谷，它們會使我們在識別重要記憶的能力上產生混淆。按這個反學習理論，夢是去除那些不需要的山丘及山谷，驅逐心裡的垃圾，而只保留重要記憶部分的過程。假如「夢是反學習過程」的理念是對的，就必須禁得起測試。我十分好奇，在重複的夢（老拋不掉的垃圾嗎？）、連續的夢，或夢的象徵內容上，該如何評估這個理論呢？

這個反傳統的理念，值得深入探究。

免疫及演化系統

人類和所有哺乳動物一樣，體內具有高度演化的免疫系統，它的目的在確認、破壞侵入的外來分子或抗原，同時也必須要識別自己的分子，而且不要破壞它。免疫系統像演化系統一樣，它是有效的模式識別系統，具有學習及記憶能力。對許多人而言，免疫系統的這個特性，似乎意味著：模擬免疫系統的動力學電腦模型，也會有學習及記憶能力。

法默、派卡德、皮瑞森（Alan Perelson）是研究這個免疫系統模型的一個研究小組，另外一個提出不同假設的研究小組，由霍夫

曼（Geoffrey Hoffman）、賓遜（Maurice Benson）、布瑞（Geoffrey Bree）及奇納亨（Paul Kinahan）組成。

　　免疫系統似乎與腦部學習或神經網路無直接關係，演化系統也是如此。但正如愛德曼所強調的，假如從抽象原理來看，人腦、免疫系統、演化系統這三個模式識別系統，或許本質上是相同的，只是作用時間的快慢不同而已。演化系統的進行需千萬年，免疫系統需數日，人腦則需毫秒。因此，假如我們了解免疫系統如何識別及扼殺抗原，或許我們也將會知道神經網路如何識別及扼殺理念。畢竟，免疫系統及神經網含有百萬個高度特化的細胞，細胞間彼此會互相活化及抑制。這兩個系統都有學習及記憶能力；那麼，免疫系統是如何做這件事呢？

　　免疫系統的主要控制組成是淋巴球（這是在骨髓中，以每秒一百萬個的速度製成的白血球）、抗體（與淋巴球連結的分子）及特殊 T 細胞因子（受限於篇幅，在此不討論）。每個 B 淋巴球的表面上，大約有十萬個抗體，它們可視為突出淋巴球體的「小分了鑰匙」。在一個特定淋巴球上，所有抗體都相同，但在不同淋巴球上則略有不同。每個抗體有一個活性位置，稱為「互補位」（paratope）。互補位可以想像成是「鑰匙」上的紋路，使得 B 淋巴球有三千個完全相同的鑰匙，且突出在淋巴球外。

　　每個抗原猶如攻擊它的抗體，也有另一個活性位置，稱為「表位」（epitope），其作用像一個「鎖」。一旦抗體的鑰匙適合抗原的鎖，抗原將被破壞；免疫系統就是這樣驅逐抗原的。此外，如果抗原鑰匙發現適合的鎖時，它將產生一種製造過程——製造數以百萬計的 B 淋巴球，每個都有相同的鑰匙，其目的在破壞對應的抗原。如此，人體便有了防禦能力。

可是，抗體除了是鑰匙之外也是鎖，它們也有表位。因此，抗體在免疫系統中，也能識別及破壞其他抗體。如此一來，免疫系統會攻擊自己。假如真是如此，我們將有大量的自體免疫反應而且快速死亡。事實上，免疫系統通常不會自我攻擊，它控制的方法，最早由免疫學家榤尼在他的「特異型網路理論」（idiotype network theory）中詳細描述。按照這個理論，假如一個特殊抗體的「鑰匙」使用較頻繁，而它的「鎖」被壓抑使用的情況下，抗體會增強。所以甚至在自我破壞的抗體中，它們的數目也由其他抗體所控制（或壓抑），就像演化系統般，在有其他抗體的環境下，每個抗體都面臨「生存奮鬥」。

如此，每一種特殊淋巴球群，會模擬或壓制部分其他淋巴球群的產生。這也就是免疫系統維持每天更換百分之五淋巴球的原因，這相當於自然死亡的數目。

對於 N 群淋巴球中的每一數目，可建立數學方程式來描述這個過程。我們發現這個動力系統可用 N 維狀態空間來描述。在狀態空間中，有很多對應免疫系統穩定狀態的吸子，它們相當於系統的「記憶」。這個系統中的學習，對應於發現高度生存價值的更穩定狀態。所以，特異型網路上的數學模型，似乎有實際免疫反應的相同認知、記憶及學習性質。但是，這與神經網又有何關係呢？

玩撲克牌的免疫系統

傳統上，神經網路中的學習，是對應於神經連結強度上的調整。在免疫反應中，神經元間的連結與特殊鑰匙及鎖相對應。免疫系統所改變的是淋巴球群數目，這可對應於神經元的數目；不同的

是，神經元不會殺死神經元。那麼在神經網路中可能發生的是，神經元群所引發的速度改變，這將有效反映出學習行為（這和傳統觀念相違背）。神經元群彼此競爭的理念，即「神經之達爾文理論」，已由愛德曼發揚光大了。免疫反應、演化及神經網路間的相似性或許很難維持，但箇中意義頗值得玩味。

免疫系統是否有助於我們了解神經學習行為，目前尚無定論，但免疫系統卻能提供其他的解決之道；由密西根大學的賀南（John Holland）發現的分類系統便是一個好例子，它原來出現在法默等人的免疫系統模型中（法默等人指出，不管這些系統表面上有何差異，免疫系統與分類系統所運用的基本動力學是相同的）。

賀南的分類系統已廣泛使用，從管線中控制氣體流速，到玩撲克牌等的大小事情。按法默及其同僚的說法：「系統可分割成兩部分，一個是規則（或分類體），另一個是訊息表。規則包含系統可能回應的資訊，訊息表限制了外界的輸入，且作為規則間的通訊及作用上的裁判……分類體規則包含許多部分：一個（或多個）『條件』，一個『動作』，及一個『強度』……條件經由找尋匹配（match）表上消息的條件，而允許分類體『讀』消息表。當發現一個匹配，且又符合特定準則時，規則允許登錄它的動作部分，變成表上的一個新消息。某些規則有特殊的『有效子』（effector）角色，它們的動作部分會造成外部輸出……。」

法默又說：「強度是與每個規則有關的數字，它設定來指示規則對系統的價值。這樣就形成了學習的基礎。假如一個規則能幫助系統產生有用的回應，它就會得到強度，反之則否。在決定系統的整體回應上，強規則比弱規則有更多影響力。」

現在我們能看到賀南的分類系統與免疫系統間的相似處。分類

體規則的作用像抗體，它們的條件像互補位的「鎖」，它們的動作則像互補位的「鑰匙」，它們的強度像淋巴球群的數目。兩個系統上的學習及記憶也很相似。平實而論，免疫系統的原理也能控制氣體管線流動及教我們玩撲克牌。

重要的挑戰

賀南在研究這樣的適應系統時，發現了重要的挑戰：「在各種認知心理學、人工智慧、經濟學、免疫學、遺傳學、生態學的主要研究歷史之中，我們遇到了仍然很難維持平衡的非線性系統。只有當系統對持久且新奇的環境有連續適應性時，它才能產生作用（或繼續存在）。理論的工作，是經由證明，確定了這些特性的出現及演化上的機制，來解釋它們的謬誤之處。最有發展的途徑，似乎是電腦模擬及數學的組合，它將強調組合學（combinatorics，數學的一個分支）及平行處理中的競爭性。」

我早已提過免疫系統及演化系統間的類似性。演化學習是經由選擇後，利用隨機變異找尋出行為的方法。電腦科學家康萊德及其同僚已建立了演化過程的電腦模型，能顯現這種學習。他們認為引入一個「平行隨機的搜尋，系統的有限集合將遭受隨機突變。假如有一個適應性作用……在理想的某一容忍度下實現時，平行隨機搜尋使用隨機突變，只能用來停止學習過程。在所有的情形下，這個搜尋是盲目的（像演化）。」換句話說，按某些適當準則，隨機集合的選擇是一種演算法的學習過程。

所有我們討論的系統，包括免疫反應系統、分類系統及演化系統（或是人腦），它們的認知及學習，都是按相同的一般性原理

執行。洛克斐勒大學的愛德曼稱它們為「選汰性系統」，且將它的操作原理分為「隨機的劇目」（random repertoire）、「選汰性原理」（selective principle）及「擴大」（amplification）。

「隨機的劇目」意指這些對象彼此之間皆略有不同，像百萬個不同抗體上的互補位「鑰匙」，或蝴蝶群中翅膀的顏色。「選汰性原理」意指出一個準則，從隨機的劇目中選擇出相當少數的「適合」對象，剩下的全壓抑或消除。最後的「擴大」是一種增加選擇對象數目的方法，就像正確的淋巴球群或最能適應的蝴蝶繁殖。這三個步驟構成模式識別或學習演算法。我們在波茲曼機器中能看到相同的原理，它們也利用隨機及選擇。

或許我們的思考也呈現了選汰性系統。首先，為了生存競爭，有很多隨機且散亂的想法，然後出現了表現最好的選擇，即一個主要理念，隨後是理念的擴大。或許，這個選汰性系統模型的精神是：除非你願意在生活中冒險，以及容忍微小的隨機性，否則你絕不能從中學習到任何事情。

潛力雄厚

在這非常簡要的模型研究中，我已概述了有關記憶及學習上的一些新理念，而且我也刪掉了很多像語言形成、句子處理、社會及行為模型，甚至其他神經學模型上有趣的工作。但我嘗試為讀者提供分布記憶及學習系統性質上的概念，並指出它們與早期認知及電腦科學家在計算觀念上的區別。

1987 年，至少有兩千人參加了第一屆神經網路國際會議，會中這些新理念呈現了十分令人興奮的雄厚商業潛力。新公司及老公

司（指五年以上）已蓄勢待發，準備跨入神經網路裝置的市場。

神經網路不同於傳統電腦及電腦程式，電腦像人工智慧系統般，只確實做預先安排的事情，而神經網路會「學習」的這個特性，則創造了新的工業。

密切注意這些發展的埃絲特·戴森（Esther Dyson）在她所著的《版本 1.0》（*Release 1.0*）敘述：「神經網路是自我預先安排的，它們能『自我學習』。它們的結果遠超過使用『更多預先安排』或『明顯規則』所希望達到的程度，但這並不表示不需任何額外的安排或設計。甚至在建造學習系統（即神經網路）之後，使用者（或轉售者）必須發展『訓練材料』適當組合輸入及輸出資料，且將系統與電腦充分配合。安排訓練、數據前處理、系統整合這些看起來很普通的問題，對使用者仍是一大挑戰，而對建造便宜有效的神經網路軟體及其他可用硬體的工程師而言，則是一個大好機會。」

抱持連結論及平行分配處理想法的新生代科學家，他們的工作態度完全不同於十幾年前的人工智慧研究者：他們不會有浮誇的主張；他們不談論解決心靈的問題或揭開未來的認知之謎；他們不會說他們的機器有「思想」或具備人的能力。由於這領域中的研究者面臨了巨大挑戰，因此他們大多十分謙虛，他們雖受到這種前景的刺激，但進展十分緩慢。

至於在認知問題上，並不難發現這新觀點遭遇挫折的緣由。這個領域中的研究人員也深知這些批評。

主要的批評之一，就是連結論模型不夠逼真。真正的神經元與模型神經元之間的差異，就像人的手與鉗子一樣。神經元激發連續的特定衝擊，有抑止及活化兩種作用，且神經網路是高度平行的。然而模型神經元在關或開情形下的回應，常常是活化的，且網路只

是適度的平行。或許連結論模型與人腦無關，他們受人腦啟發的這個主張是錯的。只因為人腦做的事情不可思議，連結論模型根本不能模仿它。

假如連結論者的模型確實模仿人腦構造，我們又如何知道神經網路是人腦運用的真正關鍵？或許神經網路是人腦中可見的、卻只是輔助部分，它的操作關鍵，在於複雜的生物化學及神經傳導物之中；或許，神經網路只是基本化學系統上的控制作用。這觀念看似異端邪說，但從科學的觀點而言，仍能完全接受。這顯示出我們對人腦是多麼的無知。面對這樣的狀況，為什麼我們能忍受只讓這樣少的知識來啟發人類呢？連結論者受神經科學的啟示，可能不過是盲人帶領盲人的一個例子。

會識別面貌的機器

連結論者非常自豪於他們已擺脫了計算論理念。而計算論者認為：認知的本質包含在處理符號中，它們直接指涉概念及事情；連結論者只是在次符號小層次上了解認知。但是否果真如此？假如我們詳細檢視連結論者的工作，就會發現：指涉概念及事情的文字，是直接表現成程式中的標誌，正像計算論者所做的一樣，不同的是，連結論者在平行網路中做這些事，而非在一連串的串列程式中。然而他們努力達成的，卻算不上是「次符號小層次」。事實上，沒有人知道在次符號小層次，是如何表現一個概念或事情，或如何精確表現出這個概念的意思。假如這個意圖能實現，將可揭開認知之謎。但是，迄今尚無人達此境界。

另一個很容易由連結論程式導出的批評是：它只是隨機的部分

理念，且沒有任何主導原理，因此無法明確提出很多程式，而且何處是程式的源頭並不清楚。或許是程式仍未成熟吧。這個新科學來得太快，以致無法確定它的主要原理。

批評永遠比承擔挑戰容易得多。目前為止，連結論者已創造了有趣的模型，其他新的模型也在數學領域中探究。以這些理念為基礎，最後我們期待能看到這樣一個機器：它會識別簽名、演講及人的面容。就算用連結論程式，我們仍然必須達到以下需求：建造一個機器或寫一個程式實際完成這些事情。這個境界有賴熟稔平行分配處理的研究人員來達成。

正如魯梅哈特及麥考藍德一針見血的評論：「實際證明藏在布丁之中。」

就讓我們品嘗一下布丁吧。

第7章

錢賺得愈來愈快

一般認為市場總是對的，
即根據市場價格可以準確評估未來發展，
即使會有哪些發展還不清楚。
對此，我持相反看法。
我相信市場價格「總是錯的」，因為它代表對未來的偏見。

——金融家索羅斯（George Soros）

二次大戰期間，愛因斯坦在同僚齊拉德（Leo Szilard）的催促下，寫了封信給美國總統羅斯福，這封信迄今仍十分膾炙人口。

愛因斯坦在這封信中認為，核分裂可用來建造武器，而德國科學家正在從事這方面的研究。美國經過不斷的努力，產生了曼哈坦計畫（Manhattan Project）。後來，美國向日本投下原子彈。

核物理上的抽象主題，引發我們思考人類的前景，也影響了國際外交政策及秩序的建立。具備建造武器知識的科學家，從學術研究的象牙塔中走出來，走進現實的世界，於是科學家看世界有了新的意義。這個把抽象知識轉變成實際加工品的情景，今天再次出現於另一個新領域中。

長久以來，與主要科技發展隔絕的金融界，將受到革命性的衝擊，因而改變處理業務的方法。這個革命是電話通訊及資料處理，

其中當然包括電腦改良的結果。精通這個新技術的社會新階層，在主要的金融機構中將會非常傑出，某些人也會升至領導地位。

成敗繫於電腦

在高度競爭的金融環境中，企業的生存有賴市場的電腦模擬、軟體、硬體及電話通訊等的進展，因為它們都能提供資料處理。銀行界早已雇用資料處理專家，現在又延聘電腦科學家、工程師及數學家設計及裝置程式。他們習於根據賣方、電腦及軟體製造商的意見，達到他們的要求。但這些人很快就明白，要維持競爭優勢，自己必須承擔研究及發展的責任。目前，很多主要的金融服務機構已有自己的研究人員，這些人使用新的硬體及軟體，改善資料處理的能力，有時則發展抽象數學，去了解選汰性及適應性系統，以便指導財務決策。方興未艾的複雜科學，正衝擊著商業及金融界。

今天，世界經濟的真正推動者是大型國際銀行，它們利用電子網路彼此相連，形成世界上第一個全球電腦。1986年在這網路上的交易金額超過六十四兆美元，數目一直在持續成長（第二大的全球電腦是美軍通訊系統）。

金融電腦網路是一個平行網路，雖然它有階層成分，但不是階層網路。在每個財務機構中，系統是階層的，但整體而言，沒有一個系統負責，也沒有中央集權式的執行中心。這種情形宛若「自由市場」。某些電腦科學家正企圖為這全球電腦發展電腦模型，目的在以更先進方式嘗試了解這種電腦。

假如，我們回顧往昔，會發現某些發展頗能幫助我們明瞭這個全球電腦。幾十年前發射的第一顆人造衛星，締造了技術上的奇

蹟，這是國家成就的象徵。有些人抱怨它造價過高，可是它提供了各洲之間高可信度的通訊網，金融機構很快就從中賺取利潤。

不休息的錢

在英格蘭，太陽已下山了，紐約人卻仍在工作，倫敦的銀行仍能放款給紐約的銀行；同樣的，紐約的銀行能夠通訊放款到西海岸，甚至亞洲。雖然人們已沉睡了，他們的錢卻在工作。衛星系統能使放款隨白晝區繞著地球轉。有些人估計，衛星讓世界放款供應額增加了約百分之五（即數兆美元），這個數目遠超過衛星系統的總價。

1980 年代末，光纖跨越太平洋及大西洋後，衛星的很多作用會荒廢。光學系統上增加的頻寬，可讓超級電腦在各大洲間彼此交談。可以確定的是，歐洲及亞洲的電腦在美國市場上能進行交易（反之亦然）。有效的國際通訊及計算，早已破壞了套匯市場，使得貨幣兌換率只有微小的差異。

在交易市場附近擺一部電腦的唯一優點，就是爭取到一百毫秒，因為光纖需要一百毫秒才能跨洲旅行。但假如我們有一個快速演算法，將有莫大助益。我最近與一家紐約投資公司新雇用的數學家交談，他正在發展複雜且微妙的演算法，來決定買方或賣方的選擇權。為什麼要這樣做呢？為了要讓他的公司比其他公司超前幾毫秒得到訂單。

我們知道最快的通訊形式之一是好笑的笑話。有位商務人員固定在倫敦的辦公室留下新鮮的笑話，然後飛往紐約訂合約，他會發現當晚的雞尾酒宴會上，每個人都已聽過這笑話。這怎麼可能呢？

銀行與投資公司為了掌握任何新消息，隨時讓通往世界各地的電話線保持暢通。總機之間經常沒有商務資訊可傳送，因此他們交換新的笑話，這也就是笑話這麼快速繞著地球的原因，笑話仍是人類通訊最快的形式之一。

「電腦」造成市場崩盤

　　高速計算、資料處理及新軟體的介入，改變了金融服務業。雖然，今天這行業的領導人已敏銳察覺這種技術造成的差異，但他們總是無法完全明白個中真義。十幾年前，投資業受到技術革命的打擊，即證券市場上新的電子交易系統。紐約證券交易所，雖然已遭受紙上作業的崩盤（有些人稱它為「紙上作業的大毀滅」），仍延誤安裝這個新技術。他們太忙於賺錢，認為換裝期間將失去訂單，然而，東京及倫敦的交易所並不擔心喪失短期利益，而改成電子市場，由於他們深知這個產業的未來發展，所以效率更好。

　　今天一旦技術提升，系統很快就荒廢且毫無競爭力，這是迫切的問題。在整個網路不能挫敗下，如何改變這個狀況呢？

　　為了管理現代金融服務業，必須要有具備新技術的人才，不僅需要電腦程式設計師，也需要知道如何設計快速程式的高級數學家。1986 年 9 月，出現了由「電腦」造成的市場崩潰。崩潰的理由之一，是很多投資及經紀公司的買賣程式不同，造成系統不穩定。雖然大多數公司開始時的第一步相同，但第二、三、四步就不同了。這樣便產生一個反應：當市場不穩定且人力未介入前，市場會急轉直下，使許多人血本無歸。當我問很多證券分析師，有關市場行為中的「不穩定性」（instability）或「奇異性」（singularity）

時，他們從未聽過這些字眼。他們大多數甚至沒受過現代數學基礎觀念的洗禮。

我們了解經濟系統的機會有多少？它們是非常複雜系統的明顯例子，但仍有很多定量資料來檢視我們的理念。受實際問題困擾的經濟學家，在預測未來經濟時，沒有特別好的「打擊率」。他們很聰明，但手中沒有正確的智慧工具。

當我在學校學習供需曲線時，我問教授：「這些曲線源自何處？是一堆數據或是理論？」我記得所獲得的最佳答案是：它們代表經濟平衡理論。市場堅持建立平衡，供需波動的交點決定了市場價格。這似乎很合理，但當然是無意義的。

如果經濟系統算是一種東西，它會是像演化系統或免疫反應般遠離平衡的系統。它一直在調整，使自己能遠離平衡（雖然或許是局部平衡）。但我們幾乎完全不了解遠離平衡的動力系統。各種吸子——定點、極限環及奇異吸子，在理解經濟作用的複雜系統上，可能扮演重要角色。

像史丹福大學的艾羅（Kenneth Arrow）這樣的數學經濟學家，對在經濟學上應用新的混沌觀念，表現出審慎的樂觀。數學家正致力於把複雜科學獲得的洞識，應用到了解世界經濟這麼棘手的問題上。可是我猜測，假如運用這知識能解決這個問題（在可見的將來，這是不可能的），依然不可能用這知識在金融市場上賺錢。事實上我們只有在不確定的風險中才能賺錢，沒有了不確定性，就不會有風險。

投資顧問索羅斯，在他 1987 年出版的《財務煉金術》（*The Alchemy of Finance*）一書中，強調個人的偏見明顯影響市場。因為這樣的偏見受到政治發展及文化因素的影響，因此不可能成為國際

經濟的可靠模型。國際經濟就像天氣一樣，是一個不可模擬系統。但使用數學模型短期預測及觀察長期全球趨勢，或許仍然可行。

金錢文化

我記得，1960 年代的著名知識份子，認為未來是「資訊時代」（information age）及「地球村」。是的，這個時代已經來臨了，但不完全是這些知識份子預期的形式。羅漢廷（Felix Rohatyn）是位紐約的投資銀行家，也是個熱心公益的公民。他認為我們正生活在「金錢文化」之中，而這是新的資料處理技術帶來的現象。他指出，現今商業交易的主要形式，是金錢而非貨物或服務。錢成為一種資訊，它能以光速移動，人們能夠很容易的投資、傳送及借出。很多人正在做這樁事，有些人更因此累積了大量財富。

僅僅在十幾年前，如果有人隨手翻閱美國的商業雜誌，裡面的文章全是講新產品、生產貨物及提供服務，以及做這些事的上班族。今天，絕大多數的篇幅在談論「買賣」：金融交易，以及買、賣、購併公司。想要致富的聰明年輕人，深受這些交易吸引，因為在這些活動中，不斷累積的就是財富。然而 1987 年 10 月 19 日，隨著市場的崩潰，這個希望破滅了。*

這真是「金錢文化」的一大諷刺。人們投身金融服務業，然後進行投資。除了資訊外，沒有交換任何東西；沒有人能創造任何東西，可是金錢總是不斷換手。整個系統的狀況是只有金錢交換，而人在金錢不斷交換的信心下賺更多的錢。我所得到的印象很像是一

---

* 編注：即黑色星期一（Black Monday），全球股市在此日大幅暴跌，引發經濟恐慌。

種有付款契約的龐大「連鎖信」遊戲。當然，金錢不會永遠工作。有一天，人類信心動搖時，很多人會身受其害。

　　實際的金錢文化，當然表現在投資產品及服務上，所改變的只是速度。雖然速度是定量參數，假如它巨量增加，則能導致定性變化。在全球經濟上，我們會看到這個變化，尤其是大型跨國公司，將扮演這樣的角色。許多這樣的大公司，在領導與經營的內容上都會產生變化。公司習慣上是由傳統管理者運作，他們了解產品，不管產品是汽車或石油，都能製造及銷售。但是隨著金錢文化的興起，很多公司，特別是石油公司，發現轉投資多餘的資金，比找尋新油源能賺更多的錢，因此，工程師與銷售人員遭國際金融市場分析師及會計師取代。這種新族類開始運作公司。當然，這不免令人懷疑，究竟是誰在掌管這家公司呢？

經濟預測與水晶球

　　1986 年，我遇到一群銀行家與商人。我告訴他們，我知道在盧森堡或瑞士有一個「電腦窩」（computer nest），正在使用新型「高度平行電腦」。它是由一群年輕貿易商組成的，其目的在識別共同市場的形態。這機器具備與波茲曼機器類似的學習能力。他們每天賺進數百萬美元，正伺機攻入歐洲共同市場。

　　我的聽眾當場發愣，且驚慌追問：「這些人是誰？他們在做什麼？」我告訴他們，這故事不是真的，但在不久的將來很可能實現。這種令戰略家最害怕的「敵方技術的突破」，也很可能發生在金融界。

　　這樣的電腦形態識別系統，不僅將影響金融決策，也將使全球

經濟詳細模型應運而生。世界經濟所產生的大量資料，個人甚至團體都無法消化，但透過電腦，就能分析各國及國際經濟詳細模型的資料。超級電腦模型將成為財富創造者手中的資產，亦即使經濟預測更逼真的水晶球。國際經濟就像是非線性系統，我們用不同的極限環及奇異吸子，便能預測經濟系統的特性。

全球電腦系統的操作往往帶有危險性。電腦系統操作的不穩定，可能導致比 1987 年更嚴重的國際經濟大衰退。很多人預測這很可能會發生，即 1987 年崩盤之後，市場將不穩定。因為沒有人或團體了解未來的世界經濟；整個系統由於沒有中央控制，也許會停止在定點的吸引盆中，這表示經濟活動力很低。政府必須介入，使系統重新開始，也必須建立新的國際組織，各國同心協力避免再發生崩盤。

不管電腦技術有多麼優秀，在決策時不可能消弭人為的錯誤判斷。可是，很多新電腦就是專門做各種判斷。十分傷腦筋的是：或許未來，電腦面對更複雜的經濟決策能做得很好，但是人類天生想要掌握自己的命運，讓電腦做決策不是很愚笨嗎？

電腦引起的責任擴散，也是一大危機。假設我們在一家新奇旅館中等待早餐，延誤了很久，當我們問侍者為什麼早餐還沒來？得到的回答可能是：「先生，對不起，電腦當機了。」未來這樣的藉口會常常聽到。

延誤早餐不是侍者或廚師的錯，甚至於也不關經理的事；只有電腦製造商、程式設計師或裝機師要對早餐的延誤負責。這種現象值得玩味，因此每件事仔細確定責任歸屬是很重要的。假如我們不能馬上確定誰是該負責的人，麻煩可就大了。當然，除此之外，還有其他的麻煩。

　　有些趨勢專家宣稱，一旦知識時代結束、資訊時代開始，資訊將驅逐知識。資訊只是記號及數目，而知識有語意價值。我們要的是知識，但常得到的是資訊。這是時代的象徵，很多人無法分辨資訊與知識的差異，甚至有時候，知識會遭到驅逐。

　　我所檢視的只是「複雜」這門新科學對世界的眾多衝擊之一，即金融服務業以及教育、醫學、法律等產業的變化。電腦的存在創造了新的社會階層、工作機會及財富。有趣的是，我發現抽象數學、複雜演算法、尖端技術將影響我們的未來。

　　未來的某一天（比很多人想像得更快），複雜科學將改變法律界，不僅在資料處理方面，也包括實際的決策。專家系統能取代律師嗎？或能當個好助手嗎？可能現有的很多法律工作能由電腦來做，律師將發現他們使用電腦能為客戶提供更好的服務。譬如，使用「可定址記憶體」，將是工作的一大助力。雖然，目前複雜新科學在法律界的衝擊並不顯著，但這會很快改變的。

　　對於新知識的躍升及創造，我們這一代有幸躬逢其盛。像人類歷史上所有的巨人變化一樣，它提供了挑戰、機會、希望及危機。我們正站在人類熟悉的複雜性分水嶺上——科學將首次告訴我們：我們真正是誰？真正又是什麼？

人類的探索之路

　　資訊包含在生物、心靈或文化中，它是大型選汰性系統的一部分，經由成功的競爭或合作，而決定了資訊的生存。資訊能譯成基因、神經網路或機構，但選汰性系統仍保有相似性。這個洞識幾乎不是獨創的。但哲學家、心理學家、社會及文化學家，為什麼在他

們自己的工作上，很少抓住達爾文—華萊士的選汰性概念？這對我而言仍是一個謎（這事現在正在改變）。選汰性系統是產生及識別模式的系統，這些模式是地球生命的模式、心靈的象徵性秩序或文化的模式。我們可以說：選汰性系統管理了複雜性。

　　以下要進入本書的第二部分，是要討論當代科學所產生的諸多哲學問題，引領讀者進入一趟智慧之旅，亦即探討物質真實的特性、認知問題、身體、心靈問題、科學研究的特性、數學性質以及在人類的探索路途上，儀器所扮演的角色。

　　科學界現在正開啟新的視野：從複雜性的領域，探究心、生命及大自然的重要秩序。

哲學與反哲學

第 **8** 章

造物主的造物密碼

有一個獨立於人類之外的廣大世界，
站在我們眼前，像一個永恆巨大的謎，
然而我們至少可以從思考與審視中獲得部分的解答。
冥想這樣的世界有如心靈的解放。
我很快便注意到許多受我尊重、景仰的人，
都從畢生探討這世界的過程中，尋得內心的自由與安頓。

——愛因斯坦

　　1970 年，我在碧蘇爾南方的海岸峭壁上遇見一群人，他們正遠眺天空，期待著外星人的來臨。從銀河系另一端來的訪客，正藏在月球後面神祕的巨人太空船中，無法偵察得到。他們早已送使者到地球上，這些由分子組合成的人造人，足以混淆地球的科學家。我真想見見他們其中的一位，問他一些我正困惑的現代物理學問題，但沒有人可以認出他們是誰。

　　當核物理學家費米被問到外星人是否存在時，他的回答是：「他們早就在這裡了——大家叫他們匈牙利人。」

　　版圖並不大的匈牙利竟產生了這麼多傑出科學家，像數學家馮諾伊曼、物理學家齊拉德、維格納（Eugene Wigner）、泰勒（Edward Teller）等等。一個蕞爾小國，有這麼多的天才，的確需要些非塵世的解釋。每當我想到月球後面的太空船時，便禁不住想像

在巨大太空船中的匈牙利人，正準備下凡來，用他們的天賦混淆我們。

外星生命何處有？

我喜愛「宇宙充滿仁慈生命」的念頭，它使星體間這片廣大無垠的太空，似乎變得親切起來。迄今沒有一個方法，能絕對證明其他星球沒有生命存在，除非親臨每一個星球並逐一檢查，這在可見的將來幾乎不可能。今天科學家能做的最大極限，是對外星生命的存在給予粗略的機率。但即使科學家之間，也無法彼此同意這些機率；他們甚且對「生命」的意義，彼此都存在不同的看法。

我的看法是：假如我猜想得沒錯，在我們星系其他部分應有很多生命，這些外星生命若不是沒有辦法接觸人類，就是對這類接觸根本毫無興趣。由於太空浩瀚無邊及演化時期的差異，外星生命不是因為太原始而無法接觸我們，就是他們超前百萬年，已完全知曉我們的狀況，對人類缺乏興趣。假如星系中的任何其他生命，恰巧演化到我們今天的社會階段，或是剛好超前我們，那麼他們才會有能力及興趣來接觸我們，而這在我看來簡直就是一件非常不可能的事。

暫且不管那些反對人類曾接觸外星生命的說法，很多人仍熱切期待著人類直接面對外星智慧的那一天。假如那天來到，或許是人類歷史上最令人興奮的事；我們的宇宙觀及人類的未來也將隨之改變。

一些天文學家不想被動等待，他們正興致勃勃計畫搜尋外太空來的訊號。這就是「搜尋地球外智慧計畫」（Search for External

Terrestrial Intelligence，簡稱 SETI）。這項計畫打算使用電波望遠鏡，在適合頻道上接受訊號，監聽地球附近的行星，希望藉此聽到能理解的訊號。另外一些天文學家，認為我們乃獨處於銀河系中，這樣的搜尋不啻浪費稀有資源。目前尚難判斷 SETI 成功的遠景，不過再怎麼說，這都是一項令人興奮的長程計畫。

　　我不確定外太空是不是尋找外來智慧的唯一途徑，其實我認為地球上早就有外來智慧了。

搜尋「外來智慧」

　　像大多數中世紀歐洲人一樣，我們想像一個造物主，祂建造了宇宙。相信上帝，會得到一些安慰及舒適感。大多數科學家像我一樣，在知性上揚棄這個信仰，視它為毫無希望且沒有證據的不成熟想法。然而虔誠信徒卻認為，在自然界找尋上帝的證據是一種褻瀆行為。

　　但是為了以下的論證過程，在此我們將暫時接受造物主的觀念。畢竟，你不必「相信」造物主，就能「想像」有一個神，建造了恆星、地球、月亮、行星、動物及我們，祂的確是高智慧的神。為了達到我的目的，在我們目前以「外來智慧」來解釋我們所獲取的可理解訊號上，造物主是一個好的模型。那麼，通訊系統是如何工作呢？首先讓我們檢視一下我心中的通訊系統例子。

　　假定有一群考古學家，發現了為叢林所覆蓋、埋在地底下的古文化廢墟。首先，他們除了知道可能有古文化殘存外，幾乎不知道任何事情。但是，當他們清除地上物，深入地下後，發現了建築物、寺廟及墓穴。經過十數年，從古物及碑文中，他們慢慢組成片

段的古代歷史，並試著解釋廢墟中隱藏的資訊。因此，廢墟可視為一種訊息、一個可理解的構造、古時候的人建造的文化，猶如考古學家正接收的「外來智慧」。人們通常不認為過去的古物是訊號系統，但事實上它們的作用正是如此。

現在，讓我們想像宇宙是一個燠熱且浩大的「廢墟」，其中也同樣包含了訊息。它像廢墟般有確定構造，是一個可理解的組織，且能讓自然科學家研究。這麼一來，宇宙本身亦可視為外來智慧（造物主）與我們之間的通訊聯結。

宇宙秩序有自然律控制，這理念雖然已經很久了，但是近三百年來，我們才發現了揭開隱藏秩序的方法，亦即科學實驗法。這個方法是如此有力，以致於科學家對自然的了解幾乎全是這麼來的。科學家發現的宇宙階層組織，實際上是按不可見的宇宙規則建造的，這個規則就是宇宙密碼，亦即造物主的造物密碼。譬如量子論、相對論、化學組合定律、分子結構定律，及控制蛋白質合成、製成生物的規則等等，都是這套密碼中的幾個例子。發現這密碼的科學家好像在翻譯造物主隱藏的訊息，這些是上帝創造宇宙的訣竅。人類不可能有如此條理、富想像力而神奇的安排。它必定來自一個外來智慧。

那數學又有何關係呢？數學構造中是否也和宇宙一樣，有一個「訊息」隱藏其中？我們能將它視為造物主的成就嗎？畢竟，數學不必完全忠實表現各種物理現象，它只需形式上一致就夠了。然而，不管數學與自然科學間的差異如何明顯，兩個領域的發現過程，並沒有很大的差異。

上帝扮演何種角色？

讓我們想像造物主也有創造邏輯的能力，邏輯使我們可循一定的規則，有系統的處理符號。假如數學中有一個「訊息」，那麼它似乎比物理世界中的訊息更有外來性。實際上，造物主以祂的想像力創造了數學，包括各種不同的數、無限維空間、奇妙的幾何、奇異的代數結構，這些與物理世界都無關。數學的概念目標常彼此相關，交織成一個心靈世界。數學家探究這個陌生世界，檢視它的概念目標，這些目標都是經由簡單公設及定義構造產生的，它似乎是早已設定好的，但有時因為發現的內容如此令人驚奇，以致於視為是外在訊息，而非必然的事。

數學並非無中生有，而是人腦或電腦的產物，這是在現代數學中逐漸強調的特質。有關數學的思考不會存在邏輯空間中，它必須包容在像人腦的物質構造中。物質構造遵守自然律，即宇宙密碼，也許在這個限制下，數學才能產生。而數學與宇宙密碼間的關係，可能比我們想像的更親密。

宇宙密碼的奇特性質之一，是造物主並沒有留下自己的痕跡，這是一種沒有使者的外來訊息。拿破崙曾問十九世紀的偉大法國數學家及物理學家拉普拉斯，在他的《天體力學》（Celestial Mechanics，行星運動的力學原理，為牛頓力學之集大成）中，上帝扮演什麼角色？他的回答是不需要這種假設。很多現代物理學家，幻想有一個造物主，但他們認為造物主創造宇宙是沒有其他選擇的，亦即宇宙密碼中的訊息是必然如此的。

一些反對這個觀念的科學家，認為上帝或許以不同定律創造其他宇宙，但因為那些定律不允許生命存在，因此在那些宇宙中，

無法產生讓其他生命接收的宇宙通訊。生命永遠不可能知道那些宇宙。我們只能知道自己的宇宙，而且似乎也找不到任何一種證據，可以證明上帝在創造宇宙時有所選擇。理性主義者如哲學家史賓諾沙（Benedict de Spinoza）堅持另一種觀念，他們認為追尋理性就是追尋上帝——即訊息就是上帝。

科學需要上帝嗎？

不管上帝本身即是訊息，或是祂寫下訊息，或寫下祂自己，在我們的日常生活上都不重要。因為從來沒有造物主的科學證據，自然界也沒有任何意志或目的超越已知自然律的證據，因此我們能安心丟掉傳統上有造物主的想法。甚至於地球上的生命，雖然似乎也是造物主設計的，但也可以用演化來解釋——近代最佳的評論是道金斯（Richard Dawkins）於 1986 年出版的《盲眼鐘錶匠》（*The Blind Watchmaker*），或古爾德（Stephen Jay Gould）有關演化的任何一本著作。所以，我們得到無需信差的訊息，但更重要的是，當這訊息經由科學的發現傳達給我們時，這訊息如何改造了世界的秩序。翻譯宇宙密碼而得到的訊息，使科學家學到控制物質世界，及物質如何組成、生命如何組織的規則。這些知識轉變成新的技術基礎，如醫學工程、電子通訊系統、生物技術、核能等，這些技術明顯改變了人類環境及社會發展。那麼在這意義下，人類歷史發展的程式，早已寫在宇宙密碼之中。

本書的主題在探討科學的未來，特別是複雜科學的興起，及這新興的領域為世界凸顯了什麼樣的問題。為了了解科學的未來，我認為首先應該認識什麼是科學，什麼不是科學。不過我要強調的

是，這是一份私人的報告，屬於個人經驗及自傳，未必所有科學家及其他人都贊成我的觀念。

讓我們從這個宇宙密碼隱喻，及與外星人的奇異通訊管道中退回來，問問自己什麼是科學活動？科學家正在找尋什麼？為什麼他們有理由相信會成功？這些問題我將在本章後續部分及下一章中回答。

革命與習性

1950 年代末期，當我還在普林斯頓大學主修物理時，便開始問這些問題。再沒有比那兒擁有更好、更具啟發性且高水準的物理教授了。當時系裡有一個政策，最高水準的教授教大學部學生，這是對物理學未來的一項投資。不過，倒不是說我只從教授那裡學到很多東西，其實我從同學那裡也學到了可觀的知識。我們是驚人的一班，大家都充滿自信及雄心，希望對科學有所貢獻。

我的實驗夥伴波里斯，他在班上總是排名第一，引來不少同學的嫉妒。我們總認為，波里斯只不過因為選修科學及數學等等很在行的科目，因此常得滿分。他不像大多數同學為了拓展自己的領域，也選修文學、歷史、藝術及政治科學等課程，因為這些科目的分數標準「偏主觀」，很難得到滿分。我們便向波里斯挑戰，理直氣壯告訴他，他拿第一對我們而言毫無意義，除非他也選人文課程。波里斯於是在藝術系選了一些中世紀或中國藝術的課程，竟也得到滿分，使得我們啞口無言。後來出於自信，他選了更多藝術課程。畢業時，他代表全班致答辭。

我們物理系的同學，花了很多時間激烈辯論物理及數學問題，

以及科學的意義；我們之間有良好的競爭與合作。多年之後，我遇見一位在美國受教育的華裔物理學家，使我重新回想起這些辯論。1970年代末期，這位華裔科學家回到他的出生地中國大陸訪問，並辦了幾次演講。當我問到他的感想時，他非常失望。他說，每次演講完後，學生都各走各的，獨自研究，那種西方教育中，學生之間交換意見及辯論的特色完全沒有。他說：「我以為革命會使事情改觀，但其實中國人的習性還是老樣子。」

當時我不明白這句話，後來才了解原來在中國，一些知識技術的取得，看成是支持個人及家庭的工具。假如知識來源很少時，人們不會共享它。我從未想過社會物質資源豐富與否，竟會影響「視學生彼此交換意見為理所當然」的現象。今天，美國大學生也開始擔心未來的工作，因此彼此的競爭增多，合作性的自由交換日減。

從事人類心靈冒險

物理系教授因為過分關心「做」及「教」物理，反而很少「思考」物理。「思考」科學是科學哲學家的事情。只有一些頑固的大學生，如我及班上的同學，才會在哲學系旁聽或選修。該系很幸運有漢培爾（Carl Hempel）教授，他屬於由哲學家卡納普（Rudolf Carnap）及普特南（Hilary Putnam）領導的維也納學派邏輯經驗論者*，一直對理論物理有興趣，目前人在哈佛大學。

選修哲學一向是我們這些主修物理的學生必經之路，一旦我們

＊譯注：維也納學派邏輯經驗論者，主張科學概念必須訴諸經驗，由1930年代聚於維也納的一群哲學家所組成，卡納普、漢培爾、萊亨巴赫都是成員。

對哲學家做些什麼的好奇心滿足後，便會回頭去搞我們的科學研究事業。

在這些課程中，我學到邏輯經驗主義的哲學、哈佛大學科學哲學家布里吉曼（Percy Bridgman）的操作主義（operationalism，此名詞出現在 1927 年出版的《現代物理邏輯》〔*The Logic of Modern Physics*〕一書中）、萊亨巴赫（Hans Reichenbach）的空間及時間觀念、羅素（Bertrand Russell）與懷海德（Alfred North Whitehead）的邏輯觀、巴柏（Karl Popper）在 1935 年出版的《科學發現的邏輯》（*The Logic of Scientific Discovery*）中的觀念、維根斯坦的世界觀等等，這些對我的思想產生很大的衝擊。

這些著名哲學家致力於思考分析，及解釋自然科學必須真實的特殊主張。他們想使科學方法更嚴密，這些努力澄清了我的理念。當我年輕時，這些哲學家的著作支持我，使我確信我正從事人類心靈上最大的冒險。

但科學家與科學哲學家之間的關係，與成功的政治家與政治科學家間的關係很像，其中的一個興趣在達成效果，另一個的興趣則在了解效果的基礎。我接觸科學哲學，增加了要研究科學的信念，而不是去思考為什麼會如此的道理，我要的是解讀宇宙密碼。我發現科學哲學家試著做科學時，他們的研究經常顯得笨拙（從巴柏最近有關量子論的書，我相信他不了解這個理論，這可能是受他的哲學概念所誤導。最奇怪的是，當他提出的實驗沒有違反量子論時，他顯得很驚訝——很少物理學家會有這種反應）。

科學家因為職業訓練的緣故，具有一組認知技術及態度，這也就是為什麼哲學家嘗試科學研究時，常常做得不好的理由。當科學家做哲學研究時，也會發生相同的狀況。

不能言傳的知識

科學家兼哲學家波蘭依（Michael Polanyi）稱這些技巧及態度為「默會知識」（tacit knowledge），亦即只能意會，無法言傳的知識。學會怎麼騎腳踏車的知識，即是默會知識的一個例子。讀訓練騎腳踏車的書，或參加這方面的演講會，一點用也沒有，第一次試騎時，還是會失敗。同樣的，一些認知及直覺技巧，是經過長期訓練，經由你的「沉默夥伴」學習到的含蓄技巧。科學家的含蓄技巧像腳踏車騎士、舞者或演員的技巧，是成功的基本要素。其他人如哲學家等，不容易達到這樣的技巧；他們早已得到適合自己職業的認知技巧。我身為物理學家多年來所累積的經驗，只是確認了我較早的觀念，即以往很少有人注意，在科學探索中的默會知識及直覺組成，然而它卻在科學的成功上居相當重要的地位。

當科學哲學家堅持嚴密的科學方法時，他們是對的；事實上科學家自己也有同樣的堅持。不過如此卻遺漏了科學成功的主因。科學探索的成功，並非在於他們嚴守一套由哲學家、科學家或其他人所共同建造的規則。它之所以成功，是因為科學的探究像演化過程般，是一個強而有力的選汰性系統。科學理論總是脆弱易受破壞，就像物種在環境壓力下容易滅絕一樣。因為這脆弱的特性，使科學真理具有足以在環境挑戰中生存的強度。科學家的技巧（嚴密性只是其中之一），在強烈批評及實驗測試中得到試煉。即便是科學理論無法存活時（大多數理論最後的下場經常是如此），他們所演化的子孫，也帶有先前最好的「基因」──一些仍然派得上用場的觀念及想法。很諷刺的是，這種不惜以自身為賭注的做法，卻正是生存的保證。

歡迎到科學方法的世界來,盡情揮灑。下一章,我將介紹「科學方法」。但是,讓我們先看看什麼是科學探求的最終目的?

理論中的「不變構造」

　　所有的科學活動——思考、觀察及實驗,到最後都致力於搜尋實體的圓融,且具概念性的表現,即一個理論或圖像。一旦我們有了這樣的實體圖像,甚至部分圖像,不僅在科學上,就是在文化、技術、商業上,都能有一個豐富而含蓄的構造。這樣的實體圖像,指示我們宇宙建造密碼的新觀念,創造一個超越任何東西的心智圖,我們能直接用意識及儀器理解它。科學家發現這些理論,背後的動機是期望知道天堂與地獄中,實際進行的事。

　　我們可以把科學理論想像成一張地圖,它像普通道路地圖,能指示我們如何走路,說明範圍及遵守的規則,規則使地圖上的河流繞山而流,不是越過山峰,科學理論「地圖」也同樣有一真實領域與之相對應。有些地圖巨大,像愛因斯坦的相對論,或達爾文的天擇論,但是科學家每天使用的大多數地圖,如同真正的道路地圖般,較小但很詳細,像金屬理論或蛋白質合成理論。地圖處理空間實體,理論則處理概念實體,兩者還是有所不同;但無論如何,我發現它是有用的隱喻。

　　自然界的每一個主要理論,假定了一個定律或假說,那就是理論的概念中心。譬如,古典力學中的牛頓定律,或分子生物學中的「DNA 指示蛋白質」假說,都是這種假設的定律。以地圖來比喻,這些定律即反映了製作地圖的基本規則。偶爾如有新領域發現,製作地圖的一些規則就必須修正;但是對每一幅好的地圖而言,總有

一組確定的規則存在。

自然律究竟對應於什麼？它們以什麼方式存在？我認為它們是追隨著啟蒙哲學家康德的組織原理，使我們的自然界經驗易於理解及有條理。這些組織原理包含在一個有條理的邏輯架構中，我們稱之為理論。理論提供了自然界的邏輯圖，圖的一部分可說是我們的心及文化的產物。但理論中有一部分，事實上是最重要部分，不是我們心的產物，我稱它為理論的「不變構造」（invariant structure）。

「不變構造」對應的特性，與自然的分際及遵守的規則無關。不是所有理論都具有這樣的「不變構造」，在歷史中，這種理論是終端理論，它是科學知識演化的死路。例如，燃素理論（phlogiston theory，認為熱是一種物質）沒有不變構造，因為熱不是物質。但假如一個理論的不變構造存在於自然界中，那麼我們不能單單經由修改我們的理論，就從此去除了它。理論的不變構造是造物主的造物密碼。

構成科學世界的「家具」

理論是世界的圖像，這些圖像與其相對應不變實體間的關係，使我想起大畫家畢卡索講過的一個故事。

畢卡索善於繪畫而非搞科學，但這則故事恰好說明我在此處所說的重點。有一次，畢卡索與一位陌生人同車，那人問畢卡索，為什麼不按照人真正的樣子畫人像，畢卡索便問他「真正的樣子」所指為何？那人從皮夾中掏出一張他太太的快照說：「這是我太太。」畢卡索回答：「那她不是相當小且平嗎？」理論是人所描繪的圖

像。但在畢卡索的人像畫及快照中，兩者都是表現人體，即不變構造。

　　雖然我們多多少少創造了圖像，但對於自然的描述、圖像的主題、範圍及它的規則，卻不是由我們所創造，而必須經由發現得到。想像兩人正在玩西洋棋，假定你不知道遊戲規則。首先你注意到棋盤及棋子的差異，這些是西洋棋遊戲中的範圍。然後，觀察如何玩，你發現了遊戲規則：如何開始，各式棋子的移動……等等。規則不會明顯訂定「範圍」，只規定它的變化。因此，規則及棋子定義了遊戲。或許久了之後，我們發現對規則的了解不完善。我們觀察到「城堡」的一個新規則。同樣的，我們對自然的規則知識，可隨時間改變。就像西洋棋規則一樣，自然規則也同樣對應某些外在的真實。

　　不管你相信地球停在大烏龜的背上，或它是太陽系的行星；任何情形下，你的理論是討論真實世界，即地球及它的運動。像重力理論討論重力，原子論討論原子，遺傳學討論 DNA 及其表現方式。構成科學世界的這些「家具」，我稱之為「實體寶庫」，它們反映了理論中的「不變構造」。原子、細菌、基因有時只有假說——一種猜測，企圖使數據間產生關係，而推動了研究計畫。但假如它們確實存在，將成為實體寶庫的一部分。

尋找「不變構造」

　　我確信這些實體的理論描述，可由我們的心智構成，它們是「有規則的原理」，能使世界更易理解。另一方面，我們對實體寶庫的了解，也會隨著時間而改變。例如，原子曾被認為不可分割，但

實際上卻不然；運動的相對性原理不能適用於光的運動（在任何運動體系中，光速是一定的絕對值）。然而，承認有實體寶庫，無異暗示有些東西與意識無關，它的存在不是理論製造出來的。雖然，歷史上科學研究的目標是以假說開始，而且對目標的界定亦不甚清晰。但除非我們打從一開始，即不能否認客觀世界的存在與科學的可能性，否則我們很難否認這些科學研究的目標確實存在。

更深一層想，當我們仔細看不同棋子及它們的規則時，我們不久後可發展出一套遊戲的「理論」。我們斷定，規則不是遊戲者以任意方式執行，它們是有強烈目的方式，其目的在捉住對方的國王，贏得勝利。這個「理論」提供整體觀。因此，理論提供了解行動的準則。

科學上也是一樣的，以西洋棋類比，假定棋子對應原子，西洋棋規則對應原子所遵守的規則，譬如控制量子跳躍的規則，產生了光譜線。最後，理論（在此為量子理論）提供了整個規律的整體觀。

我們有了這套「實體寶庫」——即所遵循的規則，及最後所形成的理論，它們整合成有條理的整體。我們總得說明一下目標及規則，我稱這個說明是一種「表現」，它是理論的語言。某些理論用不同的語言，它們看來似乎不同。但假如它們有相同的「不變構造」，事實上它們是相同的。

假如我們用樹木來想像它們之間的關係，就更容易領悟了。樹木能用英文表示或描述，包括樹的種類、葉子顏色、高度等等——這是用英文表示的樹。同樣的，我們能用阿拉伯語或中文描述相同的樹，這是不同的表示法。無論如何，在樹木的描述中，對應那些深入不變性質的不變構造，不會隨語言改變。在理論的「不變

構造」中，也有類似情形；我們總是用某些特殊語言（常常是數學的）來表達理論，但其中的不變性，實際上與那個特殊表現無關。

法國人與英國人描述西洋棋及規則的語言不同。同樣的，牛頓定律能用很多不同方式表示，但基本觀念（即不變觀念）仍不改變。簡而言之，製作地圖的規則可用不同方式表示，但假如我們能將一組規則翻譯成另一組，它們實際上是相同的。

一個理論所表達的不變構造，原則上能讓任何人檢驗。因為它對應於真實世界中的某些事物，而不只是我們內心的想像物。假如這些理念是對的，就可以進行下面的「臆想實驗」（thought experiment）。

想像我們已和外星智慧接觸，他們使用別種語言。人類如何與文化背景及語言截然不同的外星智慧溝通？如何創造宇宙的混合語言？顯然我們必須訴求「共通」經驗。

因為思考本身有邏輯觀念，對方可能知道幾何學，我們可能用二進碼（最簡單的碼）傳送 π 這數，也就是圓周與直徑的比率。如此，數學的共通語言，最後終能建立。溝通的下一步，將訴求物質世界的深層構造，即不變構造的存在。

我嘗試傳送電磁學上的馬克士威方程組（Maxwell's equations），當一個起點。電磁波是世界中的不變構造，雖然表示這些定律的方式不同於我們，但對方知道它們。同樣的，假如我們嘗試溝通感覺或情緒，這些東西不可能翻譯成外星人能理解的任何東西。只有「實體寶庫」的不變元素及它的規則，才有機會溝通。如此，自然科學的發現類似於純數學上的發現。

科學與科學哲學的大分裂

康德是清楚表達理論與自然界關係的第一人。雖然，今天他的某些想法已過時，但他的基本哲學架構仍完好無缺，每一個現代科學的哲學都深受他影響。

我認為康德在知識界創造了一個大分裂——這個分裂的一邊是對自然界思考及做實驗的人（今天稱為科學家），另一邊是思考科學家如何研究世界的人（科學哲學家）。這個區分在康德之前雖早已存在，卻是在他之後真正分別出來。康德將哲學重點，從世界及世界中有什麼，轉變成我們如何了解，以及知識的本質上。康德在了解科學的道路上，開啟了迄今仍進行著的哲學研究計畫。這計畫稱為「科學哲學」（philosophy of science）。信奉這個理念的人只互相談論，很少影響到實用科學家。科學家常是「反哲學的」，例如物理學家費曼。他們覺得應該以實際研究來表現「科學哲學」。所有偉大科學家都有他們自己的哲學，亦即成就。但是完全精通現代科學是不容易的，這困難也增加科學家與哲學家間的分裂。

在康德哲學之中，有關我們如何理解世界，見於《純粹理性批判》（*Critique of Pure Reason*）一書中。他的哲學很複雜且困難，但中心理念能簡單用一個「康德漫畫」表示。這是康德如何看世界與心靈之間關係的一張圖。

想像有四個同心球，它們代表外界到內心的轉移。最外面的球表示「物自體」（thing-in-itself），它是暗的，我們無法知道它。康德認為物不是一個客體，在空間、時間中不存在，不能應用單數及複數的概念。往內移，漫畫中的第二個球對應自然世界。那個球是可理解的，我們確定它是存在於空間、時間中的經驗世界。這球對

應於我們地圖隱喻中的範圍。再往內的下一個球表示已知的心靈，它是我們心智、經驗中認識的世界。它也有內在的時間意義。因為我們有途徑獲悉心智內容，因此這球也同樣可理解，這個球即是我們的自然世界地圖存在的地方。漫畫中最內層的球，也是暗的。它是我們的認識及思想的最終來源，它是莫測高深的。按康德的說法，最外層球的物或最內層球的心，都不是可以研究的。康德認為心理學的科學（與神經心理學不同）實際上是不可能的，我們不能接近到思想的來源。但我們能檢視經驗或現象。

讓我們暫時接受康德的心物模型。那麼，有條理、不變的實體信念如何成為可能？畢竟，每個人生活在自己的經驗世界中，我的經驗不同於你，我們的經驗不同於古埃及人。我們對世界的看法受歷史的制約。一千年後，我們目前的概念世界、我們的實體觀念，可能是古老古怪，好像每個人生活在自己私人建造的可能世界中。這些「可能世界」反映了文化及社會，興趣及個性上的差異，簡單來說，就是人類意向（intention）概念上的差異。

康德對知識歷史及社會環境問題上的主張相當清楚，它不能適用於我們對自然物質的認知上。這個共享、公開的自然世界，必須透過科學來研究。但有些同輩哲學家反對這個觀念。

沒有最終的「完全」

當代哲學家顧得曼（Nelson Goodman）認為沒有一個「原始」自然實體，只有「許多」實體。世界的外貌皆由心靈所「創」，並沒有超然獨立的「實體」存在，作為內心構成的根本。顧得曼哲學是了解的哲學，它非常讚賞康德，且對當時的哲學家有一些影

響（耐人尋味的是，他們不曾成功創造出康德建議的有條理心靈圖像），但我知道它對自然科學家沒有影響。知名的認識論心理學家布魯勒（Jerome Bruner）附和顧得曼，認為：「我對實體構造的觀點有意見；我們不能得知一個原始實體，因為根本沒有這樣的東西。我們創造的任何實體，是以某一先前已獲得的『實體』做為變化基礎。我們建造了很多實體，都是在不同目的下完成的。」

雖然這樣的觀念，可幫助某些人領悟很多人類經驗，滿足心理學家哲學上的需求，但是他們無法安慰承認原始實體的自然科學家。雖然我們的心靈，在我們的經驗基礎下創造「實體」（圖像），但這並不意味著這樣的圖像是任意建造的。自然界的圖像包含了「不變」，它們與特殊表現無關。當我說「一個原始實體」時，我指的並非康德的「物自體」（高深莫測而無法理解的），而是一個共同經驗的範圍，即外觀世界。任何人只要有能力，都可以來檢查他們的經驗（即「實體的構造」），看看是否與科學圖像一致。

自然世界的理論，是以先前一個理論──即我們「先前」獲得的實體為基礎。但這個自然世界的理論在建造時，是把成功的保留，不成功的則拋棄或修飾。科學知識像生命的演化，它是選汰性系統。自然世界理論，從中世紀的有機神性建物，演變到牛頓的機械宇宙，到今天的量子宇宙。今天的觀念，確定不是最後答案，我們將發現更多的答案。像物種演化，沒有最終的「完全」，永遠不會有實體的最後圖像，這是可以確定的。但今天，我們發明的理論對應於我們的經驗及觀察，包括已知的實體寶庫──一個不變的秩序，它與表現的方式無關，但確定會形成未來理論的基礎。簡單來說，「原始實體」是科學進步上顯示的不變構造世界。地球、星星、人腦、活細胞，或原子的理論來了又走，但這些實體仍保存著。

動機比歷史更古老

我能理解幾世紀甚至千年以前,那些自然哲學家的意圖,他們努力想理解我們出生的世界,尋找超越混亂經驗及感覺的不變秩序。那個意圖是從古以來的永恆主題,它是持續不斷了解造物主訊息的動機。正如美國天文學家哈伯(Edwin Hubble)的說法:「動機比歷史更古老。它無法滿足,它不能壓抑。」

我認為自然世界中的不變性,是表現在物質世界的實際組織中。就像建築物的組織原理,隱藏在它的實際構造中。雖然,顧得曼的多元可能世界觀,可應用到藝術、文學、法律、歷史等方面,但它不能應用在自然世界上。依我的看法,多元可能世界之所以可能,因為實際只有一個自然世界。這也是為什麼其他人的多元可能世界是可理解的。簡言之,造物主組合的,沒有人能分開,但人組合的,造物主確定都能分開。

雖然我不贊同顧得曼的自然世界觀,(我自稱是「素樸的實在論者」,或是一位「科學基本教義派」,這是哲學家中較差的一類),但我發現他的觀念在教育哲學上很重要,在探究、了解其他文化、信仰或生活環境上也非常有用。我願意花很多時間探究其他世界,體會右派或左派的政治人物、女人、男人,及其他種族文化的人類(讀者諸君不妨也冒險嘗試一下)。這種心理技術給我接近其他「可能世界」的機會,能夠真正看看這些世界是如何建造的;或是什麼樣的感覺及價值,使它們彼此連結在一起。通常在我回到自己的世界之後,會感到更豐盛,至少我會認清自己的極限。我們都是演員,但是我們大部分時候只認識一種角色。

科學理論的性質

科學家用他們的經驗範圍玩一種「溝通遊戲」，他們盡可能嘗試蒐集更多有關實體的資訊，在那個資訊基礎上，每次有更具條理、更完整的理論出現時，積分便多一分。科學家要不斷發現這些理論，因為它們顯現出一個概念實體，即深入的邏輯構造，使理論無法隱藏，世界變成更可理解。那個理解不僅解脫了以前搜尋上的挫折，也首次顯示了正在進行的事情。我對新理論的主要感覺，就像揭開祕密一樣，那是初發現隱藏秩序時的驚喜感覺，就像新生兒等待著發現門外的新世界，並且逐漸發現房子內的東西為何如此。

因為科學理論能幫助我們界定科學的內容，建立科學對真理的特殊限制及主張，因此對我們而言，了解它是很重要的。但在敘述理論性質之前，我應該概述我自己的整個觀念。

在我的理論中，自然的不變秩序可表示成宇宙密碼，實際上物質世界是按它組織起來的。然而我們的理論也是由心智發明的，不變性不但顯示出經驗的條理性，也反映了自然的實際物質構造。或是說，不變性就存在於自然世界中。

我主張（不是證明！）：首先，這個自然不變秩序是宇宙唯一有條理的秩序；其次，科學理論能合理的期望存活下來，就是那個不變秩序的結果。其他人類創造的秩序，像法律、宗教、經濟、社會、文學及藝術，不是自然物質秩序的直接結果，我們沒理由期望科學理論中，有個隱藏的不變秩序能描述它們。這個人造的秩序有歷史性（不像自然秩序，它是永恆的），它反映了人類意識，這些意識包括了信仰、慾望、思想及感覺。它是由人創造的秩序，所以人了解它。現代世界同時包含了，最近發現的宇宙物質秩序與較古

老的人造秩序，兩者之衝突構成現代知性的辯證，這真是耐人尋味啊！但首先，要問什麼是科學理論的性質？

　　科學理論的主要性質，在要求一個不變構造，這些性質在邏輯上有條理，具普遍性，及可受破壞。讓我們輪流檢視這些性質。

合乎邏輯，普遍適用

　　科學理論必須按照邏輯來規範組織。假如它們合邏輯，那麼我們能檢查到每一個理論都是內部一致的，不同理論間如有重複的實體部分，不能彼此牴觸。假如理論不合邏輯，我們甚至沒有檢查一致性的選擇自由。一個更合乎邏輯的方法，是將它們套上數學及邏輯。科學理論不一定是定量的（像達爾文演化論）或甚至數學的，但它必須合乎明確的邏輯。

　　因為科學理論有邏輯一致性，讓我們有信心探究新領域，假如它們是好的理論，我們能深入探究實體的範圍。因為它們的統一能力，科學理論具有隱含的構造，能引出待發現的新領域。理論的這種預言能力最令人欣賞。歐洲粒子物理研究中心（CERN）高能加速器的實驗物理學家，發現了 W 及 Z 粒子，當證實它們的質量正好與抽象數學理論預測的一樣時，理論的預測能力深深打動了發現者。實驗證明的例子不多但令人興奮，它是我們手中確實握有好理論的證據。

　　科學理論與宗教、文化、或政治理論的差別，在於創造者的意圖與宗教、政治、性別、種族、個性、感覺、或觀念無關。這或許是科學在社會、文化上最大的特徵，而它的普適性在於，其發現的真理對每個人都適用。

　　另一個可說明科學理論普適性的事實是，發現的真理對每一件事都適用，對其中每件事都是這樣。像數字一樣，科學理論是普適的，它公平無私應用到每件事情上。它能從地球上的實驗室，延伸至遠方的星系上；細胞中蛋白質或細胞膜性質的發現，對所有這類細胞都是真的。這種普適性，明確指出為什麼有些人對科學理論有興趣，其他人則沒有。有些人的興趣在平凡的普適知識上；其他人對歷史知識，常常是對故事性的私密知識有興趣。

兩種文化

　　這裡有一個例子，可以描述人們對普適知識與特殊知識在態度上的差異。有一次在紐約，我受邀與一群頗有修養的人共進晚餐。席中有作家、編輯及知識份子；除我以外沒有一位是科學家。談話內容無意中就繞著《紐約書評》（*New York Review of Books*），這是相當出色的書評雜誌，它實際上超過了書評的一般內容，包含了高水準的短評及省思文章。這本雜誌或許勝過其他同類刊物，促成高文化水準的知識溝通。我喜歡讀它（雖然對我的美國口味而言太英國化了些）。

　　不過這裡我卻產生了一個問題：我從不記得在該雜誌讀過的任何篇章。資訊進入我的短期記憶中，不曾進入長期記憶中。不管這雜誌寫作的風格如何優美，故事如何感人，所有內容都在表示一個人對另一個人思想及行為上的觀感。對我而言，要記得人的觀感很困難（甚至自己的）。我記得的是概念、事實、不變的經驗，而非短暫的觀感、嗜好及風格。除了當成知識消遣外，嚴肅的人是不會想這些瑣事的。

在我概述完自己的觀點後，席間一片靜默，使我感覺孤立。科學與人文兩種文化間的裂縫顯然已相當寬了。我理解我已侵犯了他人神殿中的神聖境地。在神殿中，那些人的祭拜是獻給政治觀點、嗜好及風格；亦即受自省支配的意識、信仰、感覺，及與知識不甚相關的閒聊及行動。我試著講個笑話，使我從困境中脫身，但沒有想出來。我只能聊些緩和氣氛的話題：即使為了保持知識的自由，在政治舞台中，由甚至完全不了解政治決策的人來表達意見，可能也是很重要的。

最崇高的價值

　　科學家是我們文化中的少數份子，但影響力漸增。許多冠上「科學」（有很多時候會誤用這個字）字眼的，事實上並不是。大多數人——甚至受過教育的人，尚不能理解科學知識的基礎性質及它的意義。他們可能認為它是一個觀念，反映階級利益，即使反文化或反宗教，亦與政治脫不了關係。

　　其實科學後面的原動力，不是根據這樣的社會因素（雖然它們很重要）；讓推動科學研究的人，感到必須對研究目標追根究柢，才是科學進步的原動力。因為研究目標是如此抽象，因此一般大眾不太能看到這個動力。量子理論或分子遺傳學理論似乎很抽象，而且遠離人類實際經驗，但對任何鑽研它的人而言，它們代表最崇高的價值。這也是為什麼這種知識如此稀少卻十分重要，且將繼續改變人類環境的最大原因。

　　理論最後必須與經驗一致。假如理論與所有研究者的經驗一致，它就是「對的」，否則它要不是錯了，就是無法成為科學理

論。雖然做為理論基礎的根本原理，不能直接用實驗檢查，但這些邏輯原理，暗示理論陳述是可直接測試的。譬如，描述量子質點動力學的薛丁格方程式，可看成一個根本原理。我們不能直接測試它，但我們能嚴密推論出很多結果，像原子及原子核的能階，而用實驗來檢驗它們，這就是理論的應用。假如應用失敗，由於結果在邏輯上與原理聯結，那麼原理必為失敗。

假如第一次應用就成功了，當然不能就斷定方程式是對的。但假如一而再、再而三應用成功，科學家就會對原理的正確性產生信心。薛丁格方程式就是如此，科學家接受它，且將它當成「對」的。接受一個原理為「對」的決定，是以意見一致及判斷做為基礎，而非嚴密的邏輯過程。雖然理論必須是嚴密的邏輯，但這個「對」的決定不是。

好似帶著炸彈遊歷

這個應用過程，產生了科學理論的獨特性，即科學理論含有自我破壞的特性。假如理論不可能是錯的，它就不可能是對的。任何時候，都可能出來某個聰明人，發現新的問題而毀滅理論，破壞對它的共識。宗教或精神分析提供有關世界或心靈的理論不是科學的，因為它們不能自我破壞。但這並不意味它們不重要、沒有幫助，它們只是不科學而已。

每個真正的科學理論，都好像帶著炸彈四處遊歷，隨時準備爆炸。這一種易遭受破壞的性質，意指科學理論是自我選汰系統的結果。任何科學理論，就像生態範圍中的物種，在它所占的實體範圍中有存活能力。

什麼理由使我們期待這樣的理論會存在？

為了回答這難題，我發現檢視數學家說的數學對象是有用的。

一群數學家，他們是二十世紀初期，由希爾伯特領導的形式主義者（formalist），他們會接受數學對象的邏輯證明，譬如有特殊性質的六維空間，雖然形式主義者顯然未建造這個空間，但它必須存在。這稱為「存在證明」。

另一群人是由布勞威爾（L. E. J. Brouwer）領導的直覺論者（intuitionist），他很固執，認為數學要對象在實際建造後，才接受這樣的證明。這稱為「建構證明」。建構證明的發現，通常比存在證明困難很多，這也是為什麼大多數數學家追隨希爾伯特的原因：他們想快速進步。

我受這個建構所吸引，不是數學上的緣故（因為形式論方法夠嚴密了），而是為了科學思想及哲學上的要求。就一個不大好的主意而言，要求它仔細建構就足以將它毀滅。雖然在探究之路的開始階段，創造推測很重要，但探究不能停在推測幻想中，那太容易了。最終結果必須是一種建構——確定的模型、物質裝置或是實現最初推測的實驗。在建構的唯一要求下，所有空中樓閣通常還原成與實際世界無關的智慧幻想。

當決定一個科學理論能否存在時（一個複雜且模糊的問題），我覺得唯一的法寶，便是硬起心腸要它建構出細節。如量子論、相對論、演化論、遺傳學、化學、生物化學、分子生物學等，它們是廣大、連鎖、互相有關的理論集合。因為我們有這些理論圖像，我們對物質實體已有較清晰的圖像。圖像一直在更動，它們尚不能描述廣大未知的領域，包括宇宙、生命的起源及人腦作用等等。但科學理論的存在及成功是事實，只要我們能建造它們，它們就存在。

尋找可能的實體圖像

　　這樣的實體圖像如何成為可能？表面上，它們的存在似乎是奇蹟，它們是規定宇宙萬物構造的宇宙密碼。康德認為自然的邏輯及心靈的邏輯彼此一致，因此以為實體圖像是可能的。我不同意他，但假如把心智當成是生物現象的前題之下，心靈與自然間的一致倒不算是奇蹟，因為它服從相同的自然宇宙密碼。

　　為了描述這個一致性，假定我給你一篇文章，它是用你未曾看過的語言寫的。我教你這種語言，一會兒之後，你能理解它。接著我給你另一篇文章，它看似外來語言，但它是胡言亂語。因為它根本不是什麼語言，我不可能把你教會。為什麼第一篇文章你能理解，第二篇不能呢？實際上你心中已知道一種語言，能學習另外的語言，也理解秩序的重要性。但第一篇文章有可理解的秩序，第二篇沒有。同樣的，因為事實上物質世界，是以我們理解的秩序來組織，因此宇宙密碼的確存在。

　　我相信自然秩序（宇宙密碼）是宇宙中唯一有條理的普遍秩序，我們在心靈及物質的世界中所發現的科學理論，其中的不變構造即是那個秩序的結果。其他探究實體範圍的科學家，如果他們的理論無法聯結宇宙的普遍秩序，他們就無法發現其中隱含的宇宙密碼。我甚至不能想像，這種不建立在物質世界秩序上的理論如何能存在。

　　假如這個觀念正確，人類信仰、感覺、說話或意識等，可能沒有這種科學理論；我們只能說意識是服從物質世界條件。這種情形下，意識部分獨立於物質世界，但完全由物質世界支撐。

　　有一個問題是：當科學家找尋自然世界的科學理論時，因為

心中非常想看到某些規律，因此他們甚至在理論尚未出現時，便覺得自己已發現某些規律。某些人甚至在雜亂的內容中看到秩序。或許他們認為內容並不亂，它包含了隱藏消息，因此他們建立一組規則來解釋內容。假如內容相當亂，要讀它非常困難，但假定文章包含亂的段落，而非亂的字，他們便發明理論使各段間彼此有關係。在一組亂的事件中，它沒有秩序，要使人相信這個實體，是相當難的。通常當他們無法發現條理秩序，而認為必須有時，他們會責備方法不好，他們無法相信更深的表現根本不存在。這就是為什麼當理論宣稱描述真理的實體時，需要硬下心腸來判斷。但大多數人不是這樣的。

國王與十二位智者

　　要發現實體的科學理論非常困難。我想講一個短故事，來描述這種困難。

　　十五世紀，有一位哲學家國王，他是真理的愛好者。他想了解世界，像星星及月亮的運行、太陽的起源。那時代，亞里斯多德的物理學及托勒密（Ptolemy）的宇宙論十分盛行，但國王不滿意這些看法。他集合所有大臣賦予一個重任，就是將已知世界上最聰明的十二位男女帶到宮殿中。這十二位「智者」聚集在宮廷的地圖室中，共同深思，奉獻知識，要在一年中想出宇宙的新理論。這位聰明的國王決定，他們一旦成功了，犒賞金銀財寶，失敗了就要處罰他們。雖然如此，唯有對真理的愛，才是他們的動機。

　　十二位智者在國王託負之下，開始了他們的思考，首先假設所有現有觀念可能全錯，必須「重新開始」（他是非常有權勢的國

王，敢冒激怒教廷的危險）。起初，這些智者彼此間有強烈的不同意見，但後來他們知道真理只有一個，開始互相合作且贊同他人的意見，到了年底，在令人印象深刻的儀式上，呈獻了他們的報告。

報告開始時了無新意。智者說世界分成實質與外觀，實質是實際的東西，外觀似乎由人類的意識所決定。要了解外觀世界，需要仔細觀察及實驗。相對的，超越外觀的實質世界（如幾何學真理）只有推理才能知道。智者在報告中，建議「實質」應直接由無瑕疵的推理才能得知，而非由外觀，後者是受不可靠的感官影響。

因為國王以前也聽過這些，便打斷了報告，問到運動定律如何只用理性來推論呢？像如何只由理性建立「重力下不同重量的物體以同一速度下降」？他說明一個經驗事實，他曾從一座高塔投下砲彈及槍彈，兩者速度一樣快。智者之一繼續提出下列說法。

他說了一個反證，若較重物體比輕的較快落下，請想像一條鏈子連接了重及輕的物體，一起丟下來。按這個假設，重的較快落下，鏈子會拉緊。輕的物體限制了重物體的快速下落，以致於連在一起的兩個物體，比單一重物還要慢落下。但連在一起的兩個物體，一定比單獨重物更重，因此按先前假設，必須比單一重物快落下。我們出現了邏輯矛盾，因此開始的假設不對。智者的結論是，唯一可能的邏輯是，所有物體以同一速度下落（相信等速下落是經驗的、非邏輯事實的讀者，該有興趣找找這個推理中的錯誤）。

國王被這個邏輯辯證法說服（事實上它源自伽利略），它指出不需要實驗，像從斜塔投下重球，就能決定自然的秩序。它應是未來科學的「典範」，它是不受感官瑕疵證據汙染的詳密邏輯演繹及立論。

報告繼續。智者群否定托勒密的宇宙論，認為地球是宇宙中

心雖然符合觀察，但只是外觀。天體中最壯麗且不受地球影響的太陽，才應該是宇宙的中心。太陽系是超越外觀的物質。因此他們預期了哥白尼的正確觀念。

他們接著將物質世界分割成六個基本物質：土、火、空氣、水、乙太及磁性。將心靈世界分割成魔鬼、精靈、人、天使及神等五種實質，它們在人體各種器官中活動。他們繼續談亞里斯多德的運動定律，這定律敘述在一個定力下，物體以定速度運動（像推過地板的一塊板子），而完美物體，譬如行星，明顯在圍繞太陽的軌道中有一個定速度。

當十二位智者結束他們的報告之後，國王非常感動，謝謝他們，並頒給每一位智者超乎預料的獎賞。從此他們便過著很快樂的生活。

解開人類史上第三大祕密

今天，我們能以後見之明看這十二位智者，雖然他們有些事情是對的，但大多數是錯的。這個寓言的意思是：不管人多聰明，假如沒有正確的思想範疇、儀器及資料，他們無法創造科學理論。十二位智者受託解決的問題，其解決方法當時尚不存在，要到三個多世紀之後才有。我們已有後見之明的優勢，且知道自然科學中這樣的理論是可能的，我們手中已有了這些理論。但其他如心理學及社會科學又如何呢？它們的理論存在嗎？

就如心理學家嘉德納（Howard Gardner）所評論的，到二十世紀中葉，古代的兩個主要奧祕——物理物質及生命物質的性質，才幾乎能解開。但是，迷惑古人的第三個祕密——心智之謎尚未澄

清。相信有「澄清」可能的基礎是什麼？為什麼科學家相信在人類的認知中，有一個不變構造？

　　在下一章中，我將闡述我在認知科學上的理念，它是二十世紀經驗心理學及電腦科學中的重要發展。

第 9 章

等待救世主

有時候，真理騎在錯誤的背上，馳入歷史。

—— 神學家尼布爾（Reinhold Niebuhr）

　　1960 年代初期曾召開一次重要的行為心理學國際會議。研究人員提出了很多有關老鼠學習行為的論文，包括用電子偵測老鼠如何走迷宮，藥物對牠們的效果等等。當一位與會專家提出人類行為的論文時，一位聽眾半嘲笑的問道：「這是非常有趣的文章。但它能告訴我們有關老鼠的什麼呢？」聽眾頓時哄堂大笑。

　　1950 年代及 1960 年代興起的認知科學，部分是源自對行為主義（behaviorism）的批判。在行為學家的觀念中，動物和人類都可當成輸入／輸出系統來研究：輸入是知覺刺激、獎勵及懲罰；輸出是行為，這是當時由美國心理學界主導的觀念。認知科學家則認為，嚴格行為論的反射動作看法太局限，忽略了人類語言等心智作用。他們也認為行為主義根本是錯誤的觀念，因為很多行為不是外加，而是內發的。

　　認知科學是跨學科的努力成果，它來勢洶洶。認知科學家是心理學家、語言學家、人類學家、電腦科學家、神經科學家甚至哲學家。他們需要各種助力，以便了解人類心智或人工心智的成長。

　　拿任何標準來看，這都是一片廣大的心智領域，所以認知科學家一方面慎重減少感性的色彩，另一方面也降低社會文化及歷史因素的影響。他們著重在一般的認知、思考、決定、語言、視覺、聽覺，以及概念上的形態識別或智慧行為。認知科學如何研究這麼多的領域呢？

人類心智圖像

　　各學科間雖有差異，但認知科學家共同認可的主要假想，是假定心智表現能力可獨立於生物學、神經生理學等研究神經元的微觀層次，以及與歷史相關的社會、文化等宏觀層次，來進行分析。簡單來說，心智表現──即心中的圖像、概念等，視為可獨立於外在真實世界。如此一來，認知科學聽起來像是柏拉圖主義（Platonism），這是研究人類心中存在無形精神的學說。不過，認知科學家和柏拉圖主義者有所不同，他們雖然承認心智表現與物質獨立，但需要物質的支撐。

　　很多認知科學家從電腦獲得靈感。他們視人腦為電腦，心靈則為處理資訊的主要內部程式，這個模型中的心智表現為程式。電腦的實際處理，是用「機器語言」，但它是先由人寫的一個程式，再翻成機器語言，而指示機器如何處理資訊。某些認知科學家主張，機器語言中的電子訊號，類似於人腦神經皮質上的訊號，它們與了解程式本身──即心靈如何作用無關。程式捕捉了心靈的本質

與心智的表現。認知科學家的希望在於發現及了解程式，這程式將提供人類心智的圖像。發現這樣深入的心智理論，將揭開「認知之謎」。程式是一組處理符號的規則，甚至不需人腦執行，它能在電腦上執行，達到比自然智慧更好的人工智慧。

三種可能的發展

這一章中，我以局外人的批判眼光來談認知科學。我對它的評論，不會集中在以觀察為基礎的心智世界上。

在人類認知及動物行為中，有許多美麗且令人興奮的實驗觀察。我批評的是部分認知科學家未成熟的企圖，他們想發現心靈的「深層理論」，就像量子論是原子的深層理論，或分子生物學是遺傳學的深層理論一樣。我要談的就是他們的失敗嘗試。簡單來說，我認為認知的深層理論並不存在，除非它直接以人腦或電腦的實際物質構造為基礎。

我認為認知科學的未來有三種可能發展。第一種最令人興奮，是認知以物質及組織為基礎，從這裡可解開認知問題。如此產生的問題，是認知組織到底基於什麼基礎？它將變成多簡單或多複雜呢？心靈的程式不太可能缺乏神經元網路。假如這觀念正確，則深入的認知科學理論，將包含在未來的神經科學或電腦科學中。

第二種可能，是認知科學將發展成數學，即以邏輯為基礎的嚴密認知理論。如此認知科學即變成數學上的一個特殊分支，而很少觸及人類的認知問題。然而，以數學理論來解釋認知，其結果可用人工智慧來檢查及測試，而且還可能有極豐碩的成果。

最後，不同意前兩個方向的人，則認為能撇開物質實體來單獨

研究心靈，他們將發現自己偏向於文學，這雖然很有趣，但完全不是科學。或許，認知問題沒有答案，它只是人腦如何工作的一個問題。認知機制上的複雜性，使得深層理論很難發現，認知科學將變成一種闡釋性的多元智慧活動。

為了佐證我的觀念，我採用人類在創造語言上的困惑為例子。某些認知科學家，雖然承認語言是人腦所創，但他們想撇開人腦作用來獨立了解語言。他們深入分析人類語言，包括文字及語句，想藉此了解語言的架構。雖然分析語言是正確且重要的工作，但我認為這種企圖心是錯的。

克里克曾說：「我們常受內省所矇騙。」我將它引申成：我們常受「行為」所矇騙。當然，行為是具體的，但要了解行為，必須要了解它由神經系統中產生的細節，不能將人腦當作一個「黑盒子」。人腦產生語言的情形，我們目前還是不太了解。只有當我們了解語言的神經學基礎，我們才能明瞭人如何創造了話語及思想的奇蹟。

假設、推演、驗證

認知科學家的中心假設，是認為心智表現是程式，這似乎和自然科學的工作相似。例如，自然科學家假定基因存在，或時空是彎曲的黎曼四維空間（Riemannian four-dimensional space）。認知科學所使用的方法也相似，稱為「愛因斯坦假設法」（Einstein's postulational method）。這是愛因斯坦離開當時物理學的嚴格經驗論，向他的哲學家朋友所羅文（Maurice Solovine），描述創造廣義相對論時使用的方法。他說在經驗基礎上，沒有比直覺更多的東

西，我們能提出假設（認知科學的假設是心智表現在程式上），而這些假設不能直接驗證，就像前述的薛丁格方程式不能直接驗證一樣。但假如有明確的邏輯，那麼我們能從假設嚴密推演出結果，結果是可驗證的。假如結果失敗，因為假設緊繫結果，假設也會失敗。假如結果符合經驗，則假設的正確性增強。讓我們比較自然及認知科學上的這種應用，其中的差異頗具啟發性。

在自然科學中，這種應用的例子很多。古典遺傳理論是其中一個例子，它的轉折耐人尋味。在觀察植物及動物的繁殖時，生物學家假定了基因的存在。至少在二十世紀前十年，還沒發現這些基因。基因是一種假設，藉著動物顯著的特徵如性別、髮色等表現出來。這些觀察到的規則特徵，與假設的基因規則所演繹出的結果相符。

然而生命體中遺傳的穩定性向科學家暗示，基因不只是假設的實體，它還必須有物質基礎。後來發現 DNA 是遺傳物質，其分子結構真相大白，再加上後來對 RNA 如何合成蛋白質上的了解，使我們確認基因是由 DNA 或 RNA 分子組成的片段。從這個例子，我們發現假設的東西，如基因，不只是數學上的人造品，而是物質實體。

語言學的革命

我們可從語言學發現另一個認知科學的例子。語言學的核心問題是：語言如何成為可能呢？人類具有其他生物所沒有的能力，人們能使用語言，用邏輯表示思想，以及文學表達。這是如何做到的呢？

　　1950 年代末及 1960 年代中，杭士基以新的方式回答這些問題，開啟了語言學革命，他將語言學放在嚴密公設的基礎上。雖然今天，他的基本理念並沒有得到很多語言學家的支持，但幾乎所有的語言學家都受惠於他。最好的評論請參閱嘉德納的《心靈的新科學》（The Minds' New Science）一書，該書對於認知科學興起的歷史有詳細介紹。

　　杭士基假定語言的語法（即文法規則，它告訴我們在句子中如何使用特定字彙）是自律的，與語意學及實際應用無關。他同時假定，語言學的自律性，是獨立於其他認知科學而自成領域。

　　杭士基的興趣在如何產生句子，從所有組合字彙的方法中，我們如何能保證，得到形式良好的句子呢？首先，他指出了某些舊理念，稱為「有限態文法」（finite-state grammar），他認為這要不是行不通，就是難以令人接受。然後他繼續假設一個新的理念，即變換文法（transformational grammar），這似乎成功了。變換文法的主要假設是，存在一組定義完善的規則，使一個句子能變成另一個句子。簡而言之，有一個演算法程序，能將一個句子的抽象表現，轉成另一個句子。如此一來，杭士基主張所有形式良好的句子都可能產生。杭士基繼續假定，人的內心有一執行文法變換的層次。這個變換層次，可視為產生句子的一個內部程式。

非凡的成就

　　杭士基的成功，使語言學家在研究語言學時，採用了形式嚴密的方法，並影響心理學也見賢思齊。杭士基視心靈為彼此大致獨立的各部分協調組織起來。這種心靈的調節觀念，暗示他主張「唯心

主義」（mentalism），認為心中存在抽象的結構，是知識之所以存在的原因。他認為這些心智組織的特色，主要是與生俱來，而非得自後天的經驗。

在杭士基的語言創造說法，以及先前的遺傳學例子中，我們能粗略的類比。像早期遺傳學家假設了基因，而解釋了遺傳的規則一樣，杭士基假設了變換層次的存在，來解釋語言創造的模式。然而遺傳學家發現基因的物質基礎 DNA，而此時的變換層次還缺乏任何神經解剖基礎。雖然未來這種發現可能會出現，但我懷疑它會類似 DNA 的發現。

當然杭士基等人不主張這些心智表現在腦中，他們認為是在心靈中。我們對心與腦的關係尚無法詳細得知，因此心中變換層次，如何對應腦中的組織亦無從得知。無論如何，這並不能迴避我的批評。在了解心靈及它的物質基礎（假如它們存在）之前，認知論者所推展的心靈模型，會不斷變遷及移動。

我不希望由於這些批評，削減了現代語言學家的非凡成就，他們在解釋語言的複雜現象上貢獻卓著。特別是杭士基的成就，實際上可視為數學中的旁支，它是認知科學可能採取的方向。他的形式語言理論中的範疇，已廣泛應用到語言理論之外。

語言學家的成就，使我想起十八及十九世紀初期，法國及美國電學家的成就。他們的結果常互相矛盾（因為他們不認識溼度對儀器的影響），十幾年之後，電學及磁學的統一理論才出現。同樣的，我相信今天語言學家未涵蓋的語言現象，某一天將由人腦的工作原理及互動方式中得到解釋。但那一天尚未來臨。

在認知科學方面，除了「說」以外，如何「看」也是一個重要問題。外在世界的影像，集中在眼後的兩個視網膜上，當我們移動

時，它一直在變化。但我們知覺的影像卻是鎖定單一目標，而不管影像的改變，這可能嗎？從我們兩眼二維網膜上蒐集的混淆資訊，如何建造心中統一的、固定的三維視覺世界呢？

　　麻省理工學院人工智慧實驗室的研究員馬爾，畢生致力於解答這種問題，他死於1980年。馬爾假定視覺牽涉了影像的有效符號表現——即心中具有表示視覺資訊的程式。他發展的視覺模型，像杭士基的「唯心主義」般，在視覺系統中有獨自操作的單位，它計算視覺資訊的方向、整體形狀、立體圖像、移動等各種性質。這個特殊而詳細的視覺模型，實現了他的理念，深刻影響未來的研究方向。雖然他用電腦，但他受到人腦的啟發，且使用了很多神經科學觀念。雖然他分享了某些嚴密認知論的理念，但絕不能歸於這一類。他承認視覺的高度計算觀念，這種觀念在知覺與可見目標間，沒有預定的對應。簡單來說，這個視覺程式主要在人腦或電腦中，不在世界中（雖然馬爾以外界事物的性質為基礎，給了些限制）。當1984年，他的書在他死後出版時，神經科學家早已向前推進，捨棄了他使用過的很多觀念。

視覺研究使戰線焦點集中

　　事實上，認知科學家似乎不關心自然世界中進行的事，他們只關心計算、心智表現及程式，強調靈魂與肉體分離的心智表現，這困擾了很多人。認知科學與唯物論的自然科學戰線，有時分得很清楚（我認為，當它們分不清楚時，就象徵進步）。視覺研究使戰線的焦點集中了。

　　視覺研究者吉布森（James J. Gibson）及他的追隨者，向視覺

的計算及認知研究方法挑戰。他們認為世界早已存在知覺所需的資訊，視覺目標的世界及其邏輯早已存在。我們把世界看成三維空間，因為它就是三維空間。我們的感官雖在變化，我們看到固定的世界，因為世界就在那裡。正如吉布森所寫的：「我確信不變性來自實體。周圍視覺陣列（ambient optic array）中的不變性，不是人為建造或演繹的，它就在那裡等著被發現。」但它如何被發現，卻是公開的謎，計算論者正努力想回答這個問題。

對於承認內在表現的認知論者，吉布森的評論無異是挑起戰火。除非有人建造一個識別面孔及鑑定目標的電腦，或是我們了解人腦如何做這些事，否則這問題不可能解決。這可能需要很長的時間，而即使到那時，也許大家對於認知的解釋仍爭論不休。

視覺的祕密

許多時候，大多數人視為理所當然的某些事情，實際上是一個謎，當視覺發生時，人腦中正在進行什麼呢？沒有人會相信腦中坐著一位侏儒，看著視覺皮質中正在發生的事。陳述侏儒觀念的錯誤，比避免掉入這種思考陷阱中要容易得多。像遺傳學者假設了基因，視覺研究者假設了視覺表現，但這些表現的物質基礎是什麼呢？我相信回答這些問題的主要洞識，將來自神經科學，而很少來自認知科學。未來進步的方向，可以由過去三十年中神經生物學家休伯爾（David H. Hubel）及維瑟爾（Torsten N. Wiesel）令人望塵莫及的成就中得到例證。

休伯爾及維瑟爾不像認知論者用「由上而下」研究方法，他們以「由下而上」方式，研究視覺資訊如何沿著神經路徑，進入哺

乳動物的腦中。他們的策略是：「自視覺神經纖維開始，我們用單
一神經纖維的微電極來記錄，我們用光刺激視網膜，嘗試發現如何
最有效影響這個刺激。我們用每個可能的大小、形狀、顏色、明或
暗、靜或動的光線形態來達成。這需要很長的時間。但很快的，我
們就發現視網膜的神經節細胞是最好的刺激點。」

經由追蹤各個神經的刺激，休伯爾及維瑟爾發現重要的事實：
即在視野中，紋狀皮質（striate cortex）回應了某些特殊定向。紋狀
皮質由縱排神經元組成，每一縱排在視野中對應一個特殊定向，水
平線活化一個縱排，垂直線活化另一個縱排，其他縱排被水平及垂
直間的方向所活化。這個資訊接著送到人腦的其他部分。為什麼人
腦用這種方式組織它的視覺資訊，目前仍不清楚。但他們已明白，
某些特殊的刺激，使神經元開或關；神經元群的確實行了特殊變
換。想想：假如有些區域的祕密已解開，其他區域的祕密似乎也將
迎刃而解。但到目前為止，有關視覺的深層祕密仍然尚未解開。

哥倫比亞大學的神經科學家肯德爾（Eric Kandel）及其同僚，
研究海蝸牛的神經系統，已實行了「由下而上」的研究方式。他們
從分子階層開始，來看學習基礎。像退縮反應等動物行為改變，實
際上與突觸上改變的連結強度有關，連結強度隨後改變了軸突的刺
激速率。

認知科學必須像自然科學

我們從語言及視覺研究中，發現認知科學家在以「心智表現
為電腦程式」的假設下，展開了很多雄心勃勃的研究計畫。假設
現在，我們回到「哲學家國王及十二位智者」這則寓言中的地圖

室，再把現代的二十位天才——司馬賀、紐威爾、麥卡西、閔斯基、杭士基、米勒、布魯勒、佛多（Jerry Fodor）、皮林沙（Zenon Pylyshyn）……等請入室中，要他們提出「心靈」的圖像。我認為他們三十年來的成就，將類似十五世紀智者的結果，部分正確，但整體是失敗的。他們失敗的原因相同，即思想範疇太狹窄，而現有技術無法解決問題。另一個會失敗的最重要原因，是因為這樣的圖像根本不存在。他們心中想像的內在表現，並不對應於物質世界的不變構造。有些人由於對科學的最後勝利絕望，因而放棄統一的自然世界，即一個原始實體的概念，轉而尋求顧得曼所提倡的，有很多「世界」及「版本」的多元論。

　　要批評認知科學相當容易。首先，人腦不是數位電腦——這個人腦模型是錯的。說人腦含有像電腦的內部程式，並沒有證據。按某些神經科學家的說法，人腦沒有軟體，它全是硬體，能處理資訊，但它不需要程式。像哲學家瑟爾（John Searle）等人認為，假如人腦有這樣的內部程式，它的作用不可能如此。所以某些認知科學家尋找的心中絕妙圖像，即內在程式，或許根本不存在，它是一種只要你仔細思考就會消失的妄想。目前為止，還沒有任何人的認知模型能通過時間的考驗。

　　且不管這些批評（它只能用到某些認知科學家的成果上），我對認知科學的未來仍抱著樂觀態度，因為它集中討論的一些問題，不會隨時間消失。也因為這個原因，認知科學不會只是拜電腦之賜創造的知性流行。但假如認知科學家，想從自然心靈或人工心靈上，尋求內部表現的深層理論，我相信這個理論必須與實際物質實體有關，這個實體是由人腦及電腦與世界互動產生的。假如認知科學家宣稱存在的程式，是心智表現的本質，那麼它們必須是在物質

上可理解的，這個理解不只是存在理論中，也存在實際上。

我們對待認知科學，必須像自然科學一樣，要求嚴格的建構理論。在感覺上，認知科學家像活在理想模型的世界中，他們的電腦程式無法實現，他們的世界是科學幻想，不是科學事實，最好的說法是，這是一個數學世界，不能應用到我們的世界中。假如認知科學有未來可言，那麼它的未來，將是實際人腦或電腦與世界互動的研究。缺乏自然科學的認同與世界實際物質秩序的基礎，我擔心認知科學與經驗科學的相似點將愈來愈少，它會變得愈來愈偏向文學，它是高水準但空泛的知性視野，充其量只是與自然或人工心智無關的心智數學理論罷了。

為了搭起科學與人性間的橋梁（正如某些認知心理學家企圖做的），我們應該像科學家，而不應拋棄自然科學的基礎來做這件事，否則將沒有任何一座橋能溝通兩端。

「由上而下」與「由下而上」

下面我將簡述對未來認知科學的想法。在描述認知科學的構造之前，我先解釋兩個有用的觀念。第一個觀念是「由上而下」及「由下而上」的意義，科學家及哲學家常使用它們。第二個觀念，主要在區別「記號」（sign）及「符號」（symbol），或「語法」（syntax）及「語意」（semantic）。

「由上而下」及「由下而上」，常常是科學家及哲學家引用來解決問題的方向。一個物質系統的「上」，表示它的宏觀或整體性質，「下」表示它的微觀或局部性質。例如，在頭腦與軀體及世界互動時，「上」指的是生物的行為或認知，「下」指的是頭腦中的電

化學作用。「上」及「下」，都可顯現規則支配的規律行為，問題只在發現兩者間的關係。我們能像心理學家「由上而下」，或像神經科學家「由下而上」嘗試解決問題。

在使用這些名詞時，有另一個概念，即在指出部分對整體的因果關係上，部分是「下」，整體是「上」。通常在自然科學中，因果關係很清楚，部分的行為決定了整體的行為。這也是為什麼自然科學家，總是嘗試找出控制系統的微觀定律，而這些系統都是他們亟欲了解的，像了解化學系統的原子律、遺傳學上的 DNA 構造。在自然科學的解釋上，是採用「由下而上」的方法。

但是在認知科學中，這種處理方式只是偶然的。反之，採用「由上而下」處理方法的人似乎更多。這種方法是整體決定了部分的行為。例如，語言學家採用「由下而上」的方法解釋語言及動作，已經有好多年了。這個方法，開始於制定造句的規則，然後句子決定了文章，最後再決定語言及動作。但事實上，句子是由演說者按整個前後脈絡構成，即演說者知道全部的狀況，因此「由下而上」的方法注定失敗。

當你下一次說話的時候，即使只是單一句子，當你表達你在哪裡、你的生活狀況，與其他你想共享的話，不難看出句子的意思與脈絡有相當大的關聯。要成為演說家，似乎要用「由上而下」的方法，首先抓住整個概念，然後構造句子。除非認知理論能考慮以上事實，否則必定失敗。

同樣的，「由上而下」的情景也出現在雅各布森（Roman Jakobson）及其布拉格語言學派的發展中。他們發現單一的音素（phoneme），即語音的「原子」，沒有單獨意義，意義由它們的組合而來。這再一次證明文脈決定了意義。

「記號」與「符號」

　　第二個欲描述的觀念，是認知科學如何區別「記號」與「符號」，或「語法」及「語意」。我將一個「記號」視為一個物理標記，像一張紙上寫的字或電腦記憶體中的磁容量單位。簡單的記號就像二進碼中的 0 及 1。像這樣的記號不能表示任何意義。但一組不同的記號，能按預定規則處理。這些規則是「語法」，即記號的文法。記號是「由下而上」了解，語法的規則告訴我們與記號有關的每一件事情；換句話說，它們定義了記號。

　　有時候，我們認為一個記號有意義，但那只是我們把意義的內容投射在那個記號上罷了。譬如，假如把記號「2」及「3」指定成數學的「貳」及「參」，那麼我們便能很容易指定記號對應的意義，但這種指定是我們做的。

　　同樣的，「符號」有我們為它們指定的意義，它們有「語意」內容。符號是根據前後脈絡的，它們的意義根據出現時的狀況而定，像「2」這個記號，我們指定它基本的意義，其他也有些像國旗一樣的複雜符號。但各種符號種類在此與我們卻無關。重要的是，我們藉「由上而下」的方式來認識符號；亦即先抓住一個符號的整體背景，然後再觀察它的「部分」。

　　符號就是維根斯坦及後來的普特南所稱的「觀念叢」（cluster concepts）。觀念叢的想法就像一根繩子，雖然它是一個單元，但實際上卻由許多纖維組成，沒有一根纖維與繩子的全部長度一樣。同樣的，象徵意義的符號是一個複合單元，可以有很多解釋。譬如「A」是一個符號，它能視為是英文字母的第一個字、冠詞、代數方程式一個未知量，或是霍桑（Nathaniel Hawthorne）的小說《紅

字》（*The Scarlet Letter*）中的通姦罪。因為符號上的開放特質，使它不易定義，它們的定義是與前後脈絡相關的，不能以一組簡單規則來處理。霍夫史達特在《後設魔法主題》一書中，對於他所稱的被動符號（記號）及主動符號（符號），有極精采且深入的探討。

雖然我企圖明顯區分記號及符號，但我並非確定兩者真正不同，這種區別實際上不很明顯。畢竟，意義是我們指定的。我們只要為記號指定意義，它們就變成符號。同樣的，符號或許只是記號的複雜、整體的表現。或許符號遵守形式的規則，但這些規則太複雜了，所以我們不易陳述。假如我們無意中由記號得到符號，由語法得到語意，我們所定的區分將不存在。我們稱這個問題為知識表現的問題；我們如何能發現一個包含內容及意義，且由規則支配的記號系統呢？我們的頭腦顯然能做這事。在神經元階層上，它是一個訊號網路。但在行為上，它反應了內容及意義。至於它是如何做到的，我們就不清楚了。

簡化的整體觀

適當使用「由上而下」、「由下而上」、「記號」、「符號」的概念，可以給認知科學簡化而整體的觀念，而它研究的是兩個主要實體：人腦／心靈以及電腦。

研究人腦／心靈的認知科學家，概略可分成兩派，一派是「由上而下」研究人腦／心靈作用的認知心理學家，另一派是「由下而上」研究人腦的神經科學家。通常，心理學家對研究超過千分之一秒的現象有興趣，神經科學家的注意力在少於千分之一秒的行為。

同樣的，電腦科學家也可概略分成兩派，一派是贊成「記號

即符號」的計算論者；一派是贊成「從記號到符號」的連結論者。計算論者認為，處理記號的電腦程式是認知的本質。他們指出機器可藉處理記號來證明邏輯定理，這是人很難做得到的智慧行為，人工智慧就是一個例子。我在第 6 章〈連結論與神經網路〉之中，已略述了連結論的哲學。連結論者不認為在電腦中，從記號處理獲得「意義」是件容易的事。他們認為計算論者的理念，只是把他們所謂的意義，投射在記號上罷了。連結論者受到人腦複雜網路的啟發，因此多少想藉由電腦（或一組平行電腦）模仿人腦。對他們而言，認知的本質在反應意義的能力，它主要與連結網路有關，很少與程式及計算相關。

假如我們考慮科學中各學科間的重疊，認知科學簡化的整體觀是相當不夠的。沒有人能單純處於單一領域中。雖然如此，我仍發現簡化的整體觀很有用。1950 及 60 年代，電腦科學家和認知心理學家一起成長。1970 及 80 年代，則是連結論與神經科學的新發展。我認為很多計算論者及早期認知心理學家不成功的原因，主要在於他們最初知性程式的失敗。無論如何，這些傑出科學家雖功敗垂成，卻刺激了連結論者及神經科學家發展新的研究方法。近年來，連結論者和神經科學家雖然有很大的進步，但離成功的目標還有段距離。他們或許仍會失敗，但也許可從錯誤中學到很多東西，就像尼布爾所言：「有時候，真理騎在錯誤的背上，馳入歷史。」

認知心理學家的成就

研究人腦及其認知與表現有以下方法：即認知及行為心理學家「由上而下」的研究方法，及神經科學家「由下而上」的研究方法。

心理學家在「由上而下」的研究方法中，根據自我的直接觀察或記錄，檢視人類及動物的認知及行為。這些嚴密的實驗頗具獨創性，因此在學習、記憶、視覺、聽覺、決策及語言上的研究，創造出令人驚奇的成果。

　　認知心理學家對視覺的內在經驗，進行了一些令人興奮的研究。1970 年代初期，史丹福大學心理學家謝巴德（Roger Shepard）等人，給實驗對象看不同方位的兩個幾何圖形，要求他們盡快看看兩者是否相同。回答時間恰巧與圖形轉動的角度成正比。這好像實驗對象已在心中形成一個心像，然後藉著轉動角度來檢查對應情形。像實體般，這個過程的時間與轉動角度成正比。

　　考斯林（Stephen Kosslyn）將這個研究帶到新方向。在一次實驗中，他給實驗對象看一幕景象，並要求他們記住這圖案。然後，他指示實驗對象回想心中的圖像，並想像圖像中一個物體上有假想的黑點，然後將此黑點移至另一個物體上。他們所花費的時間，又再次與實際物體間的距離成正比，就好像他們在心中掃描這個圖像一般。考斯林於是開始製作這個過程的電腦樣型。

　　這些實驗雖然成功，還是有人不同意這些意像是心中的圖像。他們認為電腦不使用心像。雖然謝巴德及考斯林的成功支持了認知論的概念，即有一個知識的內在表現（心像）可獨立研究，但某些認知基礎論者認為他們太離譜了。這些嚴格認知論者（如皮林沙）就認為心像只是程式的副產品，這個程式是一組規則。他們正尋找認知上的單一計算表現。就如原子是物質的建造基塊，這個單一表現將是所有心靈事件的建造基塊。他們不大接受心中有多元心智表現，像語言、視覺意象、聽覺意象、聽覺記憶的觀念。

　　我認為演化既然發展出視覺系統，應該也能應用於發展表現內

在的心像上。人腦有不同的部分，可用各種方式表現資訊。要說只有一個單一表現系統（除了神經網路外），此推論未免證據不足。

認知心理學家已進行了無數實驗，顯示心智作用的概念。他們企圖獲得心中的不變圖像，我認為這還未成熟。有一天，這事或許會成功，但成功的基礎在於有物質秩序，就像自然科學中的其他圖像一樣。此時，人腦的物質秩序將會和世界相互作用。

神經科學家成功機會大

假如我們想了解人類的認知作用，那麼我打賭神經科學家「由下而上」的研究方法，就長遠來說成功機會較大。它能指出人腦如何產生心靈的生物現象，使心靈充滿了意識、信仰及感性的能力。很多神經科學家對心靈及心智表現不感興趣，這太糟了，但或許是因為他們覺得「笨蛋才會闖進天使躲開的地方」。他們很多人認為「心靈」是模糊的概念，完全拒絕討論它。

神經科學家比常人更知道他們對人腦太無知。1978 年，神經生物學家休伯爾寫道：「我們對人腦的知識，還在非常原始的狀態。雖然在某些區域，我們已發展了一些概念，但在其他地方，幾乎可說和我們理解心臟泵血之前的狀況相同。」

假如我的觀念正確，那麼發現心智理論的唯一方法，是在人腦和物質世界相互作用的基礎下，來檢視心靈。我不清楚這是否能做到，但要嘗試這樣的理論圖像，若不以神經科學及外在世界的物質秩序為基礎，將注定失敗的命運。在發現心的科學道路上，認知心理學家的實驗是必要的。像兩個挖掘隧道的人，在山的中央會合，我希望支持「由上而下」研究方法的認知心理學家，與主張「由下

而上」的神經科學家能在半路相遇，在中央形成一股會合力量。

　　這種會合方式的另一例子是遺傳學。古典遺傳學家像認知心理學家一樣，是用「由上而下」的研究方法。他們觀察很多代生物體的各種特性與規則，暗示有一個超乎外觀的秩序，就是基因。這例子中的「上」即是植物和動物的外觀，「下」是假設的基因及它們的組合律。在遺傳學的物質基礎建立後，分子生物學家發展了「由下而上」的研究方法。基因是 DNA 所構成，以前所發現的遺傳定律，現在能放到分子作用的堅固基礎上了。因此，DNA 的發現，確定了遺傳規律的猜測，賦予遺傳學物質基礎。分子生物學家「由下而上」的分子研究方法，及「由上而下」的古典遺傳研究方法，在基因上會合了。基因本是柏拉圖式的概念，或數學上的人造品。但現在它不再是了，它有物質基礎了。

　　在這個例子中，因為化學定律與蛋白質合成間，存在著「因果斷鏈」（causal decoupling），因此「由上而下」及「由下而上」的研究方法，彼此間互補。我們既已了解蛋白質的製造方式編碼在RNA 中，就可以忘掉編碼所用的化學定律。從微觀到互觀，在因果斷鏈中，常有方便的概念分割。這個分割或「因果斷鏈」，預設了對自然化約的觀念——整體相等於各部分的和。它反映一個事實，即為了正確使用大世界的規則，我們常常不需要小世界的所有細節。為了理解蛋白質合成的規則，你必須了解化學的細節，但當你應用規則時，你可以忘掉化學。

　　這個「因果斷鏈」描述了科學圖像的重要特性，現象有時是「由上而下」觀察，但最終是透過「由下而上」來了解。雖然沒有顯微鏡幫助，孟德爾（Gregor Mendel）也能正確推演出遺傳定律。但了解這些定律，需要微觀上對 DNA、RNA 的了解。

從合作中產生洞識

　　這個例子對認知心理學有用嗎？像古典遺傳學家一樣，認知心理學家假設了一個超越外觀的秩序。通常，這個假設的秩序是一種模型形式，就像人類記憶如何存在的模型。雖然這些模型與通常人類記憶有物質基礎的概念不一致，但尚無人能精確描述，記憶如何表現在腦中。人腦的確不是以電腦的局部記憶儲存方式來儲存記憶，人腦中整體儲存而非局部儲存的概念也有問題。每個模型都不完全合適，那麼人腦如何用它上兆個神經元來記憶呢？沒有人確實知道答案。認知心理學家雖然累積了有關記憶、視覺、認知、聽覺、學習上的大量資料，也沒有辦法建造一個評估那些數據的科學圖像。原因不外乎下面幾個方向：

　　第一個理由是沒有這樣的心智理論存在，除了神經網路本身，它沒有中間狀態及「因果斷鏈」。假如這是真的，那著實令人失望，這暗示著認知的深層理論是不可能的。第二個理由是可能有一個簡單理論，但尚未發現。雖然這十分可能，但假如真的能努力發現一個簡單理論，這也會令人驚奇。

　　最可能的中間理論非常複雜，對不同類記憶、對象和所記憶間的關係，有不同理論。假如有記憶理論存在，可能是由於神經皮質的細節與記憶間存在「因果斷鏈」，正像化學定律與蛋白質合成的「因果斷鏈」一樣。我猜測，假如存在中間理論，它的發現將是神經科學及心理學兩者合作的洞察所產生，而不會由單一科學產生。

　　認知科學是由電腦啟發的，姑且不論是對是錯。但電腦不像人腦，人腦由造物主所建，它的大部分我們都不清楚，電腦則由工程師所建，我們對它十分清楚。不過有些認知科學家，對電腦硬體、

構造及設計不感興趣,他們的興趣在研究「我們到底能用電腦做些什麼」——這不只是理論,而是實際應用問題,而實用與否首先要由電腦的實際設計所決定,其次由程式(即它的指令)決定。我們用標準數位電腦所做的,除了計算以外還是計算。

圖靈機能模擬智慧嗎?

傳統上,認知論者只專心於程式,不理會實際機器構造及它具備的能力。他們採用數學中的形式觀念,捨去直覺。他們將電腦想像成由數學界定的虛構機器。在形式上能計算的任何問題,都能在萬用圖靈機上計算。

通常,我們認為圖靈機的功用在做數學計算、定理證明及記號處理,它們使數學機械化,訂定一個清楚簡單的「可計算」定義——即一個問題能在圖靈機上計算。原則上,我們能想像一個圖靈機可以處理字句。字母能翻譯成一個二進碼,然後輸入到圖靈機中。按認知論者的說法,任意但有條理的輸入資訊,像「你好嗎?」的句子,能夠利用一組規則(程式)的操作,將它轉變成像「我很好,你好嗎?」這樣的輸出。簡言之,程式能模擬智慧。但這個小的圖靈機只是機械化產生的指令而已。

我不想爭論處理記號的程式,是否原則上能模擬「人類對話」,但實際上,因為電腦硬體、軟體上的限制,這個模擬並不可能。數學中的直覺觀念與形式觀念不同,它需要你實際去建造程式,這就是我所謂的「建構論者觀點」(constructivist viewpoint)。這是較強的觀點,它需要你詳細建造,至少是設計電腦。

機器與人體的新競賽

目前尚未做到的原因，在於它有幾個實際障礙。第一是前面敘述的交談模擬，可能花費的時間長到與宇宙壽命等長，才可能模擬出「人的對話」。今天，即使連最快速的電腦，也不能長時間模擬「人的對話」。其次，電腦在操作中可能發生錯誤，雖然能以增加電腦組件，使錯誤降至最少，但組件數目大量成長，以致於執行這種沒有錯誤的程式時，需要超過宇宙容量的電腦。當然，這些是純理論的限制，但假如認知科學家及人工智慧專家，將電腦當成概念上的範例時，他們應當討論實際程式及實際電腦，而不是「理想的」電腦。很幸運的，他們之中有很多人真正了解通往人工智慧之路，可能會遇到的艱巨困難。

人們喜歡比較人腦與電腦，有時是存心開玩笑，有時則是正經八百的。這種比較是機械與人體的新競賽。在法國，這種觀念深深影響了笛卡兒學派的發展。笛卡兒學派的醫學，堅持軀體是一種自動機制，骨骼像梁，肌肉像彈簧，肌腱像纜繩。笛卡兒學派的醫生拉梅（Julien Offroy de La Mettrie）在他的著作《人體機器》（*L'Homme Machine*）一書中寫道：「人體是一種機器，它展動自己的彈簧。」當然，軀體一部分可用機械工程原理描述。但這種研究方式，遺漏了後來發現的重要細節，即骨骼、肌肉、器官、細胞及分子組織，這是人體的生物工程。像往常一樣，上帝就存在於這些細節之中。

很多有責任感的科學家不願做人腦與電腦的比較。司馬賀的《人工科學》一書，對計算觀念的提升及人工智慧發展有很大的貢獻。他批評：「我不認為神經生理學對人工智慧有很大貢獻，我也

不認為人工智慧對神經生理學有很大貢獻。」傑出的神經生理學家蒙卡索（Vernon Mountcastle），則在圍牆的另一端附和著：「人類對人腦的基礎發現，沒有一樣是從電腦來的。也許有一些啟發性的理念或可測試的假說會出現，但你不可能發現任何事情。」但是年輕一代則優游於跨學科的領域中，自由自在從人腦研究到電腦。

　　十九世紀當人類交通工具大幅改善時，人們不會建造有機械腿的交通工具，他們建造有輪子的火車。後來的汽車、飛機等人造運輸工具，又改變了人類的生活。同樣的，電腦的改良也將進步到建造實際的人工智慧。但人工智慧與人類智慧並不相同，它們之間就像輪子與人腿的差異。譬如，人工智慧將不會受演化限制而只能處理三維的資訊，它們能處理任何維度的資訊，而且也不會累倒。

科學殿堂著實令人讚歎

　　電腦科學中連結論觀念的興起，部分是對嚴密計算觀念所激起的反應，部分則是對新電腦硬體的新觀念。這個新硬體，能使連結論者用他們自己的網路設計做實驗，而不需使用桌上型電腦。連結論者從神經科學家及人腦的階層組織，獲得很多靈感。他們的志向，在建造有「看」、「聽」、「讀」及「學習」等理解力的神經網路。他們認為模擬智慧的電子連結網路，比內部程式更重要。當然原則上，一個複雜程式總是能模擬一個電子網路，但實際上它的模擬太慢了。連結論理念是否足夠建造這樣的機器尚不清楚，但是時間會告訴我們一切。

　　我認為認知論者所尋找的「內部程式」完全不存在，除非它們直接受確定的神經作用所支持。假如一個深層的認知理論存在，則

知識表現與它物質基礎之間的某種「因果斷鏈」必須為真，但那個「因果斷鏈」必須能證明，而不只是假設。照這個說法來看，認知科學若想成功，就必須根據神經科學上的發現。最後，認知科學和神經科學通過層層試煉成分，將整合成未來複雜科學的一部分，它們暗示著神經科學的新領域及新的宇宙觀。

　　假如像認知科學家所希望的，有某種描述心靈的內部程式，則那個程式的深層理論，必須以神經科學為基礎──正像化學是以量子論為基礎一樣。這個計畫龐大而複雜。反對化約觀念的人，指出我們擁有信仰，即我們有心及意識，對他們而言，心理生活的範疇不能化約成生物作用。我仍要反對這樣的觀念，當我們無拘無束使用「意識」及「心靈」這些名詞時，可能就忘了參考科學上能研究的任何東西。我相信，未來在認知及神經科學的發展中，這樣的名詞，將由其他描述心智經驗的更明確思想範疇取代，這些範疇或許將成為時代的語言。在那個時刻到來之前，我們仍必須以這些含糊但重要的觀念當代用品。

　　很多十九世紀的傑出科學家，認為生命源自一種「生命力」，沒有了它，生物將死亡。假如他們能預見現代生物化學的發現，他們的反應可能是：「這和生命力有什麼關係呢？」同樣的，某些哲學家面對未來神經科學時，或許會問道：「這和良知有何關係呢？」這的確是哲學上懸而未決的問題。當思考這些問題的基本架構，受科學的影響而徹底改變時，這些問題不再有任何意義。

　　科學的殿堂著實令人讚歎，它不是一次建造完成的，而且有些是在廢墟中建立的。錯誤或許看起來像是羞恥，事實上卻不然。只要是科學（包括認知科學）仍有犯錯和受破壞的餘地，它們就有機會證明為真理，且能歷久彌堅。

真假先知

偉人科學的發展，就像聖經上的舊約或新約一樣，必須要有先知傳承，像以賽亞、耶利米、以西結及何西阿。這些先知改變了以色列人，他們是上帝的代言人。但這些先知能力有限，他們只有部分的真理。此外，真先知及假先知在當時很難分清楚。

當以賽亞預言一個自大傲慢的國家將失敗時，他主要是在警告以色列人正處在厄運中。以色列人卻不這麼認為，他們取笑以賽亞，並且認為自己將打贏這場迫在眉睫的戰爭。毫無疑問的是，那時的假先知講的預言，正投以色列人所好。要確定先知是「真先知」，在於事情的結果證明他是對的。後來假先知遭人們遺忘，真先知使預言成為聖經，預言系統像演化般，是一個「對的」演化系統——能順應環境者便能生存。

我們不知道「認知革命」中的先知是真或假。我們也不能確定，他們相信的心智圖像是否就在那裡。只有時間能告訴我們一切。

有時候，真先知預言救世主的來臨，這位救世主可直通上帝，並預示了真理。在自然科學中，我們已看到了先知的傳承，也優先看到了一些救世主，像牛頓、愛因斯坦或達爾文，是這些天才訂定了科學在未來幾個世紀的研究方向。

撫今感昔，我還記得在碧蘇爾南方的海岸，引頸盼望外星人來臨的那些人。他們正等著揭開祕密——或許是尚未來臨的救世主；同樣的，心理學界及社會科學界也正等待他們的救世主來臨。

這些人或許仍必須等待一段漫長的時間，而結果可能令人難過，因為降臨的先知與救世主可能是冒牌貨。

第 10 章

錯以腦為心的人

「我們將努力照你所說的去做，」他回答：
「但是我們將如何埋葬你呢？」
「隨便，」蘇格拉底說：
「只要你們能理解我，而不至讓我離你們太遠。」

—— 柏拉圖

我和我的軀體真的是兩回事。我不需要它，就能存在。

—— 笛卡兒

　　每到夏天，我總喜歡在聖塔克魯茲的州立紅杉公園中晨跑，這是加州紅杉的再生寒帶林。神木樹立在強酸土中，這裡是它們的終點。地上覆蓋著灌木及蕨類；偶爾我會看到香蕉蛞蝓，慢吞吞在霧中爬行，留下一條泥土痕跡。大多數的原始紅杉，在舊金山大地震之後才開始生長，它們用來重建荒廢的城市。這些神木之前，有燒焦、腐爛的殘株，它們有些超過兩公尺粗。穿過步道兩側的高聳樹木及新鮮空氣，真是令人愉快，附近有條小溪，流入聖勞倫茲河，最後進入約九公里外的太平洋。

　　慢跑完了，我常看到鄰居「牛仔比爾」，正在餵馬廄中的阿拉伯純馬。他精通馬兒的一切。加州出生的比爾今年已經九十歲了，過去在利弗摩爾山谷工作。他已不如幾年前健壯，身心俱老矣。但他是一台活生生的時光機器，總愛回憶消失的年代。他憶及 1906 年

的大地震，那時他跑到舊金山醫院裡面，他的父親走過廢墟，將他帶到安全的地方。

我讀過一些加州的地方誌，想在比爾身上印證。離這裡不遠有條小溪叫拉佛河，我對這個名字很好奇。它是以拉佛（Harry Love）命名。十九世紀時，他就住在這附近，於 1868 年遭人槍殺。他在黑鷹戰爭中，與林肯並肩作戰，當時他是德州遊騎兵隊長，又殺死穆里泰（Joaquin Murieta），因此他早已名滿天下了。

穆里泰是個惡名昭彰的西班牙土匪，起初是個牧場工人，但一群外國人搶劫他，且殺了他的年輕老婆。後來他成了土匪，到處掠奪，殺了很多人。他是土匪頭頭，有人說他是英雄，也有人說他是不顧死活的殺人魔王。1853 年，加州州議會任命拉佛為遊騎兵隊長，且授權他驅逐土匪。拉佛隊長及他的部下決定要逮捕穆里泰。土拉城槍戰平息後，拉佛提著穆里泰的頭及他的黨羽「三指傑克」的手，來到州政府前，領了五千元賞金。穆里泰的頭泡在酒精中，供大眾展示。

老比爾安靜聽完我背誦的歷史。然後他說：「當我是小孩時，我父親就認識穆里泰，父親曾將馬租給他和他的黨羽。拉佛提的頭不是他的。」他注視著我，他的經驗向我僅有的知識挑戰，然後他說：「我知道的，就這麼多了！」

我把比爾的回答只當成老牛仔的故事，心裡早已忘得一乾二淨。然而，在我和比爾交談後的半年，歷史學家拉塔（Frank Latta）的新書《早期的加州土匪》（*Early California Bandits*）出版了。

拉塔在 1930 年代訪問了穆里泰的後代。按照他的說法，證明牛仔比爾是對的，拉佛不曾逮到穆里泰。穆里泰在和敵方槍戰中受傷嚴重，他回到尼爾峽谷路上的住所，並且死在那裡。他的家人默

默埋藏了遺體（1986 年，有人試著找他的遺體，但沒成功）。

有限的身體、無限的心靈

　　一旦我的身體進入良好狀態，晨跑就變得幾乎不費吹灰之力。我將軀體轉變成我的沉默夥伴，我盡情發揮，自由思考。我的身心合一，穿躍世界，形成一個奇怪卻必要的組合。這是心物問題，非物質的心，如何能和物質的軀體連結呢？

　　這是個古老的哲學問題，打從一開始我就沒有簡單的答案。但我相信自己清楚這個問題如何能解答，以及如何不能解答。然後，我要快速談一遍我對這個心物問題的看法。這可能不會如穿越加州紅杉般順利平坦，也許很容易便摔倒，很快就累了。但是，我覺得每一個深思的人，有時候都必須談談心物疑惑，它是我們哲學上，甚至形上學意向上的石蕊試紙試驗。

　　我回想孩提時代第一次心智獨立的感覺。我能隱藏事情不讓雙親和其他人知道。我的心是個人世界，只有我才能接近（後來，我發現那個接近是有限的），我可選擇跟人分享我的心靈。雖然這個發現意味著隔離和寂寞，但它促進了我成長中的自律。

　　我也開始發現語言的力量。簡單來說，我能用它直接進入別人心中，或別人能進入我的心中。所以，雖然我的心是私人的，但卻藉著這些可見不可見的符號，得以和他人的心智交流，深入遙遠的過去和未來。

　　我能自由想像遠超過我能做的或看的，這些幻想很少與這世界有關。但相對的，我的軀體卻服從生物及物理定律，即這個世界的物質律。我想像自己是極大的分子機器人，而在其中存在「機器中

的靈魂」。西方文化中的主客二元論，對我的思考有巨大衝擊，尤其在青春期的時候。

青春期常視為性發展期，同時也是對社會及家族重新認同的時期。但其實還不止如此。因為當生命體到達性成熟時，在更深的程度上，它的死亡也是生物過程的一部分。性及死亡是生命過程的兩面。我們沒有其他選擇，以致於身體是有限的，而心靈是無限的，兩者的差別更為凸顯。這其中的張力，孕育出靈魂不朽的概念。它的出現並不值得驚訝，對許多年輕人而言，青春期始於面對深層自我，而終於一種形而上的追求。這種衝突與追求可以改變一個人的生命。

對心靈世界與物質世界間的明顯差異，傳統上各家看法不一。不管是否明文規定，宗教及法律在這問題上占了相當重要的地位，因為人類及文化價值，都深受對這差異所持立場的影響。在某些文明裡，物及心的世界是截然不同的，物的世界具有完全的決定性，在這物的世界中，除非有特殊的啟蒙，否則個體不能解放。甚至於一個人的心靈生命，也看成是由無止盡的因果關連所決定。反之，在我們西方文化中，我們相信心是自由的。我們盡情的想及做，重視個人自由，因此思想及行動可以自己負責。但是，假如人心並不真正與軀體無關，且它的生物過程支配了心，那麼這個自由還剩下些什麼？

雖然對心物的看法眾說紛紜，但卻不出兩種主要趨勢，一是一元論：認為心、物間的區分只是表面的；另一為二元論：認為區分是真實而有必要的。我將輪流討論這兩種回應。但首先我要指出「第一人稱」及「第三人稱」之間的差異，我認為這個區分是無價之寶，對澄清下面的討論很有幫助。

耶路撒冷的古寺

　　第一人稱是把我看成有思考及感覺的個人，並擁有這世界。我自己的背景、信仰、意見及情緒影響了這個觀點，它們之間的複雜性對我特別有影響。這是唯有自己才能感受到的意識；因此我們經常會在內心向世界吶喊：「為什麼是我？」這是存在主義哲學家齊克果所推崇的觀點，他認為信仰是人類主觀上的最愛。另外，海德格（Martin Heidegger）視人類主觀世界的本質為「此在」（Dasein, being-in-the-world）——即存在於世界。「此在」是海德格哲學上的「自我」，這使我想起我讀過的一段描寫耶路撒冷古寺的文字。寺的外邊有很多裝飾，但當我們進到裡面時，裝飾消失了，直到最後進入最內的聖殿，殿內竟是四壁蕭然。「此在」的本質和這很相似，它是空無一物，卻嘗試用外在的飾物來隱藏其存在。

　　第一人稱是很多大哲學家的出發點，即「我思故我在」。我不能否定我的思考，因為一旦否定了，也就確定了我在思考，這個邏輯上的擴大發展產生了超驗哲學（transcendental philosophy），它是一種內省檢視的純自我科學，胡塞爾將它帶到最高形式。這個觀念與自然科學向外省察的根源，有著強烈的對比。

　　當我處在「第一人稱」時，我的思想及主張對我而言是真的。它的邏輯旗語，是在主張之前加上「我認為或覺得……」。我並不是暗示第一人稱是善變的、武斷的或「完全主觀的」，它不必如此。所有數學及評斷的邏輯構造，都可以視為第一人稱的例子。你和我或許同意很多事情，但那個同意的經驗必然不同。

　　人對世界的贊同，產生可能的另外觀點，這就是第三人稱。當然，因為我們意識上的唯一及私人特性，因此沒有人實際擁有所

有的人甚或一群人的意識（除非幻想）。但我意識上對某些命題的主張，可能不只對我為真，而是對每個人都為真。這種第三人稱不僅在一般生活上受採用，也出現在嚴密的自然科學中。不管每個人的社會、宗教或政治觀有何不同，第三人稱的命題就其本身設計而言，對任何人都可證明為真。第三人稱的邏輯旗語，是主張之前有「我們認為……」。

第一人稱是先天的，第三人稱則是一種後天的成就。第三人稱承認了物質及數學世界的獨立性。第三人稱是一個不完全但公開的觀念；與第一人稱的主張不同的是，第三人稱亦可證為偽，它暗示著科學的可能性。

唯心一元論者，相信心靈與世界的區分是一種幻想，是未能深刻反映真實的結果。他們認為所有我知的，必須出現在我心中；甚至於外在世界，也是那個心中內容之一部分。我們所找尋的「外在」物質世界，其實就是心靈。

禪師與飄揚的幡

有個禪宗公案，可描繪這觀念。三位禪師看寺廟幡幟，隨風飄揚。其一說：「幡動。」其二說：「不，風動。」其三說：「心動。」

我們從這公案可以發現，唯心一元論者的觀點是沒有所謂的「內在」或「外在」，每件事都是意識的一部分，甚至物質世界也不例外。禪師已達存在的一元性；整個世界變成一個心智所反映出豐富且複雜的構造。物質世界是特殊而唯一的世界。我將用基本而奇特的描述，來說明唯心一元論。

曾經有幾位工程師，他們想做一個物理過程的電腦模型，它

牽涉了某些動力學設計上的問題。他們決定建造一個簡單電腦，專門設計來模擬這些物理過程。當他們完成電腦設計時，一位朋友正好經過。他認為他們在浪費時間。他說，不要建造小型特殊目的電腦，而應該在可利用的有效超級電腦上，模擬他們的特殊目的電腦。然後，他們就能在超級電腦「內部」執行原先電腦的想法。這工作完成了。一個原先應是硬體設施的電腦設計，卻變成大電腦中的軟體，真是耐人尋味。或許（我認為唯心一元論者會同意）我們周圍看到的硬體——如物質世界，都像超級電腦中的小電腦，這些硬體，實際上只是軟體、資訊的表現。凡事皆是心。當然，我們也可以用另一種相等的方式來說（像唯物一元論般），凡事皆屬實際物質，即連意識也不例外。

一元論的興起與毀滅

　　大多數自然科學家傾向於唯物一元論，他們相信每件東西都能用唯物論說明。在先前工程師與電腦的例子中，每件東西都是真正的硬體，包括大電腦「內部」的小電腦。他們指出小電腦（其實只是軟體程式）在大電腦內部有物質表現，即磁帶及磁記憶中儲存的資訊。你所認為的軟體處理，實際上完全對應於硬體中的物質過程。

　　唯物一元論者碰觸到心物問題的時候，就稱為「對應論者」（identity theorist），他們相信心靈的狀態與人腦狀態是完全相同的。簡言之，心靈與人腦及它的作用完全相對應。對應論的困難很少出在爭論對或錯的問題，主要在於它的意義到底是什麼。心靈是一個相當「模糊不清」的概念，「人腦的狀態」也同樣模糊不清，尤其

當我們嘗試定義它的運作時，人腦的狀態該如何決定呢？假如我們仔細檢視某些對應論者的見解，會發現他們對心的狀態及頭腦的狀態，定義得非常類似。那是不會對研究有幫助的。

某些哲學家及科學家獨斷堅持「對應論」，認為它是唯一合理的觀念，並發展一套唯物論幻想，來支持他們的主張。這是經由定義使唯物一元論成真。身為自然科學家，我贊成「對應論」，它主張意識是生物現象，並能研究，原則上這是正確的。但我不同意某些人所聲稱的，對應論是事實，或是在可預見的未來，可藉由研究建立起來的事實。我認為心物問題在實際上比原則上更具挑戰性，我將在後面說明。

一元論觀點無懈可擊（至少在某些情形是如此）。由哲學上論證或經驗上證明都不可能打敗它，所以一直辯論它的真或假是不會有結論的。

我認為當一元論觀念無懈可擊時，就是走到了盡頭。當一個實體性質上的理念，無法隨時間「移動」或深入時，即暗示它是一個終端理念。在這裡不會有研究項目。就像很多動物物種一樣，不管牠們有多麼偉大，只要環境改變，就可能毀滅。哲學主張如果不能改變，也同樣有毀滅的危機。一元論瓦解了物質及心靈的界限，而成為一個整體的世界，他們因此剝奪了可能容納較多哲學思考的內在挑戰。相對的，二元論在物質及心靈之間維持張力，也因此有了改變的動力。

激進一元論失敗的原因之一，在於它不識別第一人及第三人稱之間的邏輯區分，它將這個區分，瓦解成非甲範疇即乙範疇的形式。存在的整體若非是心靈表現（一個普遍的心），就是連意識也一起包含的物質過程。這是退步，畢竟建立區別的能力，不能因探

求存在的整體及統一性而任意拋棄。存在的統一性其實就在「那裡」，不需我們多加操心。我們之所以思考及感覺萬物存在，目的在了解那個統一性如何完成，並達成以經驗作為支持範疇上的區分。二元論在這方面成功了。

存在的本質——思考

十七世紀的法國哲學家笛卡兒是二元論的鼻祖。1637 年，他出版了《方法論》（*Discourse on Method*）之後不久，又在貝凡林農場寫了《冥想錄》（*Meditations*），於 1641 年出版。這本書改變了西方的哲學觀，也深深影響到未來的哲學思潮。他以第一人稱來寫這些書，並認為他的推理只是「清晰且獨特的理念」。像歐幾里得幾何上點、線、三角等數學觀念，都是這個理念下的範例。運用他的方法，可以有系統的懷疑心、物世界中每件存在的東西，唯一他絕不懷疑的存在，是他的思考。在傳統理性主義上居領導地位的笛卡兒，將存在的本質放在思考上。

笛卡兒用系統懷疑的哲學方法，將存在分成能讓自然科學檢視的物質世界，以及思想、感覺、信仰等心智目標的概念世界。物質及心之間範疇上的區分，成為自此以後西方哲學上的定項。因為我們只需要一個宇宙，不是兩個，因此我知道沒有人能完全接受這種區別。雖然如此，它明明就在那裡。

笛卡兒視軀體為複雜的自動機，並且視心靈為有規則且自我獨立的非物質實體。他知道解決心物問題很困難，非物質的心靈如何能和物質軀體互相作用呢？他在最後一本書《渴望靈魂》（*Passions of the Soul*）中有一些建議，但沒有一個算得上非常成功。他對心

物問題的研究方法是跨領域的，並依賴他在醫學、光學、幾何及語言上的博學知識，但他從未能解決這個心物問題。

即使有這些困難，笛卡兒的存在觀念（笛卡兒主義）仍深深影響了當時的探索之路，並在哲學上支持了克卜勒（Johannes Kepler）及伽利略的科學革命。笛卡兒不只完成了很多特殊的科學發現，尤其是代數與幾何的關係，更重要的是，他的思考方式及他在哲學著作中描述的真實世界觀，才使得這些觀念在他的時代風行一時，成為中心人物。他的中心思想，是將宇宙及軀體想像成一個巨大的複雜機器。

笛卡兒死後數十年間，自然科學快速進步，將以前的煩瑣哲學及人文主義掃到一邊。「清晰且獨特的理念」這個主張，可以在科學及數學上獲得肯定，相對的，先前受到重視的人文學科──文學、法律、歷史、藝術等，因為它們似乎缺乏「清晰且獨特的理念」，而漸受冷落。隨著闡明太陽系動力結構的牛頓力學的成功，笛卡兒學派鼓吹的機械世界觀似乎勝利了。但反對笛卡兒學派的聲浪，很快接踵而至。

最強硬的反對者是維科（Giambattista Vico），他在笛卡兒死後數十年才出生，是拿坡里的哲學家兼歷史學家。他保護了人文主義傳統上的完整。他雖然接受笛卡兒的二元論，但卻認為笛卡兒主義走回頭路。他認為人的心靈不能完全了解自然界，畢竟自然世界是根據上帝不可解的旨意創造的。但人的心靈卻可能完全而精確的了解人類心靈的產物──文學、法律、歷史、藝術等，因為這些是我們親手所創的。他在一篇著名的文章中，有下面的解釋：

　　包裹著古代的黑夜，離我們如此遙遠，在那裡，點亮了超越所

有疑問、永不泯滅的真理之光；文明社會的世界確定由人創造，因此，它的創造原理就在我們心中。任誰思索這個世界都會驚訝：哲學家早就應致力於研究自然世界，因為自然世界是由上帝所創造，只有祂了解；哲學家早就應該放下社會及人文世界的研究，因為它們由人所建，人對它們理應完全明白。

因此，科學被維科放到適當的位置上，它們是外延物質世界的研究，這是我們人性之外的世界。反之，人性檢視了文明社會的複雜構造，因為我們認知自我，因此我們可以了解文明世界，這是心靈的領域，我們的思想、感覺、愛情、意見、希望及恐懼，是這領域中的存在。我們真正知道的是我們心靈的行為、別人的心靈、人類社會，而不是自然世界。

人文與科學的裂縫

人文與科學這兩種文化間的「裂縫」，是三世紀前笛卡兒二元論的產物。因為它存在於人類本身，因此從沒衝破過。

接受心物範疇的二元論，便產生一個基本問題，即笛卡兒的心物問題。雖然非物質的心靈和物質世界不同，但彼此間卻不是獨立的，而是有明顯的交互作用——非物質的心靈如何可能影響物質世界呢？

為了強調這個迷思，想像將人體切開，看看何處是非物質的心靈影響點。除了頭腦外，四肢、軀幹、內部器官明顯都能切除（有趣的是，製作木乃伊的埃及人並不以為然，他們仔細保留了心臟、肝及肺，但拋棄了頭腦。二世紀時，羅馬的醫生加林首先指出，

心靈的所在地是頭腦）。那麼，「我」這個意識在腦中，到底放在何處呢？頭腦的部分能再切除（笛卡兒認為靈魂在頭腦底部的松果腺中）。最後，我們到達語言中心，這是部分的大腦皮質，它像是「我」在何處的證據。假如我們嘗試更局部化，這是可以想像的，頭腦的某些整體性將消失，它們隨著自我的失落而去。這片灰白色的物質，如何產生自我意識及知覺概念呢？缺少這片物質，我們只是複雜的自動機嗎？笛卡兒以動物不能說話的觀點，認為它們的頭腦缺少這個重要部分，它們只是自動機，沒有不朽的靈魂。

切開軀體及腦而得到心靈，這個理念似乎很奇怪，甚至太天真了。在原則上，我們如何能夠光靠研究頭腦，而探觸到意志及純意識的構造呢？

二元論的架構

哲學家與科學家對這個迷思，有幾個不同的主張，全都在二元論的架構中，我稱它們是「範疇二元論」、「實體二元論」、「屬性二元論」及「認識二元論」。這些區分將幫助我們解開心物問題上的各種觀念。我的觀念傾向於將心物問題，看成是經驗科學上的研究問題。

範疇二元論的主張很簡單。它把心靈與軀體看成不同範疇的實體；它們各有不同的邏輯形式。將心靈比喻成軀體，就像把正義比喻作肉，十分不倫不類。一個實體在概念範圍中，另一個在物質範圍中。因此，心物問題之所以產生，是因為邏輯形式的混淆。

這個主張不易擊倒（它有一致性），但它是無法加以研究的。如果心靈與軀體屬於不同邏輯形式，則不能以經驗探討它們的關

係。某些人不滿意範疇二元論的「邏輯詭計」，他們堅持心靈與軀
體屬於同一種邏輯範疇。因為人腦是物質實體，如果心是在相同邏
輯範疇，則它必須也有某種物質存在。這種研究方法導引出「實體
二元論」。

　　讓我們探究一下實體二元論的觀念，即心靈是單獨存在，但
和軀體互相作用。很多哲學家像是巴柏及神經科學家像是艾克爾
斯（John C. Eccles）等人都主張這個觀念。簡而言之，他們主張心
存在於心智空間中，在空間及時間之外，人腦只是一個複雜器官，
它的作用像心靈的「無線電接收器」，會將腦中的思想翻譯成軀體
動作。當然，假如接收器受到人腦的意外或神經手術干擾時，傳送
會改變。但我們不能從這項改變，斷定心靈是由頭腦產生，否則就
好像從收音機上拿走電子組件，音樂停止，然後斷定交響樂團的音
樂就是由收音機產生。我們很多的心智經驗，像夢、白日夢、幻
想等，似乎無需物質支持就能出現，這似乎表示心不需頭腦就能存
在。包括笛卡兒等其他實體二元論者，都持這個結論。

　　但是從現代科學觀點來看，我們發現「心靈不需物質支持」的
理念無法自圓其說。假如心靈是任何一樣東西，這種東西就代表了
有組織的資訊，且暗示有一個記憶存在。事實上，資訊由心靈所傳
送是不證自明的，就像每次我嘗試想起我的生日或朋友的面孔一
樣。依照物理學，任何資訊或訊號傳送都需要能量變化。此外，除
了物質事件的無終止因果鏈外，不會有其他方法能誘發能量或物質
的變化。這情形在量子力學及古典物理中都是真的，沒有能量傳
送，就沒有資訊傳送。我們心智生活中任何性質，都暗示資訊的處
理必須有物質支持。

假設與事實不符

　　認知科學的兩位大師紐威爾及司馬賀，認為任何改變資訊或處理記號的行為，都必須有物質實體支持，他們稱為「物理符號系統假說」（按前一章的記號與符號的區別，它應該命名為「物理記號系統假說」），他們視這個假說在認知科學中的角色，像物理或生命科學中原子或細胞存在的假說。原子或細胞存在的概念曾經是假說，現在已成為事實；那麼物理符號系統假說上的這個「假設」是什麼呢？

　　當紐威爾和司馬賀稱物理符號系統概念為「假說」時，他們比我更謹慎。今天，我們所了解的物理定律是唯一的，沒有選擇。在此，我也會像牛頓一樣，採取較強的姿態：「我不談假設」。

　　假如心靈能改變資訊，那麼這樣的心靈沒有物質支撐就不能存在。至少，今天我知道的那些物理定律上，實體二元論與它們衝突。

　　因為實體二元論不成功，二元論者採用了更巧妙的說法，即「屬性二元論」。哲學家丘池蘭（Patricia Churchland）在她的評論中，描述了屬性二元論：「相對於實體二元論，屬性二元論者不相信有非物理實體，且實體中有經驗。他們主張，主觀經驗由腦產生，它們能影響頭腦，但它們自己不會和頭腦的任何物理性質相同。在這個觀念上，我們不能說在如此的神經體中感覺哀傷，是一個神經形態。」我們的主觀經驗「不等於頭腦的任何物理性質」，那就是屬性二元論的基石。

　　屬性二元論者主張心靈是物質頭腦的「突現」（emergent）性質。按這觀念，當物質以特殊方法放在一起，能獲得新的「突現」

性質，它們無法用那些單獨性質來解釋。亦即整體大於各部分之和。譬如將核苷酸組合在一起，形成 DNA 分子，我們發現 DNA 有一個其他分子沒有的新突現性質：它能自我複製。此外，DNA 分子的性質，與核苷酸的任何性質不能相同。同樣的，心靈是頭腦的突現性質，它不能化約成頭腦。

這個主張完全錯了。為什麼？「突現」的性質若不是與其組成元素有相同邏輯形式，就是完全不是。假如它不是相同邏輯形式，則我們就回到範疇二元論的主張中：「突現」的心靈在範疇上與頭腦不同。假如「突現」性質與組成元素有相同邏輯形式，則有兩種可能。其一，突現性質的理論能化約成組成元素的理論（化約論），或是它不能化約。假如理論不能化約，我們就回到實體二元論的主張上，心靈的突現性質有某個新「物質」性質，它無法用頭腦中的組成元素來解釋，這個觀念超過我們目前了解的自然律。另外，假如在原則上，突現性質理論能完全化約成組成元素的理論，則我們就有現代科學上的標準化約論，這種「對應論主張」指心靈的狀態與頭腦狀態是同一的。大多數自然科學家認為，突現性質預設了理論解釋中的可化約性，即整體是各部分之和。

心靈與軀體的裂縫

我們可以斷定一致的屬性二元論者，會推入對應論（它是應避免的）或範疇二元論（它是不可研究的）或實體二元論中（它與已知物理定律相衝突）。因此，這些二元論的主張不是很令人滿意。那麼為什麼有二元論的訴求呢？假如「心靈只是頭腦的作用」這個概念，不是與人意識上的經驗衝突得如此強烈，人或許更傾向於接

受這個觀念。當我思考時，我並不知道任何在這中間發生的物理過程。對我而言，我的心靈似乎與物理世界無關。為了強調這點，二元論者堅持心靈與軀體間的裂縫是一個原理問題，他們以自由意志及決定論的謎，支持自己的主張。這個謎是什麼呢？

從我用第一人稱來看，大多數時候我總是能自由做我喜歡的事——我能選擇自己喜歡的姿勢，並決定這個軀體該往哪裡去；我也可以選擇自己要說什麼。對我而言，沒有什麼比我的自由行動更明顯，我也相信他人有這個自由意志。在這個自由基礎上，我和其他人都變成道德的代言人——我們必須為我們的行為負責。

我們的自由意志觀，使我聯想到我們有知覺未來行為的能力。我們不像動物（就我所知），我們能想像遙遠的未來，能做出影響未來的選擇。因此，我們對某些狀況有道德責任，但動物不會。某些人或許主張行為強化作用，不管正面或負面，會對我們所做的選擇有相當程度的影響，這毫無疑問是真的，而且也使我們自由度較少。但是，當我們了解這個具有控制力的強化作用時，人的頑固心理又會自動出現，使我們未來的行為發展又再次變得不可預測。

對那些曾經沉溺於酒類或藥物的人，為了改變自毀行為，而經由自由意志的強度或訴求超自然力的方式，幫助自己支持改變的意志，我感到印象深刻。沒有動物能這樣做。我們的人性尊嚴，建立在我們的自由意志上。

自由意志的行為空間

且不論我們的直接經驗認為意志是自由的，從科學的第三人稱來看，我們又有很不同的表現方式。我們的軀體及頭腦只是非常複

雜的電化學系統。我們腦中的化學物質，按物理定律來移動，走到應該走的地方。或許像量子理論所需要的，它們在移動中，有某種內在亂度。但在這個論點中這些都不重要，因為我們的心靈並不能影響化學物質的分布。從第三人稱來看，我只是由量子理論所決定的、量子力學自動機制。在沒有違反物理定律的前提下，這個自動機制，似乎沒有我自由意志的行為空間。

那麼，或許我們外表的自由意志只是幻覺。但任何時候，我們可以選擇做某件事的自由意志為何又如此清楚？這就是自由意志與決定論的謎：我們如何用「我們是複雜量子力學自動機制」的科學觀，使我們可以自由去做我們喜歡的事？範疇二元論者堅持，我們的自由意志不是幻覺，心靈是自由的。但是，在物理及生物定律中，一定有某個東西要不是錯了，要就是不完全。這個自由意志決定論之謎，像與它息息相關的心物問題一樣，是我們純理論主張上的石蕊試紙。

這個謎已困惑了我們很久。在現代科學興起之前，教徒相信有位全知的上帝，祂能回顧過去及前瞻未來，就像電影一樣，所有信徒面對的好或壞的行為，上帝早已知道。他們的生活發展，盡在上帝眼中，早已決定了。

英國詩人拜倫（George G. Byron）小的時候，有位女家庭教師，她是基督教決定論的信徒，即喀爾文派教徒。她勸拜倫要奉獻自己，拯救靈魂。拜倫接受喀爾文派的決定論，但卻下了相反的結論。因為他認為，反正生活早已事先決定，因此他能做任何喜歡的事，不須負任何責任。一個人持有的立場——自由意志或決定論，會影響道德的結果。某些人或許以他們不是自由行為者為藉口，嘗試洗清他們的罪過——他們是瘋狂的，完全由上帝的意志來決定，

或是在藥物影響下，或是環境強制下的犧牲品。

康德的認識二元論

事實上，道德及倫理進入心物問題的討論，應該不是件驚奇的事。在我們日常生活中，我們假定了人是自由的道德代言人，我們的社會及法律都承認這一點。為了使人類的自由意志，與化約論科學所要求的決定論互相一致，康德提出另一個認識二元論，我相信它正確，也合乎科學理性。

康德認為我們至少能用兩種理由來理解實體，一種是科學家的「理論理由」，另一為律師、商人或任何人所提出的「實際理由」。科學家按自然理論，以理論推理來看世界。原則上，按理論理由，世界是唯一的，能化約成物質所在的主要元素性質。這也是對應論者的觀點，他們認為心靈及意識是一個生物物質過程，可用自然律解釋。心靈的狀態，原則上能化約成人腦的狀態。

實際上，任何科學家都會承認，由細節來看，這樣的化約無法達到。因此基於實際理由的需要，必須把心靈看成是自律的，而且人是自由的道德代言人，為了最實際的目的，這個心靈必須與人腦無關。這是大多數人在討論生命問題中常使用的理論。假如一個人行為不端正，我們說他們做錯了，而不是他們的頭腦故障了。

理論上的理性，也就是科學之道，是從第三人稱來看心物問題；實際理性則從第一人稱來看問題。康德的認識二元論明顯認為，我們以不同角度來看心物問題，主要是根據「原則上必須為真」或「實際上能達到」的觀點。我相信，事情本來就應該是那樣。

認識二元論，同意科學的化約論處理方法，也尊重人類生活倫理。它不像前述的二元論，它是方法或意向的二元論，不是邏輯或實體二元論。此外，因為原則上必須為真，及實際上要顧及我們能達到的境界，它可引發研究計畫，它是科學性的。我們經由神經科學的進展，或許能了解心智經驗上的很多性質。但我卻懷疑對應論者的極端志向（即神經作用明確對應感官經驗）是否真能做到。讓我們檢視一些考慮，或許能幫助我們建立「原則上」與「實際上」的分界。

再談「因果斷鏈」

為了簡化，讓我們首先在一些物理系統中，考慮如何劃清這分界，這些系統早讓自然科學檢視過了，不像頭腦，它們早已獲充分了解。我們要牢記是「理論」，而不是世界的物質構造或許能，或許不能化約成另外的理論。有兩個重要觀念能幫助我們支持認識二元論，它們是見於物理系統中的例子。第一個觀念叫做「因果斷鏈」，第二個觀念是「複雜性障礙」（barrier of complexity）。我將輪流討論這兩個理念。

我早已用基因，描述了從巨觀到微觀化約鏈之間的「因果斷鏈」觀念。雖然，遺傳學的基礎在 DNA，而最終由化學定律所控制，不過一旦我們知道了基因組合的規則，我們便能「忘掉」化學定律裡的詳細細節。化學定律與遺傳學之間變成「因果斷鏈」。

同樣的，在更微小的層次上，化學定律根據原子中心的原子核及它的性質。但更詳細的核物理定律，如夸克與核子使原子核緊結在一起，在了解物理化學定律上並不需要。這種層次間的「因果

斷鏈」，意味著要了解物質基礎規則，我們必須進入下一個階層，但不需參考更基礎的階層，就有信心應用這些規則。自然科學的分割，反映了這個因果斷鏈，倒頗耐人尋味。核物理、原子物理、化學、分子生物學及遺傳學，在它們自己範圍內確實是獨立學科，在它們之間卻有因果斷鏈的結果。

當我們將生物的物質鏈由小往大移動時，因果斷鏈暗示了新物質定性性質的「突現」，這是另一個特性。新的性質如何由有條理的物理現象產生出來，物理學家非常熟悉。物理學有一個分支，它研究「集合現象」，即分子、原子或電子的集合中，新集合性質的突現。或許，最簡單的集合現象是水波。每個水分子進行上、下的運動，但當許多水分子集合在一起運動時，則產生巨大的水波。水波跨過水面移動，將能量傳到遠距離外，但水分子本身幾乎不動。某些最大的波，像數十公尺高的海浪，環繞著南極大陸數月之久，靠風增強它們的能量。

金屬中的電子、有秩序的原子晶格，及很多其他物理系統，都能顯現這種複雜的集合現象。這些集合性質的特性，總可用微觀物理定律來了解，以致於整體仍為各部分之和。雖然整個系統的性質追隨各部分性質，但整個系統卻有各部分拆解後沒有的特性，即從集合的相干性中，孕育出新的特性。

使用「新」的語言

同樣的，我們也發現了生物學中，新突現特性的證據。DNA是一種不可思議的分子，不像其他分子，它能從環境中其他的分子中自我複製，做出一個與本身完全相同的複製品。經由組合其他分

子，製成一個 DNA 分子，新的物質特性因此創造出來。這個特性成了遺傳學上的物質基礎。但分子生物學家談的話題，不是分子鍵結及化學作用，他們談的是訊息傳播、複製、解碼等等蛋白質合成上的新語言，這種語言反映了新性質，它們不存在於各個單獨部分之中。

觀察「因果斷鏈」的某些特定聯結是很有趣的，有些科學家會因此改變他們正在研究東西的方法。最顯著的例子就是物質與非物質世界間的界限。科學家捨棄物質及物質的作用，像蛋白質、神經系統等，他們開始討論訊號及訊息傳播。這改變雖微妙，但卻很重要。他們跨過了分割「物質」及「物質與組織化訊息的非物質世界交互作用」的分割線。在這重要的過程中，其實並無任何神祕之處，因為我們看到科學家在討論訊息時，只是從實際的複雜物質交互作用上，取出有趣且基本的成分。如今他們談論的是「非物質性的訊息」，而非物質本身。

譬如，當我們將化約鏈往上推到細胞、神經系統及頭腦的生物階層時，科學家開始談訊號、訊息傳播及處理。雖然人腦及它的神經軸突、樹突、突觸及所有這些連結的實際物質構造，決定了訊息在人腦中如何傳播及處理的詳細規則（我們尚不知道），但假如我們知道這些規則，我們就能夠開始談訊號，而不必談物質過程。雖然，今天在簡單生物體上，已能做這件事，但假如我們要檢視人腦的更實際狀況，因為我們對頭腦內部運作上的無知，我們將陷入猜測中。

揭開人腦之謎

　　頭腦中處理的資訊或許是將相關的一束束「套裝」，然後集合在一起。或許，頭腦的資訊處理領域中有集合效應，引發了更多的「因果斷鏈」。在超系統中，可能有次系統，它是資訊及指揮的階層組織，與人類社會十分相近。在這個圖像中，頭腦的神經元像社會中的個人。我們的意識就是我們神經網上的「社會意識」。

　　腦神經科學家葛詹尼加在他的著作《社會頭腦》(*The Social Brain*) 中詳細敘述了這個理念。他視人腦為互相競爭優勢的單位組成的組織。就像我以前提過的，它是為了引起注意而努力奮鬥的一群沉默夥伴。我在洛克斐勒大學的同事，神經科學家魏森 (Jonathan Winson) 在他的著作《人腦與心靈》(*Brain and Psyche*) 中，則採用了不同的觀念。他視人腦的組成，在執行權威（即自我）的統治下，不是競爭的，而是合作的。但是，尚無人知道人腦如何進行控制，這是公正的說法。正如克里克所觀察的：「假如人腦研究上出現突破，最可能的地方是在系統控制的層次。假如系統毫無條理，我們甚至無法做最簡單的工作。」

　　最後，我們可能發現，在描述更高級的人腦作用中，用資訊一詞來談是無效的，應該訴諸於心智表現、概念等等。這樣一系列的「因果斷鏈」或許相當複雜，超過我們現有的想像。但是，最後我們仍會達到心靈及意識上的理論，即心靈從它的物質支持系統上斷了鏈，以致於它似乎與它的物質支持系統無關，而我們也「忘掉」如何到達這個境界的過程。按理論的理由，一個自省意識的生物現象，只是來自物質世界一連串複雜「因果斷鏈」的延續。

人腦有多複雜？

　　意識來自人腦的「因果斷鏈」，這個觀念當然只是一種臆測，尚未證明。它像幻想的臆測，當哲學家講它時，我批評他們。實際上，我們應該提供詳細設計，或實際建造裝置、器官或物質系統，來實現我們的臆測，而不只是猜測而已。無論如何，這個臆測能提供研究議程，使科學家進入遙遠的未來。

　　除了「因果斷鏈」，第二個能幫助支持認識二元論的特性，是「複雜性障礙」的存在。人腦是已知世界中最複雜的物質，它的複雜性可能是它運作時的基本特性。我們尚不明白人腦神經網的複雜性，但這複雜性超過我們曾見過的任何東西。假如我們能理解頭腦必須反映周圍世界的部分複雜性——包括自然的、語言的、社會的環境，知識及記憶的儲存，以及運動及感覺技巧的儲存寶庫，就能稍微了解它到底有多複雜。

　　雖然我們能較含糊的談複雜性，卻也能更嚴謹的談它。數學家有　個新的研究領域，稱為「複雜理論」，就是我在第 3 章中描述的「秩序、複雜性及混沌」。至少有兩種複雜性，即「可模擬的」和「不可模擬的」複雜性。為了描述這兩種的差異，我們可以想像兩個物理系統：太陽系及天氣。

　　首先考慮太陽系及天空中所有行星的運行。從地球上來看，行星運行似乎相當複雜；甚至有時會逆行，會停止，往後移動，又再啟動。無論如何，從太陽為中心的觀念來看，行星的運動軌跡只是以太陽為焦點的橢圓。使用牛頓定律，我們能製作行星運動的數學模型。按這個模型，假如我們已知某一時間上行星的位置，即「初始數據」，我們就能預測千年之後行星的位置。行星運動是「可模

擬」複雜性的一個例子。因為我能以已知的物理定律製作數學模型；更重要的是，我能用手或電腦解析模型中的方程式，那我就能發現行星運動的有效數學模擬，而進一步決定系統的未來。

　　第二個考慮的物理系統是氣象，這是「不可模擬」複雜性上的一個例子。氣象很複雜且善變，它包含冷鋒、暴風雨、乾季、季節風及冰河時代等特性。由上古時代就知道，天氣有一些規則模式。從我們現代的觀點來看，我們知道物理定律控制天氣，就好像我們知道物理定律控制了行星一樣。那麼，為什麼我們預測天氣不能像預測行星運動般精確呢？

　　為了預測天氣，我們必須有大氣及地球表面上每一時刻、每一位置的溫度、氣壓及其他物理量，也就是我們需要的初始數據。當然，我們無法精確做到，但我們能在天氣的電腦模擬中，得到近似資訊，而嘗試預測天氣的未來情形。但在描述天氣及行星運動的方程式間，有一個重要差異。假如行星運動的初始數據，含有一些微小的不準確度，按支配行星運動的方程式，那個不準確度在我們對行星未來運動的知識上，將產生相當小的不準確度。但根據勞倫茲的發現，天氣方程式卻不是這樣（請參閱第4章〈生命可以如此非線性〉）。

　　這些方程式初始數據中的小差異，能廣泛造成不同的天氣模式。例如，在海灘上振動翅膀的海鷗，能產生一個氣壓擾動，一個月之後，形成一個颱風。因為這個原因，氣象預報人員只能以機率預測天氣。當他們對天氣的詳細知識增進時，將可以很準確預測一天甚至一週，或未來的天氣。但是，因為天氣是一個不可模擬複雜性的例子，我們不能期望數學模型能詳細模擬未來的天氣。

　　當然，有一種電腦能實在的模擬天氣，地球的天氣系統就是它

本身的完美類比電腦。假如我們可以加速它的變化過程,我們就有確實的天氣預測。這個相當平凡的例子(任何東西是它自己的類比電腦),描述了一個重要原理,即不可模擬的系統,不能由比自己更簡單的系統,做有效的數學模擬。

以小不能看大

1940 年代,數學天才馮諾伊曼曾說,科學面臨的兩個顯著問題是天氣預測及人腦運作。今天,我們對天氣的複雜性已經有較好的理解,我們了解主要的方程式,並知道它是不可模擬的系統。可是人腦仍是個謎。科學家曾試著發現可靠、準確的數學方程組,來描述神經連結及運作上的基本性質。但我猜測,即使發現了這樣的方程組,人腦的複雜性仍將是不可模擬的。假如真是如此,那麼即使未來已明確得知人腦的生物物理定律,模擬人腦運作的最簡單系統仍是人腦。假如這些理念是對的,則有「複雜性障礙」處在我們對神經網的認識,與我們對神經網路未來發展上的知識之間。人腦及心靈是不可模擬系統的另一個例子。

這個「複雜性障礙」並不是暗示我們完全無法預測人腦的未來,只是不能預測它遙遠的未來。加州大學舊金山分校有位神經科學家萊貝特(Ben Libet),他曾與艾克爾斯合作,設計了一個巧妙實驗,顯示人腦接收刺激來實現動作,比人們知道這個決定,快了二分之一秒。「做」超前了「知覺」。耐人尋味的是,我們知道這個人「下決定」比真正去「做」稍稍超前,因為實驗中我們看到運動皮質接受刺激。這暗示著短期預測或許有可能。但在實用目的上,長期而詳細的預測卻不可能達成。

　　我猜測或許還有另一種複雜性障礙，也涉及人腦的描述。通常，科學家在一個確定時間，一旦規定了一個物理系統的微觀狀態，原則上他們就可能知道那個時間之後，系統中的每一件事。譬如，假如科學家知道某個大型大氣中的天氣微觀狀態（事實上他們不能知道），像每個原子的位置及速度，他們就能分析那個數據，在某些區域求得平均值，而斷定天氣的巨觀狀態，像下雨、晴天等等。原則上，使用微觀狀態的資訊推演出巨觀狀態上將發生的事，是件很容易的工作。對天氣及其他物理，微觀狀態上的小誤差，能轉變成巨觀狀態的小誤差，這點是很重要的。畢竟在氣象描述中，一、兩個原子位置上的錯誤能造成多大影響呢？

　　然而，可以想像的是，假如我們知道人腦的微觀狀態，像每條神經元、每個突觸的狀態，要確定意識的狀態仍然是不可能的（譬如像斷定某人在做夢）。這理由就是，微觀狀態上的小誤差，會造成巨觀狀態預測上的大誤差。

　　馮諾伊曼對人腦如何運作想了很多，當他評論到神經元的最簡單模型或許是神經元自己時，已暗示了這種複雜性障礙。任何人企圖簡化神經元，而忽略它微觀狀態上的細節時，在評估某些重要性質時常會失敗。我真希望這不是真的，因為它指出我先前敘述的「因果斷鏈」不會成功。我們要知道人腦的巨觀狀態，必須知道它的每一個細節，即完全明確的微觀狀態。假如真是如此，一些認知科學家正找尋的心靈「不變圖像」，就不會存在。

　　我描述「因果斷鏈」及「複雜性障礙」的動機，在提供「認識二元論」論點上的一些基礎。按這個理念，雖然原則上心靈只是人腦的作用之一，實際上這種化約是不可能的。「因果斷鏈」指出，不管意識似乎與物質無關，但它完全由物質支持。「複雜性障礙」

指出，為什麼無法事先決定意識在未來的發展（不管它完全由自然律支配這件事實）。我並不希望宣稱我已證明這樣的「因果斷鏈」及「複雜性障礙」實際上已應用到人腦上，只是我認為它們好像是真的。這個問題必須等待我們進一步了解頭腦如何運作時，才能獲得證明。

建造人工頭腦

很多人不滿意這些理念，幻想是否有可能實際建造人工頭腦，來產生具有意識的心靈。我們如何只用有組織的物質來做這件事呢？這些人想要造出心靈的物質實體構造。很多現有心靈實體上的討論，訴諸於我所謂的「分析機器」及「意向機器」，以及這兩種機器間的關係。

「分析機器」是巴貝奇（Charles Babbage）的畢生計畫。他是英國科學家兼發明家，活躍於十九世紀初期。分析機器是具有齒輪及車輪的機器，它能計算、做算術等，是現代電腦的機械版。巴貝奇建造了一個簡單的分析機器，又開始做另一機型，在完成之前，他構想了更有雄心的機型（耗費巨資），但從未完成。他甚至用打孔機做資訊輸入（這是他從自動織布機得到的想法），並想像使用程式。非常不幸，他的想像超越了當時的機械技術；他的想法必須等待電子技術的來臨。但他預期了現代的電腦。他的機器像現代電腦般，包含了處理資訊的一組有限規則。因為所有它們所做的，像資訊的意義和語意內容，都遵守形式的規則，因此也可稱為語法機器。這個分析機器只是一個機器，它能做命令的事。定出一個輸入，則每一次輸出都是相同的。現代電腦，即使它們的速度及複雜

性遠超過巴貝奇的想像，但也僅此而已。

　　「意向機器」是人腦與世界的相互作用。意向機器有獨特性質，它們有信仰、感情及自由意志。簡單來說，它們是有意識的，能表示意思的，它們是語意的機器。

　　這兩種機器有區別嗎？就如我敘述的，它們確定是不同的。但是經由建造一個足夠複雜的分析機器，將很多這些組合在一起，能否建造出一個意向機器呢？此外，將一個意向機器解體，是否可以發現它是由很多分析機器建造的呢？我不知道答案，它們是哲學家及認知科學家熱烈爭論的問題。某些人堅持這個答案是不可能的，他們認為我們從由規則控制的物理符號系統中，絕不能獲得意向。支持這個觀點的一些人，主張語意絕不能從語法中得到。

演化比人類聰明

　　我對這些爭論全不了解，但我知道早已存在一些機器，從簡單分析機器到最複雜的意向機器，假如我了解它們，就能回答我們的問題，且解決爭論。但這些機器是由造物主所建，我們不知道它們是如何建造的。我心中的這些機器，是地球上生命的階層組織，它們從最簡單的噬菌體（它的行為像微小的機器人，我們對它已很了解）到人類——這是真的意向機器，但它的運作我們幾乎不知道。最簡單的噬菌體由分子生物學及化學規則所支配。至於有基礎神經系統的較複雜生物，我們能看到它們的資訊是按化學的「因果斷鏈」規則來處理的。雖然，我們或許會爭論，是否有任何計算或記號處理在進行，或有任何電腦程式執行中，但我們知道確實有資訊正處理中，且按著神經生物學的規則。高等生物也是如此。

假如我們知道造物主如何做（唉呀！演化遠比我們聰明啊！），我們也許不會問自由意志及決定論上的問題，也不會受心物問題所迷惑。譬如，當我們注視從簡單細菌細胞到人類的一系列生物體時，在什麼根據點上，我們承認生物體有自我意識呢？大猩猩、小狗及花栗鼠有自我意識嗎？蜥蜴及海龜又是如何呢？昆蟲有嗎？蚊子咬我，和我想吃飯相同嗎？範疇二元論者通常愛回答這些問題，認為只有人類是真的具有意識。但另一方面，認識二元論者卻有了一個值得研究的問題。

相同的問題出現在人工智慧上：在什麼根據點上，我們承認電腦有意向？為了對解答這問題有所幫助，我願意詳述一個小故事。

1986 年，我把一個玩西洋棋的電腦，送給我的朋友彼得和安娜。他們住在尼羅河上游的岸邊，南蘇丹的朱巴市南方十幾公里外。他們為了建造許多國家公園，已努力了十數年，某些公園比塞倫蓋提還大，這些公園是為了保護瀕臨絕種的動物。他們除了在維修設備上，有難以克服的後勤支援問題，工作也受到地方內戰的擾亂。我正等待第一個人工智慧對南蘇丹所帶來的衝擊訊息，不久我收到安娜的來信。

她寫道：

這是一個美麗、陰暗的星期六早晨，溫度接近攝氏三十八度，溼度不高，發電機隆隆的叫，電冰箱發出引擎聲，狗在打鼾，小鳥吵著，蝴蝶飛舞，在遠處我聽到一些迫擊砲夾雜著機槍射擊的聲音。換句話說，上帝在天堂中（不是我所期望的處處都在），在現有環境下，所有事物都像天堂般和平。彼得到朱巴去打聽最新的消息，我才有機會寫信給你。

在我繼續寫下去之前，我先要謝謝你那神奇的西洋棋電腦，它已得到特許，從英國安全抵達了。我們給它起了名字——喀什米爾，它立刻變成家裡的寶貝，也是引起爭議的份子。我們如何知道它是雄性的電腦呢？是以那些幾何方塊及銀、黑、紅色圖案來判斷的，為什麼它不會是其他任何別的東西呢？像每個人所知的，雌性電腦是圓的、粉紅及白色的。

喀什米爾是我們第一部真正的電腦。我唯一曾有的其他電腦是一台小的口袋型計算器。它需要我們花一些時間去了解。事實上，在喀什米爾居住的頭二十四小時中，我們家裡有了一些熱烈的爭辯……我很快和喀什米爾戀愛了。我犧牲了我的皇后、騎士、主教，甚至於不知道自己在這麼做。喀什米爾贏了每一局遊戲，我對它非常滿意。現在，請你告訴我，為什麼當我的對手是人時，我輸了，就會不快樂？假如那不是戀愛，我就不知道什麼是戀愛了。

然後，有一天彼得用計取勝喀什米爾。他犧牲了一個棋子，讓卒子走了底，將它變成一個皇后，三步後將軍，贏了對手。這使我很生氣。所以，當彼得不注意時我偷偷把程度改成最高級的，看看他是否能擊敗它。目前為止他還沒有贏過。

像信中所指的，要指稱電腦有意向，是很容易的，或許也很合適。誰關心電腦如何移動，或許是利用快速選擇電子搜尋程式達到最佳的棋步。我們總是能採用哲學家丹尼特（Dan Dennett）所稱的一種「意向態勢」（intentional stance），使電腦的棋步好像來自有理性動機的人。我們對人類或動物，也可做相同的事。

因為「意向態勢」的觀念，敘述了我自己經驗上的某些事情，因此我發現它是有價值的觀念。一位熱愛貓的人，看他寵物貓的方

法，與行為心理學家或生物學家研究貓的方法間之差異，可做為不同意向態勢的例子。雖然科學家把貓看成只是一個笛卡兒的自動機制，一個有機的機器，但愛貓的人幾乎從精神上共鳴，認為貓有意識、動機、信仰。智慧電腦也類似。假如你想要研究電腦，你將採取電腦科學家的意向態勢。但假如你要電腦為你做事，你最好像對待有自己策略及動機的智慧生物般對待它。理論理由及實際理由的立場區別，出現在我們如何處理貓或電腦中。

我不知道心物問題的最後答案。但我知道，假如我們採用認識論的主張，答案是可研究的。我們或許早已有一些概略的答案。此外，這個主張不但在科學上可接受，在倫理上它也是負責任的。

幻想的「腦部實驗」

很多心物問題的討論是從第三人稱來的，這是理論理由的觀念。現在，以這個基礎，我願意回到自由意志及決定論的謎上。為了描述那個謎，我將允許第一人稱直接面對第三人稱。我將以哲學式幻想來看這件事，這個幻想是把人的頭腦錯看成心靈。

因為這個幻想實現了一種希望，且支持了某種定見。這種希望是我能看我自己頭腦的運作方法，像我能看到自己手的動作一樣。這種定見是：假如我們只要能看到頭腦的物質運作，當我們默思及冥想時，則心物區別的謎將不存在。雖然我們知道手就像心，但我們無法像看到手的移動一樣，看到頭腦的運作。假如有技術上的突破（像下面的幻想中所描述的），能使我們看到頭腦的細部操作，甚至在我們思考時也不例外，則這個新知識將強烈改變我們對心物問題的觀念。

時間是未來：醫學工程發明了磁性腦部掃描（magnetic brain scan，簡稱 MBS），這是由前一世紀發明的 CAT 掃描器及「磁共振成像」（magnetic resonance imagining，簡稱 MRI）進一步發展的。實驗對象頭戴一頂特殊「帽子」，經測量微小磁場，就能偵測貫通頭腦的電子活動。它的解析度很精細，以致於當單一神經元激發時也能偵測到。在實驗對象前，有一個大型人腦透明模型，大約是人腦直徑的一百倍。這模型由一千億個微小色碼光點所組成，每一光點對應實驗對象頭腦中的一條神經元。頭腦中的神經元激起時，模型中對應的光點就閃爍。不同的神經路徑有不同的顏色。

醫學研究者通常使用 MBS 研究頭腦的損壞，或頭腦移植組織的情形。無論如何，有位哲學家最近得到允許，可花費數小時使用 MBS，對自己進行頭腦掃描器的試驗。醫學工程師警告他可能有危險。譬如，假如實驗對象正注視著頭腦模型上的視覺皮質時，他或許會看到光波的週期閃動。此時，回饋迴路建立，類似於觀眾席中擴音器與揚聲器間發生的回饋迴路，它會產生震耳的嘶嘶聲。為了避免視覺皮質燒壞，工程師警告只有趕快閉起眼睛以破壞回饋迴路。

漸漸的，哲學家開始熟悉了看到自己頭腦的光形態。他驚訝的發現，頭腦的大多數部分是暗的，只有大約百分之十的小部分是亮的。頭腦所有的部分在同一時間都有活動。他擺動手指及腳趾、嘴唇，來探究他的運動神經皮質。當他嘗試回想數月前的某事或某人，他就刺激腦中的海馬（hippocampus）。但三年之前的記憶，存在於新皮質中，而不在海馬中。很快他已熟悉頭腦中的各部分。後來他開始「沉思」探索，他在腦中計算、幻想獨角獸及性慾綺思，並發現他腦中對應於這些幻想的活動位置。有時，思想不是由任何

局部活動所表示，而是散布在整個頭腦上的形態。他也指出，雖然他能思考特定思想，因而刺激特殊形態（例如，他在心中想數字九的概念），但頭腦模型中仍有其他很多活動。有很多他無法識別的形態，對應於知覺之下的過程，這些形態是下意識的。

　　MBS 上有一個特別有用的性質，就是「慢速移動重演」（slow-motion replay）。對哲學家而言，大多數頭腦形態來去太快，無法真正看得清楚。但他能用自己喜愛的慢速重看這些形態。慢速移動的頭腦形態，能顯現實際上發生太快的詳細複雜構造。從慢速重演，哲學家注意到一件事，大多數神經元的激發規則是一定的，假如有一個特定神經元受刺激了，則短時間後，其他五個特定神經元也會受刺激。這些意味著，其他的特定神經元總是受到激發或抑止。由這個微觀尺度來看，人腦似乎是巨大的決定論機器。

哲學家與生物學家的對話

　　這位哲學家深愛這個裝置，很快就能熟練運用。在實際時間中，他只要思考特定的思想，就知道如何產生特殊的形態。相對於微觀時間中的決定性，在整體觀點看來，他感覺自己是完全自由的，只要思考他就能製成很多的光，做他想要的事情。事實上，他幻想自己是「概念藝術家」，只要經過連續的思想，就能創造美麗的、移動的光形態。他對微觀時間上，為什麼人腦這麼有決定性感到迷惑，而在實際時間下，頭腦似乎服從他的自由意志。他斷定微觀時間的決定性與自由的實際時間之間，存有「複雜性障礙」，它能解決古老的自由意志／決定論問題。

　　有一天，一位生物學家朋友訪問他，這位哲學家當場表演了他

的技巧。生物學家不覺得他對自由意志／決定論問題上的解析有什麼了不起，並告訴他，這仍是眾所周知的謎。他告訴哲學家，他們首先要建立某些電子時間裝置，來檢查心物問題。他說：「畢竟，用這個機器，問題可用實驗的方式來解決。假如思想先出現，然後才有神經元的刺激，這就是因為你的心靈與你的頭腦有些不同，頭腦只做心靈告訴它的事情。另外，假如神經形態先出現，然後你才感覺到對應的思想，那麼就是你的頭腦在作用，你被你的頭腦帶著走。因為時差可能很短，因此，我們必須仔細做這個實驗。」

這個結果使哲學家大為恐慌，因為這與他所感覺的自由意志不相合。生物學家的實驗結果，顯示頭腦上刺激的形態及區域大約比他意識的知覺快了半秒。他的意識，甚至他的自由，是頭腦活動的結果。

哲學家要爭辯，他不肯輕易接受這個結果。他嘗試比模型回應更快思考，他經常且快速改變他的心智。他只是像面對鏡子般，嘗試以計策擊敗他的影像。他的努力失敗了，每一次當他企圖比模型頭腦「想得更快」時，模型總是搶先他一步。他只是跟隨著頭腦形態，他完全是腦中已存在神經訊號的奴隸。當他理解他的自由意志只是幻覺時，他陷入絕望的深淵中（連這件事，模型頭腦都能在大約半秒之前即預料到）。所有的思考，都只是神經的刺激及抑止的反應結果。

看到「從未見過」的軀體

他的生物學家朋友說：「別氣餒，你的頭腦在你知道思想之前先接受了刺激，有什麼關係呢？你的頭腦將只會做你想做的任何事

情而已。或許『你』只是腦中的另一個複雜形態而已，假如這個形態不能在模型顯示之前，回應腦中其他部分來的資訊，又如何呢？而且那些決定，若無『你』的同意，是不會執行的。」

當哲學家凝聽他朋友的話時，他發現模型頭腦開始對這個新的資訊有了反應；某些事情在哲學家腦中正激盪著。

哲學家說：「我懂了，我先前沒有認同那個大模型頭腦，但它真正是我，或寧可說是我心靈的忠實呈現，就像鏡中的影子忠實反映了我的軀體一樣。或許它是比真實的我，如我的臉、手或軀體等，更好的表現。我認為這個發現，也就是模型頭腦『預期』我思考這件事，就像發現鏡子另一邊的影像是『真實的』，而不只是一個影像一樣。但你是對的，它沒有任何區別。亞倫德（Hannah Arendt）曾批評，行為主義的麻煩不在於它是否為真，而是它可能變真。很多文化已陷入那個陷阱中。」

哲學家繼續說：「過去數星期，我用這個頭腦掃描器做實驗，它使我能探究以前看不到的部分軀體，那就是我的頭腦。最後，我甚至能看到我在思考，就像我能看到我的手搖動一樣。我頭腦所做的，像天氣般不可預測，事實上，它比天氣更為複雜，因此更不可預測。很多在器官中的可能形態及選擇，產生了複雜性，『我』是一個複雜形態，能表現出意識決定上的執行。所有這些選擇及決定的執行，完全與自然律一致。從慢速瞬間重演——即微觀的過程，已表現得很清楚了。但是知道這些自然律，對決定我將做什麼選擇並無幫助。換句話說，頭腦是不可模擬的。因此，我可視自己的心靈是自由的。我現在知道，當土著第一次從照片中看到自己的臉，一定感覺他們的靈魂遭偷走了。不過，靈魂當然沒有遭偷走。」

但生物學家不準備讓他的哲學家朋友那麼容易就下結論。他問

道：「你知道為什麼你抗拒將心靈看成頭的掃描嗎？我猜測，你心中不想將心靈看成完全由軀體支撐。因為假如你的心靈完全由軀體支撐，你必須隨那個軀體而死。靈魂不滅的信仰，不是那麼容易就放棄的。」

哲學家說：「你錯了。我接受人難免一死的觀念。但那些在我頭腦中所表現出的數學、語言、音樂、深情及上帝等理念，竟然也能出現在其他自然或人工頭腦及軀體中。巴柏說過有三種世界——有關物質的物質世界，我們思想、感覺、感性的心靈世界，及像純數學等超驗概念所組成的第三種世界。」

「巴柏的第三種世界，只是十九世紀理想主義哲學的『絕對心靈』概念，披上了二十世紀的外衣。這些超驗概念，表現成神經元形態的複雜網路。這些形態中的條理、深度及美麗，是永存不朽的，它們永遠會與我們的世界存在。我不能要求更多了。基本上『我』是早已永存了。至於其他部分，就讓它們跟隨我的軀體死亡吧。

「我的心靈是自然的一部分，是宇宙的永遠秩序，除此以外的想法都是錯的。某些人或許說這是走回頭路，他們認為自然只是我們心中的一個理念。但事實上，我現在理解，這兩種理念其實是一致的。」

生物學家微笑說道：「我仍認為你在欺騙自己。」一種平和的氣氛在兩人之間散布開來，兩人都不再說什麼了。

我的結論是：一元論，雖然它可提供精神關聯或唯物論的簡潔，但它無法解決心物問題，它只是忽略了這個問題。由於忽視了心、物的區別，也因此喪失了學習機會。此外，一元論也會失去人

類生活上的倫理尺度。二元論（笛卡兒觀念）主張我們是思考及感
覺的動物，能發現我們自己。但很多二元論，像範疇二元論、實體
二元論及屬性二元論，它們不是死胡同就是錯了。認識二元論（康
德的觀念）不是心及物本身的二元論，而是存在於我們用來檢視世
界的推理過程中。在這過程之中，有理論原因及實際原因的分割：
理論原因在原則上必須為真；實際原因則注重實際上能否完成。

　　我贊成這個主張，不僅因為這個主張符合了我們的經驗，而且
因為它能劃清什麼是原則、什麼是實際的中間分界，可以使我們在
堅持新的複雜科學研究之路上，進一步了解心物問題，因此我鼓吹
這個主張。

達賴喇嘛與科學家的一席談

　　在結束這一章之前，我想再講一個故事。

　　1984 年，西藏的第十四代達賴喇嘛訪問美國。當時我是紐約
科學院的執行董事，我接到西藏駐紐約辦公室來的一封信，信中
說，達賴喇嘛很有興趣與現代物理、宇宙學、心理學及生物學方面
的西方科學家進行討論，做東、西文化的交流。我安排了紐約科學
院及洛克斐勒大學的幾位同事，和另外從哈佛、耶魯來的幾位教
授，一共十二位傑出科學家，在一個下午與他見面。

　　我有些擔心達賴喇嘛或許有身居高位的尊嚴，而我的科學界
朋友習慣於非正式的理念交換，他們之間可能無法很有效溝通。但
當他到達之後，我的擔心就消失了，他是一位有豐富人生經驗，熱
情、開朗、幽默且魅力十足的人。

　　我們的討論在紐約科學院的都鐸式圖書館中舉行，內容圍繞著

心物問題。達賴喇嘛以西藏人的古老傳統及他的人生經驗為基礎，雖然心靈的偶發層面像個性、嗜好、價值觀等聯結了軀體、物理世界及歷史背景，但他仍堅持基本的心靈是獨立實體。像很多東方宗教家一樣，西藏人堅持輪迴的信仰，他們認為生理死亡時，我們的本質仍存留著，然後再進入新生的軀體中。

達賴喇嘛很清楚西方科學（確定比科學家對西藏的宗教、哲學及心理學知道得更多），而且非常有興趣多知道一些。他的開明令我感動。我很明白西藏學者的學習精神，雖然他們在人類心靈上的研究及豐富的心理學洞識，要翻譯成共通概念基礎或許有困難，但這些研究會提供西方更多的透視力。我猜測他訪問的一個實際理由，是在指引西方人（特別是科學家）注意西藏研究的複雜及深奧。中共征服西藏之後，蹂躪西藏的宗教文化，而推崇西方的科學及技術。或許，假如中共領導人理解西藏文化是受到唯物的西方人所重視，或許也會開始分享那個價值。

在心物問題上，我們並沒有很多的心靈會合。雖然我猜想沒有科學家會共享達賴喇嘛的觀念，但這仍是友好而生動的交流會議。因為我負責主持討論會，因此不適合主動參與討論，但接近終了時，我不得不問一個有關輪迴觀念的問題。

拿出東西來，不然就閉嘴

我告訴他，西方科學及哲學上最大的雄心，在建造人工智慧機器——它能顯現智慧行為，它能說話，好像一個人一般。達賴喇嘛說，他知道有人工智慧的計畫。

我接著說可以設計成讓達賴喇嘛與這裝置有深入的討論，好像

他和其他高僧談西藏哲學一樣。譬如，他們能意味深長的討論《西藏渡亡經》的各階段或深層冥想的觀念。然後，我提出我的問題：「閣下，您認為人工智慧是輪迴體嗎？」

當他發現我嘗試套他的想法時，他掉轉頭詼諧一笑，然後態度變成十分嚴肅，指著他椅子前的空間（是空的）說：「在那裡！在那裡！當你有這樣一台機器，並將它放在我前面時，我們可以再繼續這個話題！」

換句話說，拿出東西來，不然就閉嘴。無論如何，我心裡很滿意，他同意了我的嚴密建構論觀念──你必須設計及建造，不要只談你的哲學幻想。會議就在這種意義深遠的幽默氣氛下結束了。

第 11 章

軀體從不說謊

除了豺狼的利齒外
還有什麼能磨出羚羊的健肢？
除了恐懼
還有什麼能使鳥長翅？
除了飢餓
還有什麼能賦予蒼鷹以利眼？
世界之寶
來自暴行

—— 詩人傑佛斯（Robinson Jeffers）

　　有一次，一位在著名大學教物理的朋友向我抱怨，他很難教懂非科學背景的學生，有關量子力學的基本觀念。他說學生很聰明但沒勁，他們無法對奇妙的量子力學有任何興奮之情，我想不透為何他有此困難，於是建議道：「告訴他們電子如何穿透能障，就像物體穿牆一樣。那和日常經驗完全不同，好像魔術一般。或者告訴他們量子場論的觀念——宇宙萬物都能以充斥各處的『場』來表現，場還代表粒子出現的機率，這是個奇怪、但絕對正確看待宇宙的方法。」

　　但朋友告訴我這些他都試了，效果不彰。根本的原因是，學生看不出量子力學有何特別奇妙之處。他們已習慣在電視、大眾媒體與不考證科學的報紙、雜誌中長大，他們相信飛碟、靈異、穿越世界的心靈旅行。比較起來，量子力學似乎顯得平淡無奇。

理性與感性的競賽

據調查顯示，有百分之七十的大學生相信在自然科學以外，有靈異現象或超自然力量存在。不幸的是，經驗科學絕對無法和這些玄學競爭，以吸引學生興趣。若理性和感性競賽，感性總是贏的一方——至少短期內如此。

我有時會瀏覽書店中的靈異書籍，不為其他特別理由，只為確定自己對科學的執著。

這些書大多寫得頗嚴肅。看這些作者想像力多麼豐富，他們的想像及感覺是誠懇的，但他們的解釋卻常是自我欺騙的。因此，這類書寫的「事實」，總是帶有欺騙意味。但是有一點絕非騙人：這些書顯示了人類有和外界精神聯繫的需求。這種聯繫使人覺得生存有力量，活得有價值。在此，人們覺得他有獨立價值，而非只靠社會地位存在。

靈異書籍是訴諸人們渴望自由、想從無聊的物質世界解放的心理。書中所談的不出各種靈異層次——或高或低的精神力量、啟靈的程度、大我小我、大師與初學者，這些階層觀念在在反應出和塵世相同的價值觀。迷信它的人，會試著找尋自己在這精神階梯的位置，然後努力修行往上爬，或追隨某一位大師，最後達到一種美其名曰「開悟」的心智狀態。然而，不真實的事物中永遠不會有真實的道德價值。

雖然量子理論和這些靈異家的「發現」比較起來看似平淡得多，但不管你信或不信，它總是真的。在 1920 年代發展出來的量子理論，已完全轉變了物理學家對物質世界的看法。決定論的牛頓物理學雖盛行了幾世紀，遇到原子也必須大幅修正。在牛頓的世界

觀中，世界是由機械性粒子所組成，但如今不能不修改了。天性保守的物理學家，被量子理論逼得不得不下新的結論。這些結論徹底改變了我們的世界。

像量子理論這類的經驗科學開始萌芽、發展，繼而大功告成。科學家發現新領域的真理，著重實用性的人將之變成產品，例如消滅疾病的疫苗、延長壽命的藥、環繞地球的衛星通訊系統、月球之旅等等，這些都是現代文明令人讚歎的成就。毫無疑問，科學是真正成功了。

它為何成功？科學家到底做了什麼使它如此成功？

在本章，我將回答這些問題——答案也就是一般大眾所謂的「科學方法」。

科學為何成功

有大量討論科學方法的哲學文獻，想試著回答科學為何成功、科學家到底做了什麼之類的問題。這種努力可說全然沒有價值。因為這些書大多是由沒做過科學研究的哲學家寫的，「科學方法」變得不是「如何」而是「應該如何」，完全與實際無關，科學家尤其看不懂。

當然，科學家也寫一些有關「科學方法」的東西（尤其當他們年老時），因為有了實際的經驗，他們不會犯哲學家的錯誤。但他們往往對哲學方法又不熟悉——他們知道什麼方法可以行得通，但卻不知道為何使用某一個方法可以得到嚴謹的知識，而使科學與偽科學得以區分。

我比較認同那些有實際經驗的科學家，如法國生物學家伯納

德（Claude Bernard）、物理學家愛因斯坦以及英國生理學家梅達華（Peter Medawar）。

科學家的方法琳琅滿目，從嚴格的邏輯到全然無方法*都有。我將在下面討論一些主要想法。而在開始之前，我先簡介自己的看法，以便讀者可以預知我要表達什麼。

我想，科學研究不是按一種「方法」，它不像是告訴你一堆規則的食譜，形式上的「科學方法」根本不存在。它所處理的對象是那麼複雜，因此科學發現是複雜的。因為這個複雜度，發現過程必存在著非理性和直覺的成分。

科學家受的教育，不是教他們遵守任何所謂的科學方法，他們也不像律師、商人般要遵守一些規則。

科學研究並沒有「專家」系統，雖然其中一些簡單系統是可以形式化的。科學家工作時是靠不能言傳的知識，一種類似騎腳踏車的默會知識。它可以經驗，但不能以形式化的規則加以定義。教「科學方法」的教科書，就好像教人騎車的書一樣沒有什麼用。

雖然如此，我們還是可以描述一下科學家在做些什麼。我想「假設演繹系統」（hypothetico-deductive system）可供參考。基本上，「假設演繹系統」是先做一有效的猜測，即科學假說；然後嚴格批評那個假說以求證。這並非唯一的方法，但主要意思差不多。科學方法是「靈感」與「嚴密」的混合物。偉大科學家的特徵，便是能找出恰好的混合比例。

---

* 譯注：Anarchy，為費爾阿本（Paul Feyerabend）所倡，認為什麼方法都可用，只要有效即可。

科學即是「選汰性系統」

　　描述科學研究是一回事，說出它為何成功又是另一回事。科學成功的理由，在於它研究有秩序的世界，它是可以由有秩序的心智了解的。世界為何有秩序，我們不知道，但這是不可否認的。確定哪部分有秩序及如何看秩序的方式，乃取決於我們的文化與歷史。我們會受限於工具、技術及理論本身，但除了這些外在的限制之外，科學知識之所以存在的原因，完全在於宇宙的本質——即宇宙密碼的存在。如果否決了這個原因，其他上百萬個研究與發現也只有遭摒棄一途了。

　　以前我們並不知道原子、星系、細菌、細胞和病毒，但現在我們知道這些都是周遭真實世界的一部分。科學研究發現真實的過程的確非常有效，為什麼？我認為科學所以有效，在於它是一種「選汰性系統」，它像是生命的演化過程，或是競爭的商業經濟。選汰性系統是從一組集合中，根據某性質挑出某一成員來，而在科學研究上，是挑出某一假說當理論的基礎。周遭環境則提供批評、回饋、評論及實驗做為選汰機制。通常，會因此從一大堆可能的假說中挑出適當的。

　　但如此生存下來的假說並不一定為真，這就好像存活下來的物種並不保證未來永遠能存活。科學理論並不像數學定理那樣永遠為真，它是開放的、可變的。由於這種可變的能力，它會演化。有時科學理論可承受很久的考驗和批評，那樣它就好像蟑螂一樣，存在了非常長的時間。當然，蟑螂有一天也可能讓另一物種取代。同樣的，科學理論也可能消失。但若它存活下來，像原子、DNA、夸克等，就會成為我們日常真實語言的一部分。經驗科學是尋找造物者

密碼的選汰性系統。

以上概述的是我的觀點，現在我要討論別人在過去所提的科學方法。

科學家和哲學家以兩種方式描述學問之道：歸納法（inductive method）和假設演繹法（hypothetico-deductive method）。我特別推介梅達華的兩篇佳作《科學思想中的歸納及直覺》（*Induction and Intuition in Scientific Thought*）及《假說與想像》（*Hypothesis and Imagination*），雖然梅達華有忽視歐陸哲學家的傾向，但這兩篇文章的確字字珠璣。

歸納法是從特例推出普遍命題；演繹法是以普遍命題導出特例。表面上看來，歸納和演繹是同等正確，因為它們是爬同一個梯子，一個向上、一個向下罷了。但實際上並非如此。只有演繹推論是嚴格的。

現在，幾乎沒人相信歸納法嚴格，也不相信它是科學方法。但科學家在寫論文或演講時，常讓人以為他們相信它。歸納法是先看事實，然後再像大偵探般按圖索驥，找出一個偉大的理論。這似乎像是不虔誠的教徒，卻仍繼續舉行空洞的儀式一樣。一些科學家繼續運用歸納法，以期望得出科學的莊重感。那麼演繹呢？

寧自己動手，勿被動觀察

唯有數學和邏輯證明是嚴格的演繹。從一組公設和定義開始（如平面幾何的歐氏公設）出發，只用邏輯，數學家可以導出定理。這些是數學敘述，譬如等腰三角形的二底角相等。數學證明是如此嚴謹，以致於你可用電腦代替人腦來做。但它的教訓是，你永

遠得不到比開始放進去的公設更多的東西。雖然結果也許令人驚訝，甚至驚人，但它不過是所選定義和公設所導致的必然結果。

但經驗科學家在實驗室觀察的，可不是像公設般的玩意兒。反之，他們觀察自然界的新事物。那麼他們是如何從新事物中得出普遍原理呢？

一個可能的答案是培根（Francis Bacon）提出來的。這位曾遭牛津大學退學的哲學家認為，想獲得自然的祕密，不要只是被動觀察，應該實際動手做實驗。他也主張由特殊到普遍的歸納法。

日常生活中我們常用歸納法。例如，有一個人在星期二、星期四喝牛奶，然後發現每逢這兩天必拉肚子。他決定做一個實驗，在星期六喝牛奶，結果真的拉肚子。由這些例子，他得出結論：牛奶總使他拉肚子。同樣的，實驗物理學家可以建造一個巧妙的儀器，測量兩個粒子碰撞前後的能量。每次在實驗誤差範圍內，碰撞前後的能量總是相等。他與其他例子比較後，做出能量守恆的普遍結論。這似乎就是科學家做的事，蒐集一堆事實然後提出普遍結論，是這樣的嗎？

這問題的答案是：不！原則上及實際上都不是。當科學家在從事實驗之前，已經有一些想法了，他會有所預期。就像那決定實驗牛奶反應的人，科學家在蒐集資料以前，早就已經有了假說。這就是普通歸納法，那麼科學歸納法呢？

米爾的科學歸納法

十九世紀英國政治社會哲學家米爾（John Stuart Mill）在他的《邏輯系統》（*A System of Logic*）、《生命及心靈的問題》（*Problems* of Life and Mind）及《科學方法的哲學》（Philosophy of Scientific Method）等書中，始倡科學歸納法。他的社會思想曾一度流行，但後來影響力漸失。他對當代的科學發現，如演化論、統計力學、甚至形式邏輯都忽視了，但他的長處是思想的清晰及對邏輯的遵循。哥倫比亞大學的科學哲學家納格爾（Ernest Nagel）說：「米爾憎惡模糊，愛好清晰並謹慎論證，使得他眾望所歸。」

米爾的雄心是使歸納法成為嚴密的邏輯。他描述道：「歸納法是一個推理過程，它由已知到未知；任何一個過程若沒有推理，或結論比出發點還窄，都不是歸納。」但他接著說：「歸納邏輯的工作是提供模型和規則（如三段論證法），使其結論為確定。」但問題是歸納的結論永不可能確定。

但米爾認為歸納法可行，而且還可以是嚴密的。因為，他認為自然是均勻的＊。有一個簡單的圖像，可以說明演繹法和歸納法的差別，以及米爾看法的依據。

想像平面上有兩個點，要找出一條線聯繫這兩點。你可以將點比喻成實驗數據，而線是根據它建立的理論。若按米爾的說法，認為自然是均勻的，那通過二點的直線是最「均勻的」。這就是他所認為的，如何從數據（點）得出理論（線）。但通過那同樣的兩點，可以是圓；它也是「均勻」的，事實上可以有無限多個圓。即使不止兩點，也仍可以有無限多曲線通過它們。因此，不可能從有限的觀察中，歸納出獨一無二的理論。歸納不可能嚴密。

這圖象也顯示了演繹和歸納的差別。演繹法是從一個理論（一條線）出發，然後，只要看一眼，就可以知道哪些點在線上——這

＊ 譯注：即假設所有特例都相似。

也就是說，觀察必須合乎理論。但你無法從一組數據得出唯一的理論。

米爾原來希望把歸納法架構得更嚴密，如此一來，就可以把在自然科學十分成功的方法，運用到社會科學上。就這個企圖心而言，他是大錯特錯了。第一，自然科學之所以成功，和他們所使用的方法並無太大關係，而和自然的秩序較有關係。第二，根本就沒有嚴密的歸納法，你不可能得到比放出的更多。只有演繹法是嚴密的。

即使如此，米爾的地位和闡述的理念，使他的觀點影響當時的社會（雖然，我懷疑他的影響程度）。大多數科學家，尤其是英國人，相信自己是歸納論者。達爾文在他的自傳裡說：「我的方法是培根式的，但我並不以他的理論為出發點。」但當他寫信給朋友和同事時，則比較坦白——他說他看不出蒐集事實有何用，除非事實可以支持理論。顯然在達爾文讀馬爾薩斯（T. R. Malthus）的《人口論》之前，他已有演化的概念。在直覺上，他知道自己正朝那個方向去。但直到今天，科學家仍像達爾文一樣，即使他們採用別的方法，仍宣稱自己使用的是培根的方法。哲學家也被歸納法唬住了，維也納學派哲學家萊亨巴赫說：「歸納原理為每一位科學家所接受，平常也沒有人會懷疑它。」

理論的面紗

米爾為歸納法辯護不是隨意為之。他清楚看出若歸納法不嚴密，那科學知識還剩下什麼？它的基礎將消失殆盡，科學上偉大的理論只不過是猜測而已。米爾要的是證明，而不是有證據的假說，

他不信任人的直覺和想像，這是他父親在功利主義思潮下對他的影響。

米爾在哲學上的對手是劍橋大學三一學院的惠衛耳（William Whewell），他是一位博聞的科學教師。他在 1840 年出版了《歸納科學的哲學》（*The Philosophy of the Inductive Sciences*）。惠衛耳的視野相當現代化，他是假設演繹法的鼻祖之一。無疑的，他的科學家經驗使他能區分科學家的工作與環繞其間的迷思。他的著作廣泛，但重要的是，他體認到科學家蒐集資料時是加上自己的想像力。他有一句名言，便和康德的想法相呼應：「在自然的面貌之外，蒙上的是理論的面紗。」

科學家是以猜想一個假說開始，惠衛耳即抓住了這個道理，米爾則沒有。惠衛耳說：「提出假說不但不是發現者的缺點，反而是絕對必要的一種技能。形成假說以後，再應用大量技巧來駁斥站不住腳的假說，這個過程是啟發科學家創新的基本過程……因為發現者藉著或對或錯的假說求得進步，因此擁有快速測試每個推測的天分及方法，對他們而言非常重要。」這裡所謂的發現，不是像在海灘上撿鵝卵石，它是科學家常用的程序。首先建立假說，然後用敏銳、嚴密的儀器及邏輯去探討。

假說是實驗動機的起點

惠衛耳的假設演繹系統超前了一世紀。後來，哲學家巴柏提供了最強勢的論證。惠衛耳甚至認識到證偽的重要性，即假說永不能證明為真，它們只能證明為偽。當時，在英吉利海峽另一端的偉大生物學家伯納德，十分同意他的看法：「假說是所有實驗動機的起

點。沒有它，不可能有研究，也學不到任何東西，只能做一些無濟於事的觀察。沒有預定理念就做實驗，彷彿在漫無目的徘徊……那些批評實驗方法中放入假說及預定理念的人，犯了一個錯誤，他們將設計實驗與驗證結果混淆了。」對惠衛耳及伯納德而言，發現及證明是完全不同的。「發現」摻雜了心智的非理性、直覺的成分，「證明」則是嚴密甚至機械化的邏輯過程。

有時候，發現是突發狀況。譬如林格（Sydney Ringer）在鈣影響肌肉收縮上的發現就是一個例子。1900 年，林格正研究青蛙的心臟，這些心臟浸在二次蒸餾水泡的鹽水中。有一天，負責調配溶液的技術員生病，林格自己重配溶液，卻得到完全不同的結果。後來他發現，因為技術員認為倫敦的飲用水已夠純了，省略了蒸餾的步驟（即去除鈣）。他抓住這個線索，繼續闡明鈣在肌肉收縮上的角色。許多故事都像這樣，突然間得到重大發現。一旦有突破性見解，研究員就勇於提出假說，然後嚴格測試它。

惠衛耳的思想嚴重擾亂了米爾。米爾必須注意理性之光，因為它是人類成就中最閃亮的。在惠衛耳的觀念中，認為科學假說的根源是不必解釋的，由科學家的想像或偶然發現，便能把它們從黑暗直接推進理性之光之中。這些假說只是猜測而已。米爾嘗試使歸納邏輯更為嚴密，部分是對惠衛耳的反應。米爾是嚴謹的，但文不對題。今天大多數科學家雖然贊成的不全是惠衛耳的主張，但也不全是米爾的，因為米爾的邏輯太老舊，像是維多利亞時代的老古董。

米爾與惠衛耳的根本差異，在於一個想在邏輯及數字上建立經驗科學，另一個認為這點不可能。後者不放棄嚴密的邏輯，只是把它放在恰當位置——即符合邏輯演繹該假說的可測試結果，並建立實驗及觀察上的邏輯完整性。但含有想像、運氣、亂猜測的發現方

法及支持發現的假說，就像智慧的想像躍入未知中。興起這個躍起的想像，便是偉大科學家與其他人之間的差別。

這兩者的辯證可以舉歐洲大陸上有關科學方法的討論為代表。康德在現代科學方法上建立了科學哲學，他創立了科學與科學哲學間的分派，他對科學假說的性質頗具現代觀。他的學生將他的演講稿結集成《邏輯簡介》（*An Introduction to Logic*）一書。書中他說到每個可能為真的假說，必須確定為真。康德視假說為概念，我們也許相信它們好像是確實的，但在心底，我們知道它們只是「推測……這是我們絕不能達到的完全、確實的境界」。

十九世紀的大爭論

十九世紀末葉，在原子是否存在的問題上爆發大爭論時，科學假說性質上的爭辯到達了最高點。從了解科學方法的角度來看這個爭辯，是富有教育寓意的。那時候，在科學會議上，物理學家與化學家認為原子真正存在，或者只是一種「假說」的，各占一半。因為那時沒有原子存在的直接證據。直到 1905 年，愛因斯坦發表布朗運動（Brownian motion，微粒在液體中的無定向無規則運動）的論文及皮蘭（Jean Baptiste Perrin）後來以愛因斯坦理論做測量之後，證據才出現，此爭論逼使人們對假說性質做出選擇。這裡面還涉及什麼呢？

早期原子理論認為物質可分割成分離的粒子，但接下來則不能再分割。現代的原子觀念，是來自 1808 年道耳頓（John Dalton）及十九世紀初期的一些科學家所發現的化學定律。1809 年給呂薩克（Louis Gay-Lussac）公布了氣體以正整數比組合，這個結果支

持了道耳頓的想法。最著名的原子假說是由亞佛加厥（Amedeo Avogadro）在 1811 年公布的。他主張同溫同壓下，有相同分子數的兩個不同氣體，會有相等體積。整個十九世紀，科學家都在計算定體積氣體的亞佛加厥常數（Avogadro's number）。

1815 年，發現胃液裡含有鹽酸的醫生兼業餘化學家普勞特（William Prout）提出一個定律，認為元素的原子量是氫原子量的整數倍，雖然這定律不全為真，但增加了原子假說的可信度。只是很奇怪的是，普勞特本人並不將這定律看成原子存在的證據。這些結果及其他發展，使科學家了解化學物質好像是由原子組成，但這些都是間接證據，尚未有直接證據出現。沒有人曾經看到原子或分子。

另一方面，物理學家在檢視氣體時，得到原子存在（但仍非直接）的證據。他們發現氣體（像我們四周的空氣）是由很多原子或分子組成，它們向各個方向運動，直到碰撞到其他原子、分子或物體。這個現象能解釋早已知道的氣體熱力學定律。各種氣體的熱力學性質，像溫度、壓力很容易由分子運動來估計，這就是所謂的氣體動力論（kinetic theory of gases）。雖然氣體動力論是成功的，氣體及所有物質由原子組成的想法仍只是假說。

物理學家兼哲學家馬赫（Ernst Mach）是十九世紀末葉最具影響力的科學家之一，他不相信原子的存在。他在物理學上有重大貢獻，像馬赫數（Mach number），即物體速度除以音速，便是以他命名的。他對牛頓力學提出了很多深入的問題，他同時也對科學哲學發生興趣。

馬赫像米爾一樣，他對超過實驗事實的推測想像，及不受觀察證實的假說，深表懷疑。馬赫相信自然的數學描述，應很接近實驗

觀察。他認為方程式中的量，如果不能直接測量或與物理觀察結果有關聯，這些方程式就是無意義的。因此，我們很容易發現為什麼馬赫懷疑氣體動力論，因為這個理論假設不可見的原子存在，它的數學方程式明顯參考了這些原子的運動。馬赫認為原子只是一個啟發性說法。他寫到：「原子不會成為自然科學的一部分。原子必須仍只是一個工具，就像數學的作用一樣。」他認為自然理論應該只參考可測量的量，而非參考不可見及未知實體的量。

馬赫盡全力保護他的主張。但他對原子存在及氣體動力論的看法錯了。物理學的道路，往不同的方向前進。原子變成實體的部分。此外，描述物質界的方程式，在 1920 年代量子理論來臨時，已證實了它們很抽象，且含有很多不對應於觀察量的變數。但這些抽象方程式是真正自然的語言，我們可以運用它們演繹出實驗室中的可觀察量。

愛因斯坦的洞識

愛因斯坦年輕時贊同馬赫的一般哲學（雖然他不像馬赫，他相信原子的存在；而且實際上是他證明了原子的存在）。在他的回憶錄中，對馬赫有下列讚語：「在馬赫堅定的懷疑及獨立主張中，我看到他的偉大。無論如何，在我年輕時，馬赫的認識論深深影響了我。雖然在今天，這個主張對我而言，根本是大有問題。因為他對思想的基本構造及臆測性質，特別是在科學思想上，缺乏正確概念，因此他駁斥原子運動論，然而這個想法仍有它的貢獻。」

愛因斯坦早期在狹義相對論上成功揭示了馬赫的主張──堅持可測量的量。譬如，愛因斯坦放下了數世紀以來時空觀念的「形

上學包袱」，當他說「空間」，就是由一個測量桿測量到的，「時間」就是由鐘測量到的。有什麼能比這更簡單呢？但當他發明廣義相對論時，便與馬赫分道揚鑣了。

廣義相對論應用了黎曼（Bernard Riemann）的四維彎曲空間數學及抽象的不變原理。在發明廣義相對論之後，愛因斯坦在給哲學家朋友所羅文的一封信中，描述了這個方法。他使用的基本方法是假設演繹系統，真是令人驚奇。

這封信是以經驗、物理知識及實驗開始的。然後，在這知識基礎上，愛因斯坦建立了假說，它由「直覺躍起」（intuitive leap）做成「絕對假定」（absolute postulate）。這個假定絕不會單獨從經驗演繹出來；雖然它與經驗一致，但卻超越了經驗。愛因斯坦成功假定一個彎曲的黎曼空間（如球面），空間的曲率由他的重力場方程式規定。這個絕對假定不能直接測試，但因為這假定是邏輯上的明確概念，我們能嚴密的從它演繹出經驗結果。愛因斯坦的廣義相對論有三個著名的測試——水星軌道有小的偏移、圍繞太陽邊緣的光會彎曲、時鐘在重力場中會變慢。

哲學成為科學的娼妓

如果一個測試失敗，因為經驗上的結果和絕對假定的邏輯相聯，這個結果也必定失敗，需要修正或拋棄。絕對假定因此是能證偽的；它是一個「科學的」假說。但假如測試成功（像廣義相對論），我們不能因此下「絕對假設獲得證實」的結論。「偽的」理論也能得出正確的結果。此外，其他假設也可能有相同的預測——因為某些東西在邏輯上是不能取消的。我們絕不能證實科學上的假設

有完全確定性。無論如何，當有更多測試與假設一致時，信心必定增加。由這封信中，可知愛因斯坦完全掌握了假設演繹系統。

雖然像愛因斯坦這樣有成就的科學家，深知科學研究中想像的角色以及科學知識是暫時的，但科學哲學家之間對確定性的探求則一直繼續著。由哲學家卡納普領導的維也納學派，在「邏輯經驗主義」（logical empiricism）或「邏輯實證主義」（logical positivism）上，發展一個大型計畫，他們嘗試將科學知識與其他知識分開，像形上學、神學、文學——這些東西常被認為「無意義」。受到形式邏輯與語言哲學現代發展的影響，邏輯經驗主義者視科學哲學家的角色，為檢視科學定律的邏輯，即視科學定律為一組有關自然實體的陳述。對這些人而言，科學是邏輯陳述系統。他們視自己的工作類似於形式邏輯家的嚴密工作，但他們檢視的是經驗科學上的陳述，而非邏輯內容上的數學定理及證明。他們很多的思考都以「能證實」的邏輯觀念為主，這是一種假設可獲證實及測試的科學陳述。維也納學派的哲學家致力於從無意義中，分離出可測試及有意義的東西。哲學雖然曾是神學的婢女，現已成為科學的娼妓。

事實上，邏輯經驗主義是推動「完美」科學知識的徹底理想計畫。就像所有「完美的」東西一樣，它沒有生存上所需的適應性及可塑性。只要是真的就沒有關聯，只要是關聯的，就常不是真的。

邏輯經驗主義的主要困難處在「可證實」的概念中。卡納普及其同僚最早將可證實的準則，想成「有意義」及「無意義」句子間的明顯區分。但仔細觀察下，發現他們的可證實理念無法維持。正如我以前所說的，物理定律可以是假的，但有真的結果；它們可以是假的，但可能是「可證實的」。而這完全不是卡納普心中的想法。他後來離開了嚴謹的實證主義，而使用較弱的「確認」字眼。

他指出：「假如實證被認為是一個完全、確定的真理，那麼像物理及生物等定律將永遠無法證實……因此，不用實證這字眼，我們可以說定律是漸漸確認的。」但即使是在確認的概念下，也很難維持。

真偽之門

比起其他的近代哲學家，或許巴柏在科學思考上有更大的影響力。他早年參加維也納學派，特別是這個團體科學哲學上的形式觀念，影響了他後來的所有成就。但巴柏與惠衛耳、愛因斯坦及其他反歸納論者深有同感，他與實證主義的科學哲學劃清界限，將假設演繹法帶到最高形式。

巴柏在他的巨著《科學發現的邏輯》中，開始對歸納法提出批評：「現在，這個歸納原理不能像同義反複（tautology）或分析陳述般，它不是一個純邏輯真實。」他繼續批評實證主義的真實準則，並提出可證偽性（falsifiability），而非用科學命題的真實做為準則的觀念，其實這只能當成劃清什麼是科學方法、什麼不是科學方法的準則。他寫道：「這些考慮建議，一個系統的可證偽性（而非可確認性）可當成科學方法的界定準則。換句話說：我不需要在正面意義下挑出科學系統，但我需要在負面意義下利用經驗測試，剔除錯的科學系統。亦即對經驗科學系統，必須可用經驗反駁它。」

巴柏因為太過於主張形式主義或理論，忘卻了實用科學，因此受到同時期哲學家的批評。有一些人批評巴柏的科學觀只往後看，而不是往前看。但巴柏很清楚陳述了假設演繹法（雖然不是第一位），使哲學家在自然科學理論中追求確定（certainty）的觀念正式

結束。所有理論必須都是暫時性的，就某些絕對觀念而言，甚至都是「偽」的。它們絕不能證實，只能證偽。永恆自然律的想法到此結束。

在巴柏的成就上有一個諷刺結果，他已經替不關心邏輯與客觀性的科學哲學開啟了新視野。假如科學理論的絕對真實是不可能的，那麼科學家的工作又有何特殊呢？他們的努力與其他文化活動，又有什麼區別呢？1960 及 70 年代中，知識份子的興趣從形式解釋邏輯，轉移到科學理論上的心理及社會層面評估。科學被視為歷史發展上的文化活動，它是另一種「理性形式」。「過程」才是巴柏之後的科學哲學家關注的重點，「結果」則變得不太重要起來。

譬如，移民到英國的匈牙利科學哲學家拉卡多希（Imre Lakatos），他視現代科學為一組延伸幾世紀的「研究計畫」，而這些「研究計畫」代表科學真實的觀念。英國哲學家賀金（Ian Hocking）拓展了拉卡多希的理念，他指出：「拉卡多希嘗試使知識成長的問題，取代真理表現的問題。」

科學與思想自由

以色列的科學哲學家伊爾卡那（Yehuda Elkana），推展了「知識人類學」（anthropology of knowledge）的理念，即「孤立於文化背景外的人性探索是無意義的」。他用這個人類學觀念，將悲劇及史詩比喻成科學進步的各種形式。他認為，悲劇反映「萬事萬物冷酷運作的莊嚴特性……是命運中不可避免的特質」。在科學中，悲劇對應如此的觀念：「自然偉大的真理，假如沒有讓愛因斯坦或牛頓發現，也將很快讓其他人發現……」科學進步是無法避免的。相

對的，史詩中沒有任何東西是不可避免的。他引述文化評論家班雅明（Walter Benjamin）的話，認為：「它能以這方法發生，也就能以完全不同的方法發生。」

正如伊爾卡那及其他社會思想家看科學進步、科學研究的方向一樣，是根據不可預測的歷史及文化因素。但大多數實用科學家反對這個觀念（包括愛因斯坦，雖然伊爾卡那視愛因斯坦為史詩觀念的擁護者）。雖然文化因素確實扮演了某種角色，但主要因素卻是世界的實際物質秩序。由於科學的發現主要由宇宙構造支配，很少受到文化的支配，因此不同文化之間就沒有產生像比較文學般的「比較科學」。

在思想家中，費爾阿本占據了最極端的地位，除了他的顯赫學歷之外，他被描寫為未成氣候的哲學家。他的著作《反方法》（*Against Method*）中攻擊整個科學方法是錯誤及不可能的。他的理念是，知識或許需要徹底的再重組。他認為科學探求與魔術沒有區別。在他的一篇文章〈如何反抗科學，保護社會〉（How to Defend Society Against Science）中，他觀察到：「我對現代科學的批評是，它妨礙思想自由。如果說發明了一個真理後就緊緊跟隨，我敢說一定有比第一次發現更好的東西，科學這個怪物就這麼樣誕生了。」他接著指出：「我對加州基督教基本教義派人士的做法要歡呼三聲，他們已將教條式的演化論自教科書中除去，並加入創世紀的說法（但我知道，今天當他們得到統治社會的機會時，他們會像科學家般變成盲目的極權主義者。當一個意識型態用來對抗另一個意識型態時，結果往往相當可觀。一旦其中的優點只用來對付敵人時，意識型態本身便變得枯燥而流於教條。）」

這樣的說法使少數讀了這段話的科學家氣瘋了。費爾阿本刺激

了同輩哲學家的自由智慧意識，他們將某些觀念融入邏輯結論上，使結論變得更扎實。經由費爾阿本的極端主張（他歡迎爭論）及極力反對現代科學真理的主張，他已成為虛無主義（懷疑論）者。我發現他的見解相當創新。假如我們只從一千年後的遠景來看科學，費爾阿本的科學觀念有些可能是正確的，只不過哪部分的觀念會存留下，我們就不得而知了。

雖然檢視所有近代哲學家的概念是不可能的，但是留意孔恩（Thomas Kuhn）的理念是很有用的，凡是科學家都必須讀他最有影響力的著作《科學革命的結構》（*The Structure of Scientific Revolutions*）。

這本書剛出版時，我就拜讀了。孔恩的觀念是，正規科學探求之路是在「典範」中進行；典範即是做科學的方法、概念的架構、自然實體的共同意識。當「典範轉移」（paradigm shift）時，科學革命乃發生。在長期「正規科學」之後，科學家之間的一致意見開始崩潰，革命出現，然後科學環繞一個新典範再形成。從古典物理轉變成量子理論，或從創造論轉變成演化論就是一些典型例子。

孔恩也只是隔靴搔癢

孔恩的著作描述了科學革命中的社會轉型及智慧的變化。按他的說法，當革命來臨時，年輕一代科學家懷抱著新的典範。老一代不能改變，只有將以前的典範帶到墳墓去，但年輕一代在新典範的架構中成功了。如此一來，科學完成革命。這種世代交替在麥康馬克（Russell McCormmach）的小說《一位古典物理學家的夜思》（*Night Thoughts of a Classical Physicist*）中有生動的描述。這本小說

描寫一位德國大學教授的一生，他是古典物理學家，活在二十世紀初期，在相對論及量子論來臨時，他的世界毀滅了。在智識上、感性上他都無法改變自己的世界觀，最後只有走上自殺一途。這是非常強烈的「選汰壓力」。從這裡我也聯想到費茲羅船長，他在達爾文旅行中指揮「小獵犬號」探勘船，是達爾文的餐桌夥伴及談話對象。費茲羅船長是虔誠的基督徒及創造論者 *，當達爾文的演化理念出現時，他不能接受，最後年老時，他習於駁斥鼓吹達爾文理念的人。談到科學歷史的社會與知識的轉變時，孔恩的書擲地有聲。然而，我不禁想起他並未找到科學轉變的根源，只是轉變的表象而已。

　　孔恩這本著作的最後一章〈經由革命的進步〉中，他嘗試解答為什麼科學知識能進步？為什麼人類其他領域，像文學或神學等沒有進步？雖然他確認了科學的特性，像在正規科學的期間，科學家同意單一典範，這在其他知識領域中是沒有的，但孔恩並沒有解釋為什麼科學有這些特性及「進步」。

　　為了要領悟孔恩文章中為何不能解釋科學成功的方法，我決定嘗試一種智力實驗，我稱它為「內容取代法」（method of content substitution）。我想孔恩不完全在談科學，他談論的是像在紐約、巴黎等地，為了銷售新型衣服目的下的「季節性流行」。正常流行的變化有階段期，然後年輕一代帶動了主要的「典範轉移」。從孔恩書中所說的，我驚訝發現，科學好像描述成流行事物一樣。那使我困惑了！這個內容取代觀點非常成功的理由，是假如你忽略了科學發現中自然不變構造的層面（即造物主的造物密碼），那麼科學的

＊譯注：相信《聖經》所說的世界及生命為上帝所創造。

傳播及理念所鼓吹的層面，的確和流行世界很相似。

科學轉變就像演化

　　雖然典範對立常採取「小孩」與「父母」之間的代溝形式，新典範的成立是因為它有較大的概念及解釋能力，它是真實的較佳圖像，使它與宇宙密碼（宇宙秩序）相連結。一組新的科學理念能否受接納，通常與社會因素無關。唯一的例外是在受限制的社會條件下，像史達林時代的「利森科主義」（Lysenkoism，否定現代遺傳學的正確性）或希特勒時代的「亞利安人科學」（Aryan science，主張理論物理學是猶太人的誤解，只有實驗物理學才是純正的）。雖然，社會及心理學因素在科學探討上有它的地位，但充其量也只是自然科學對新實驗環境的回應，或自然科學只由內在結構發展出更具包容性、更一致的真理圖像等事實的背景罷了。簡單來說，當我們發現和世界有關的新真理時，科學就發生改變了。

　　孔恩主要的隱喻是「科學革命」。很多人反對這個觀念，認為它扭曲了科學轉變的性質。法國歷史學家度昂（Pierre Duhem），在他 1913 年出版的十冊巨著《世界系統》（*Le système du monde*）中，主張科學是演化的，不是革命的。十七世紀的科學是中世紀科學逐漸聚集的結果，有非革命性的改變。

　　「革命」這詞常遭誤用，從描述國家革命到描述科學、技術或新的商業發展都是。科學史家及科學家對這個誤用都有一些責難；他們想要注意的是科學發展中幾個主要的間斷。但我認為科學史上的適當隱喻（如果堅持一定要用隱喻的話），不是人類社會及政治改變，而是地球上生命的演化。我選用自然隱喻而不用社會隱喻的

理由，是社會隱喻給了我們科學革命像國家革命的印象，科學革命成了意志及決斷力的實行。而自然隱喻暗示改變，是由人類經驗環境或自然本身的隱藏秩序所促成，此改變乃處於人類意志及目的之外。我採用這樣的觀點。

在這觀點之下，我想科學轉變和演化同樣是選汰性系統。我做這事的部分原因，在於我想將這個隱喻與社會革命隱喻相比較，後者強調文化、社會及心理因素。演化隱喻則強調物質及環境因素的重要性，這指的是像新儀器、新方法、新理念及一個「就在那裡等著找到」的新發現。但話說回來，我不相信社會文化及心理因素可真正與所謂的「物質」因素分開，它們也是環境的一部分。這些複雜成分的交互作用（自然秩序與人類世界的交互作用），使我們對自然的認知有所改變。而「革命」隱喻，則使很多人以為，科學只是另一個社會事業。這個錯誤概念像靈異學般需要譴責。由於科學理念特別容易受到自然實際秩序所限制，科學理念必須蒙受自我選汰的壓力，這壓力也是超越特殊文化的生存準則。

漸進與突變

我相信科學轉變就像演化一樣，可描述成選汰性系統。假如因為一個新儀器或概念上的洞識（變成一個認知「儀器」）使環境改變，科學理論也會改變。我們選擇科學理論來表達自己贊成或不贊成，只要經驗及認知環境支持這些理論，它們就可生存。這個選汰過程，由觀察而來的自然界不變秩序當裁判。

孔恩在這本書的最後一章也發表了演化的類比。他特別指出，自己排拒的不是達爾文的演化概念，而是排拒達爾文認為演化是盲

目的概念，即生命形式並不朝盡善盡美的方向走。孔恩也經由類比提出，或許科學沒有最後真理。

　　無論如何，孔恩在這個類比中，遺漏了科學理念上主要的選汰壓力，是來自科學之外的某些條件，即自然的不變秩序。孔恩的中心思想，是科學轉變乃源於科學社群的內部發展。沒有這個根本差異，科學與流行行業就變得沒有區別。孔恩過分強調社會因素，而忽視了解科學變化的主要關鍵。

　　科學轉變通常是漸進的，但有時也會發生突變。我將這些漸進及突變，比喻成演化上的改變。漸進改變對應於代代相傳的基因，它們很少改變。突然中斷則對應於滅絕或快速遺傳重組，常是對主要環境變化所做出的回應。

　　譬如，化石常顯示某些生物在長時間下，具有一個奇妙的穩定性。然而，長期穩定有時會由短期巨變所截斷。這個「疾變平衡」（punctuated equilibrium）觀念，是由演化生物學家古爾德與艾垂奇（Niles Eldredge）推動。假如我們探索演化隱喻，它也可應用到科學轉變中。

　　孔恩在《科學革命的結構》一書中，強調科學的「正規期」終止於「革命期」中。生物學家還不了解化石記載中快速改變（非穩定期）的明確起因，但在科學中，我們能以後見之明發現快速改變期的起因，它是利用新的儀器或方法、技術而達成。譬如，伽利略用望遠鏡開拓了天文學的新方向，雷文霍克（Antonie van Leeuwenhoek）發明顯微鏡，使他看到細菌。這些儀器的引入，戲劇性改變了「環境」，科學的外觀也因此轉變了。

引人入勝的類比

科學轉變與演化類似,這個觀念不是全新的。像我已提過度昂的成就,他輕視科學「革命」觀念。實用主義哲學家皮爾士也有「演化認識論」觀念,他視科學真理是依從演化過程。巴柏也未遺漏假設演繹法與天擇間類推的重要性。他在 1973 年的一次演講中,即有部分內容在做遺傳適應性、適應行為及科學發現間的比較。不管這三個系統的差異,他提出結論:「這三者適應性的機制,基本上是相同的。」按巴柏的說法,這三個系統中每個改變的指示,都從系統內部而來。同樣的,選擇的出現有部分是無中生有,而且是利用「嘗試方法及消除錯誤」所建立,這是負回饋迴路。巴柏特別指出:「我認為科學進步或科學發現是根據『指示』及『選擇』——在一個保守的、傳統的或歷史的元素上,經由革命性的嘗試及錯誤的消除,以偵測出理論上的可能弱點,並嘗試駁斥它們。」

巴柏也提及科學進步理論與抗體形成理論之間的類比,後者由桀尼與伯內特(Macfarlane Burnet)在 1955 年提出。桀尼的基本理念是認為,雖然有隨機的變化,但軀體識別外侵抗原的能力,是軀體天生遺傳構造的一部分。抗體是外侵抗原的粗略負模板,因此能對抗且破壞它們。免疫反應像演化般,也是選汰性系統,它由內部的遺傳指令,加上隨機的變化得到指示,但選汰是根據外來的特殊入侵抗原而定。我發現此類比相當引人入勝。

為什麼有些科學理念能生存,像牛頓力學、達爾文演化論?有些則不能生存,像燃素論及用進廢退說?為了要回答這些問題,注意科學流行的存在(哪些理念存在,哪些已經消失),可以給我

們一些有趣的啟示。每一位科學家在數十年的生涯中，都會看到科學流行的盛衰，事實上他們可能已參與其中。科學研究中有誠實的「流行行業」，這對選汰過程相當重要。

　　對選汰性系統而言（不管它是科學或演化），這種嘗試錯誤、隨機變化及搜尋是必須的。在個人研究工作上，不僅有嘗試及錯誤，整個「流行行業」也有此性質。它的確也該如此。若某種科學在心裡已有直接目標，進步一定有限。選汰性系統像演化系統般盲目亂走。在它的進步中有一種隨機性，是受到以前經驗的嚴格限制。但當理念成功時，每個人及行業鎖定它，隨機的搜尋停止，研究變成更有目標。最後，行得通的理念選擇出來，其中主要是靠造物主的自然秩序，人類的貢獻較少。理念中存在的科學唯一特殊性，即它的真理不全受我們所支配。

克里克上天堂

　　「克里克上天堂」的故事，是我從分子生物學家布瑞納（Sydney Brenner）那裡聽來的。它描寫天擇是草率、累贅的過程，但它很像科學過程中成功的方式。這是有關自然界實用智慧的故事（好像自然具備智慧）：

　　DNA分子構造的發現者之一克里克死後上了天堂。他遇到聖彼得，聖彼得便問他有什麼特別要求。克里克說：「我想拜見上帝並問祂一些問題。」彼得說提這種要求的人不多，但可以安排看看，他叫克里克跟他走。

　　穿過極樂園之後，有冷泉及湖泊，一群快樂的人正在遊戲——

他們想要的都實現了。彼得與克里克穿過小山，進入黑暗山谷。一路上堆滿了壞掉的機器、電子零件、破玻璃瓶、試管、有機廢料、舊電腦。

　　山谷盡頭有一間簡陋的小屋，他們進去見到裡面有位老人，他的工作服上沾滿了油脂、血及化學物質。他彎著腰，在滿布廢物的實驗桌前辛勤工作。聖彼得說：「克里克！見過上帝。上帝！這是克里克。」克里克對上帝說：「很高興見到祢。但我想知道祢如何將肌肉系統做成能飛的翅膀，真是天才啊！」

　　「好的，」上帝說：「這是很久以前做的事了，實際上很簡單。讓我想想看是否還記得。你只要拿一些肌肉組織，然後……嗯！扭曲……然後……然後重組……將這些蛋白質鏈放在一起，拍它一掌……可是，好多細節，我都不記得了。但誰管它？它成功了，不是嗎？」

　　故事的重點在演化不是有系統或明確的，它不必符合某人完美的期望，也不是「嚴密的方法」，就算是草率，只要能發揮作用就可以了。同樣在科學探索的路途上，誰在乎所有的細節呢？只要基本理念是對的，就能存活下來。當然，生存並不等同於真理，但可能的真理將達成。存活也不是好科學理念的準則（靈異科學也會「存活下來」），但存活、改變與演化的能力合起來，才是科學理論的特點。

　　我主張科學理念中的改變是選汰過程，並強調選擇最終不由我們而做。正如量子論創始人之一海森堡（Werner Heisenberg）所說的：「我學到的某些事情或許更為重要。亦即科學上，一個決定到最後總是有對或錯來確定它。這不是信仰、假設或世界觀的問題，

也不是血統或家族可以決定的問題：它是由自然所決定的，假如你喜歡，也可以說是由上帝所決定的，反正不是人就是了。」

實體的圖像出自人類之手

我對科學演化的觀念就像生命演化一樣，它是自律的，幾乎與人的意志及目的無關。有一些哲學及社會思想家，強調科學家鼓吹特定的價值及利益（確實如此！），科學順從社會及政治力量（沒錯！），支持它的文化，建立了用科學探索萬物的世界觀（的確如此！）。支持這個主張的其他人也同意，認為自然科學和音樂、藝術、文學、法律一樣，是獨立的「世界」，它主張通往原始實體的觀念，只是科學家心中的構想罷了，它所提出的觀點與真理無關。無論如何，在這個說法下，自然科學除了是其他世界的社會事業外，不是任何東西了。

在這裡我要劃清界線。雖然我們對自然實體的觀念，可能是內心的構想，因為它不全由我們自己所決定，因此它也不像其他任何的構想。

為了描述人為構造世界與自然科學間的對比，我想到一個故事。哈佛大學一位歷史系研究生在口試時，教授問他，歷史學家在做什麼？這是個很好的基礎問題。學生回答，歷史學家的行為是研究過去，就像進入黑屋子的人，然後打開燈，看看房間四周及家具。「啊！」教授接著問：「但誰建造這房子呢？」教授提醒學生，歷史是由人所建。然而，自然世界雖然不像歷史，不是由我們親自建造，但它的表現（即實體的圖像）卻必然出自人類之手。

科學探索之路非常複雜，雖然不像無數生物體歷經無數演化

之路般複雜，但仍是很複雜的。我們正開始學習如何處理這種複雜性，而了解了科學成長的細節，真正的進步就可預期了。我不認為未來了解科學發展的工作，將留給科學哲學家或傳統歷史學家。我相信科學將成為享有主權的新行業。我的理由是研究科學方法與進步的儀器正在改變。

譬如，一些科學家日前正推動大型計畫，將過去三百年來所有的科學知識放入電腦系統中，這計畫所費不貲。但假如這個計畫實現，使用快速處理大量科學資訊的新方法，就能了解科學的歷史構造，它就像選汰性系統。這個處理方法也許無法回答所有的問題，但卻是走在正確的路途上。有些人早已研究過科學新領域的成長，就像在費城的科學資訊研究所（Institute for Scientific Information）做的一樣，他們能使用含有關鍵字的引文群集分析，而確定某個凸顯題目。他們能看到成長的群集，而發現互相影響的研究新領域。

科學從不說謊

這樣的研究也許不能偵測出改變科學的深入問題，但某一天，當能處理更多資訊的更複雜電腦誕生時，便可能解答這些問題。了解科學發展，就是了解選汰性系統上的複雜性問題。管理這個複雜性的儀器便是電腦，如果有足夠資料基礎，我們或許能首次看到科學成長的形態。一旦我們看到傳統哲學家開始對這行業興趣缺缺，轉而把注意力移到其他較易掌握的問題時，我們就能預期這個行業的成功了。

我為現代科學智慧架構選擇的形象，是我所知最美麗、複雜的個體——也就是人體。在人體的成就之前（假如它可視為一項成

就），所有哲學、認識論，所有解釋及批評都看似渺小。我們軀體的易變性、可塑性、耐力及生存力，是目前尚未理解的兩百萬年演化結果。

但不管我們是否了解它，我們都是人體偉大的見證人 —— 看看單一、確定的人體，卻又如此容易改變。假如我們在知識探求上（如科學）模仿選汰過程，即使無法詳細了解所有細節，也能確保我們知識的存在及彈性。

那麼科學，就像軀體一樣，從不說謊。

第12章

向無限挑戰

沒有人能將我們逐出康托（Georg Cantor）為我們建造的樂園。

—— 數學家希爾伯特

　　我一向喜歡數學謎題。1950 年代當我十幾歲時，我曾努力解決四色地圖問題——對任何一個地圖，最多只需要四種顏色就可達成分隔各國界，但又沒有任何顏色與鄰國相同的目的。

　　這問題雖能夠簡單陳述，但當時卻尚未解決。我花了很多美好的週末假日，嘗試發現需要五種顏色的地圖。我必須多費神一些，因為數學家早已知道，任何少於四十個國家的地圖，只需四種顏色就夠了。在我的努力中，我理解到一個重點，假如我將一張紙捲成一個圓柱體，將兩端連起來，做成像一個圓環面的圈餅狀，則那個地圖至少需要五種顏色才行。我對這個結果非常滿意。但後來我發現數學家早已證明，一個圓環面上的地圖最多需要高達七種顏色（而非四種顏色）。這和拓樸學有重大關聯。

　　我從未找到一個平面上至少需要五種顏色的地圖，因為這是不

可能的。這個結果的證明，在 1976 年才由數學家黑肯（Wolfgang Haken）及阿培爾（Kenneth Appel）提出。他們推論出，假如存在一個需五種顏色的地圖，則必須有一個「最小」的五色地圖。他們指出，假如有這樣一個最小地圖存在，它一定能化約，以致於它不是真正最小的。則唯一邏輯上的可能性，是根本沒有這樣的五色地圖。他們因此證明了四色定理。他們繼續用電腦檢查這個化約性，最後顯示了這個可能性。這中間的過程如此複雜，以致於一個十幾歲的小孩是無法證明它的。

四色地圖及其他數學謎題上的努力，使我學得面對邏輯的必要。假如，我同意按照邏輯規則來玩像四色地圖的「數學遊戲」，則可以推論出某些事情是不可能的。它們不只在那個時候不可能，在以後也同樣不可能，這個不可能不只是觀念問題或人類心理作祟，而是規則中與生俱來的。

向人類想像挑戰

這嚴格的概念似乎像一所監獄。但數學的邏輯規則仍像有規則的學科般，它們開啟了廣大且複雜的存在領域，足夠向人類想像的最深處挑戰。

數學是什麼？幾乎從人類第一次接觸計算開始，人對於數字、點、線、三角等的性質就產生了迷惑，他們開始討論，並且持續至今。這些討論雖然加深了我們的了解，但迄今仍未解決。根本的問題還殘留著。數學對象以什麼方式存在呢？它們完全存在嗎？假如它們存在，則數學定理指的是什麼呢？我們正在談的又是什麼呢？

　　某些現代數學哲學家，不認為數學定理需要任何數學實體對象存在，他們認為定理只是邏輯陳述的正式規定，因此並不需要真有內容。譬如，歐幾里得的幾何定理可視為純邏輯陳述，它們不需要可見的直線及三角形，就能實現那些邏輯陳述。

　　哥倫比亞大學哲學家納格爾做了以下觀察來支持這個觀念。他認為把邏輯原理（如數學定理）解釋成存在的不變本體（例如點、線、幾何形狀），似乎是一種不必要的裝飾。邏輯學家羅素（至少他的早期生涯是如此）及數學家龐卡萊（Jules Henri Poincaré），不管他們的哲學觀念差異如何，他們一致認為數學上的公設，只是邏輯上的定義，不需要任何存在的實體就能滿足公設。數學上的真理只是邏輯的真理——它們由定義成真。

　　從柏拉圖到二十世紀的邏輯學家哥德爾，及其他追隨這個傳統的人，都認為數學公設超過定義，數學對象超過「特殊的裝飾品」，公設系統的條理，訴諸有關實體秩序上更深入的直覺，這個實體秩序是超驗於形式秩序的秩序。他們覺得數學的真理含義更多。光有形式還不夠，內容更是重要。假如不是這樣，他們會反駁，人心中如何能產生數學的直覺呢？這些直覺又從何處來呢？他們主張必須有超越我們經驗的秩序存在，使我們的經驗易於理解，而我們的直覺也由它而來。但仍有其他派別的數學觀念，其中之一是經驗論（empiricism），這是十八世紀英國思想家休謨（David Hume）主張的哲學。

心智及文化的產物

　　數學與邏輯確定是人類心智及文化下的產物。然而這個產物是

普遍而客觀的，超越了創造者的特殊心智及文化。邏輯的必要性，是我們思考及世界構造中所固有的，我們無法逃脫它。甚至於，當數學家及邏輯學家，發明外觀上與自然世界或邏輯思考方法無關的新數學及邏輯系統時，他們對於系統的要求仍是一致、真實、有趣的，仍訴諸於他們在平常世界中的存在與思考經驗。

有時候，自然世界與數學之間的聯繫如此密切，以致於數學哲學家（經驗主義者），想在自然秩序明顯而神祕的條理上，建立數學的一致性。雖然維持這種經驗論的數學有困難（畢竟，是經驗科學為了理論條理去訴求數學邏輯，而非反過來），一些哲學家一致同意卡洛馬（László Kalmár）的說法：「為什麼我們不承認數學也像其他科學一樣，最後必須在實際應用中植基，並接受測試呢？」數學真理變成必須根據我們在自然秩序的經驗，這顯然和柏拉圖及哥德爾的超驗觀念不同，或與羅素的形式邏輯觀念也不同。

在這一章中，我們將檢視各種數學觀念間的差異，它們包括了形式邏輯、經驗論及其他的觀念。非常耐人尋味的是，很多前幾章中有關科學及心物問題等主題及差異，在此再次以新面貌出現，尤其是超驗觀念及自然論觀念；超驗觀念視心靈為自律的，自然論觀念視心靈為自然的一部分，並服從自然律。

正如前幾章中我主張的，當我們思考這些問題的範疇架構，尤其是數學哲學時，將受到興起的複雜科學所影響。事實上，數學本身不僅提供複雜科學的語言，也服從複雜科學的邏輯基礎。假如未來科學家解開了「認知問題」（即如何用正式的、物理上可理解的系統，來表達意義及內容），則我相信，我們將發現討論數學哲學，無異於一直在問錯誤的問題。為了在這些問題上得到較好的領悟，我要迅速掃描一遍數學的歷史，並強調其哲學問題。數學史可

以讓我們了解目前的爭論，並設定我們討論的基礎。

發現「心靈」的希臘人

　　很久以前，古人就注意到自然的規則性，開始以一種不同的抽象方法思考它們。商人為交易貨品，設計了數值計算系統及基礎算術。雖然，像物體的計數、農場的邊界、彈簧振動聲音這些規則，或許是經濟及自然世界的一部分，但我們將這些規則抽象化、一般化，使它們變成純思想的領域。例如，我們將三隻綿羊加八隻綿羊，可得到十一隻綿羊，三隻山羊加八隻山羊，可得到十一隻山羊。從這個例子，我們不需指出綿羊及山羊，只要有數字的抽象觀念，就能認識加的結果，我們發現了數字的抽象觀念。

　　這是古希臘人第一次抓住秩序世界的抽象科學觀念，它似乎訴諸於宇宙的超越實體。他們在數字、幾何、邏輯演繹方法的領域中，建立了西方數學延續到今天的傳統。雖然，希臘人的知識，是建立在以前巴比倫人和埃及人的知識上，但他們脫離了這些有力的影響，而建立了驚人的成就。一些希臘哲學家，強調數學處在實體的基礎上。柏拉圖在他的《蒂邁歐篇》（*Timaeus*）中，描述宇宙是在幾何原理基礎上組成的，這個洞識已在今天的物理學中完全實現。有趣的是，亞里斯多德拒絕這個數學上的重點，堅持我們思考實體的基礎是邏輯。數學與邏輯間的辯證，也一直持續到今天。雖然有點誇張，但我們可以這樣說：希臘人發現了西方的心靈。

　　希臘「心靈」的最大成就之一，是把邏輯應用到平面幾何的原理上，這包含在歐幾里得的十個公設中。公設是基本的命題，它們是數學系統的起點。譬如，歐幾里得的一個公設，敘述兩點間只能

畫出一條線。當這個命題似乎很真時，它必須像一個公設，清楚陳述。用這個公設及其他公設，我們能繼續定義三角形、四邊形等幾何物體，更重要的是，我們可以從邏輯上推演出定理——即陳述似乎不是很明顯的結果，如任何平面三角形的內角和是一百八十度。希臘人首先仔細考慮幾何物體，然後領悟它們的性質可演繹自一些公設。今天，我們已將它倒轉過來，我們視公設，而不是物體為基礎，事實上，很多數學家並不關心，是否存在滿足一組公設的任何物體。

希臘人有力的空間想像力，能使他們進入幾何物體的美麗存在領域，但同時也限制他們的想像力於可目視的物體上。花了千年了解著名的「平行假定」邏輯獨立性後，人們才領悟歐幾里得的幾何學只是一個特例。這個空間直觀，使他們方向錯誤。

超越世界的真理

在希臘數學中，我們可以看到觀念上「超驗的普遍性秩序」就躺在現世之外，這是上帝心中的思想，只要用我們的個人智慧，就有希望領悟。數學上的真理，不僅對你、我為真，對任何能領悟邏輯的心智也都為真。如此，數學的真理是超越世界的——這是必要的秩序，它不因世界的特殊性或感官證據而有影響。同樣的，心靈就像自然世界的概念領域，存在自然世界中，而不存於己身之中。這個透視如此有力，以致於到今天還支配著西方的思想。但這是真的嗎？超驗觀念的領域，是自助式的智慧幻想嗎？或許，我們應該問的不只是什麼是數學，而是數學在何處？在什麼觀念下，概念的邏輯空間才會存在呢？完全理想的歐幾里得三角形存在何處？

我們又回到先前認知科學的討論上，即心中知識表現的問題。

中世紀時，教會人士沿著亞里斯多德所創立的路，大力推展了邏輯。由柏拉圖觀點所啟發的數學，在亞里斯多德的哲學中變成小角色；亞里斯多德哲學，認為邏輯才是主要的關鍵。有些學者認為在文藝復興時期，重視柏拉圖主義及強調幾何學，才導致了科學革命及以數學（而非純邏輯）為語言的自然描述。

一直到哥白尼、克卜勒、伽利略、牛頓等人創造了現代物理學及天文學基礎後，偉大的數學發展才開始。十七世紀中，笛卡兒及維埃塔（François Viète）的解析成就，將代數首次應用在幾何上，因此，代數量的符號處理（這是阿拉伯人發明的技術），取代了希臘人的演繹論點。經由笛卡兒引進坐標系統（即空間的參考架構），幾何對象現在已能用代數來研究了。這是偉大的簡化，經由這樣的分析工具，可以檢視更高維度的物體。現在的數學已能處理超過三維空間的幾何了。

這些十七世紀的分析發展，也鼓吹了函數的數學觀念，一個變數 Y，能為另一個變數 X 的函數，寫成 $Y = f(X)$。函數 f 在變數 X、Y 之間，規定了明確的決定性關係，這是邏輯上的因果關係，它能變成所有物理定律的基本形式。如此，自然現象能表現在數學方程式的語言中，而不需用文字來表示。在理解及定量上，這是重大發展。

數學是大自然的語言

十七世紀的另一個重要數學發明，是牛頓及萊布尼茲（G. W. von Leibniz）所創造的微積分，這是牛頓建造古典力學的工具。討

論無限小及處理無限過程，一向是希臘人的障礙，現在有了微積分及現代代數的來臨，這些障礙已移走了。用數學描述自然的道路從此釐清。

古典物理的語言是微分方程式，它是微積分的自然產物。人類的表達方法有兩種形式——語言及數學，其中數學現在已讓人用來描述自然。當合適、有用的數學工具出現時，希臘人及中世紀哲學家老舊的、語言式的描述自然方式，顯得不適用且累贅。一旦數學成為物理及天文學上適當的語言，自然科學與數學間符號關係的問題便接踵而至——為什麼自然能用數學描述呢？康德曾說：「在自然的每一個特殊學說中，有多少數學就有多少科學，如此聯結了經驗科學及數學。」

經驗科學及數學之間，有如此的聯結無可置疑。自然科學常使用先前發展的數學。例如十九世紀中，非歐幾何學上的發展，與空間曲率上黎曼的成就，在十數年之後，運用在愛因斯坦的廣義相對論上。二十世紀初期，希爾伯特發展了無限維度向量空間及算子，成為 1920 年代後期量子理論上的數學基礎。

雖然，有很多理念由數學流入自然科學，但它並不是單向的。物理學家在嘗試解描述物理過程的方程式時，常發現數學新觀念。譬如，牛頓發明了用微積分解決物理問題。此外，新的數學解析方法，也發現常用來解決物理問題。像某些數學算子的值譜可以是離散（只取特殊值）及連續（取所有值）的，便是由尋找氫原子光譜的數學物理學家所發現。最近電腦的來臨不僅解決了問題，而且它本身的複雜性問題，已激發很多數學的新發展。

原則上，數學發展可以和自然科學完全無關，但實際上卻做不到。有很多傑出數學家，不僅視他們學說上的邏輯構造，完全與

物質世界無關，並炫耀數學的抽象及超越特性。這些數學家排斥應用數學的概念。法國布爾巴基學派（Bourbaki group）的退休成員迪厄多內（Jean Dieudonne），在 1977 年出版的書中，非常得意的說代數幾何學與物理學無關。可是，此書的 1982 年版，這些話刪掉了，代之而起的是代數幾何充分應用到粒子的規範場論上。數論（number theory）長久以來是純數學中的獨立領域，現在已在密碼理論及電腦科學中擁有卓越地位了。

數學工具就等在那兒

　　為什麼數學與自然科學的發展如此密切？這個問題一直困擾著我。一邊是純思想，另一邊是經驗，為什麼這兩個領域會有密切的一致性呢？為什麼黎曼幾何及希爾伯特空間的數學工具，等待著發展自然世界理念的物理學家運用呢？而這些理念又不能為數學家所預期。雖然對這個迷惑，我沒有滿意的答案，但我有一些看法。

　　數學的發展非常廣義，數學家努力達成這樣的廣義性，並在高度特殊問題中，用邏輯上能顯現的所有可能，嘗試證明他們的結果。另外，他們對數學有一個共同的雄心，就是盡可能數學化（mathematize）任何可能存在的邏輯構造，直到人類能力的極限。簡單來說，數學家創造了很多數學，只要他們發現任何能用數學描述的東西，他們都要窮盡畢生生命、歷史背景及各種可能來源加以研究。因此當我們從事某項經驗科學的新研究時，如果發現所需的數學工具其實就等在那兒時，或許不應覺得那麼驚訝吧！

　　數學及科學共生的第二個理由，可說和人類想像的極限有關。數學家及科學家生活在同一世界與同樣的知性文化中。每個世紀有

它的風格、它的世界觀，而知性生活的導向便受這個風格所影響。社會及文化傳統在界定何者可接受，及何者看似怪異且難以接受的問題上，也扮演它們的角色。科學家及數學家常從自然秩序及它反映的邏輯秩序上獲得靈感。文化孕育了我們的想像，卻也同時限制了想像，這在知性生活上一直是反覆重演的。因此，文藝復興時期及十九、二十世紀數學與科學的對應，實不應令我們感到驚訝。因為自然和它的條理正如康德所強調的，是我們認知能力的產物（如數學），或許它們之間的相互關係根本就是必需的。

隨著十九世紀中葉數學的繼續發展，新的基本問題隨之產生。數學家在嘗試去解各種無限分數數列的總和時，他們發現處理總和的方法不同，會得到不同的答案。為了解決這種歧異，遂開始發展嚴密的證明方法。精密檢視數學運算的性質，不僅相當重要，甚且可說是最關鍵的根本。經過柯西（Augustin-Louis Cauchy）、狄利克雷（L. Dirichlet）、傅立葉（J. Fourier）、高斯（K. F. Gauss）、波爾察諾（B. Bolzano）、韋爾斯特拉斯（K. Weierstrass）及其他人的努力，數學解析因此站在更嚴密的基礎上，而表面的不一致也因此消除。至此數學上的嚴密觀念便確立了。

十九世紀的數學

十九世紀的數學家大量發揚以前在微積分、微分及代數方程式上的早期發現，開拓了廣大的新領域。大天才高斯及柯西發展了新的解析方法，使微積分延伸到新的範圍。傅立葉發現了傅立葉級數。新的數——即四元數（quaternion），為漢米頓（William Hamilton）發現並證實。拉普拉斯延續早期的研究，發展出機率理

論，成為數學上的一門學科。伽羅瓦（Evariste Galois）創造群論
（group theory），解決了很多與代數方程式有關的古典問題。此外，
新的非歐幾何漸漸獲了解與發現。幾何的代數處理方法，由於戴德
金（Richard Dedekind）及克羅內克（Leopold Kronecker）的努力而
變得更深入。另外源自歐洲數學家豐富想像的其他發展，多得不勝
枚舉，這些知識是永久的財富，也是人類共有的遺產，並形成二十
世紀大多數科學的主要語言。

　　十九世紀的數學特徵是新數學對象的發現——存在數學想像
領域內的實體。相對的，抽象觀念是二十世紀數學的特徵，雖然它
早在十九世紀就已萌芽，但那時尚未影響整個思潮。抽象的觀念有
部分是從邏輯新發展而來，在十九世紀仍視為與數學相當不同的學
科。十九世紀這些邏輯的發展，最後在數學哲學中扮演著極重要的
角色。

邏輯語言超越文字

　　1847 年，笛摩根（Augustus De Morgan）出版了《形式邏輯》
（*Formal Logic*），將亞里斯多德的邏輯做成量化形式，並開啟了
「邏輯關係」上的研究。十九世紀中，邏輯上的主要發展之一是布
耳（George Boole）的《思想律》（*Law of Thought*），出版於 1854
年。布耳的動機，在用代數符號系統及公式，取代一般的邏輯語
言，他成功加速了抽象的趨勢。布耳的成功，確實影響了弗雷格
（Gottlob Frege）的名著《概念演算》（*Begriffsschrift*），這是發表於
1879 年的一本小冊子，總共有八十八頁，它可能是邏輯學中最重
要的著作。他拿自己和布耳相比，認為：「我的意向，不是以公式

來表現抽象邏輯，而是以一種比文字更明確、清楚的記號方法，來表現內容。事實上，我企圖創造的不是一個單一的微積分推論，而是萊布尼茲概念中的特殊語言。」

打從一開始，弗雷格便努力在數列觀念上做明確的邏輯分析。為了完成此一志向，他發明了一種公式語言——一種不需任何直覺推理補充的語言。在這本名著的前言中，他指出：「我的第一步，是企圖將數列中的秩序概念，化約成邏輯的結果，以下我們便一一加以檢視，以便最後達成數字的概念。為了防止滲入任何直觀，我必須盡力維持沒有破綻的推理鏈。為達到最嚴密的要求，我發現一般語言並不恰當，會成為障礙。無論我如何做好心理準備，接受複雜的表達方式，我仍發現當關係變得愈複雜，我便愈來愈難做到我想達到的準確性。這個欠缺使我發展出目前的表達方式。」弗雷格發明了真理命題的計算法，首次將命題分析做成函數及關係。他設計了定量的理論，如此一來命題所衍生的內容，便可完全用清晰的表示形式來實行。

弗雷格和布耳為邏輯的未來發展設定了主題，這是一種形式的、幾乎機械化的處理方法。弗雷格要求我們用明顯的符號、明顯的公設、規則及明顯的證明來思考數學上的推理。因此，視一個數學證明為連續的邏輯陳述，能看成數學的目標（這一點遠離了希爾伯特的「證明理論」）。

弗雷格晚年開始對數學哲學產生興趣。在算術基礎上，弗雷格評論哲學家胡塞爾的早期研究，認為他犯了「心理主義」（psychologism）的錯誤，亦即胡塞爾認為：數學知識主要根據人類心理，而非客觀、確定的判斷。這使得胡塞爾在後來的研究上，採用不同的處理方法。

弗雷格的成功，建立了十九世紀末及二十世紀初現代邏輯的黃金時代。他的成就在於使邏輯理念更明顯。然而他也表達了對他系統中公設的擔憂。事實上，這個令人困擾的公設，正如1901年羅素所指出的：暗藏了不一致性。後來抽象化的演變，進一步產生了集合論。

思考無限

十九世紀的數學家開始接受無限的挑戰，他們在處理無限大或無限小的概念上鬥爭。為了要處理這樣的量，許多嚴密的方法因此發展出來。

經過這個發展，「無限」意指像整數序列：1、2、3……這樣的數列極限。十九世紀最後三十年間，經過大天才康托的努力，無限的不可思議構造才開始揭開。

我們如何能思考無限呢？畢竟，我們的心智，即使是最佳的心智，都是有限的。沒有人能計算無限。但是，即使是計算系統下超過十的最早人類（對他們而言，只要超過十就認為是「無限」），仍能比較超過十的兩組物體，並能決定哪一組較大。他們將兩組中的物體相匹配，剩下物體的那一組，就是較大的一組。康托以波查諾的早期成就來建造理念，基本上，他以所有整數的集合來做相同的事情。在比較數學對象的不同無限集合之後，他發現某些集合仍有東西「剩下」，可見無限也有「大小」。他是如何獲得這種奇特結論的呢？

首先，讓我們假定一個最小的無限集合——所有整數的集合，這是一個無限集合。我們想像所有奇數的集合少於這個集合，畢

竟，所有偶數也占了一半的整數。但這個思考方法只能應用到有限集合，卻不能應用到無限集合。在無限集合裡的部分可與整體相等。這個理由與下列事實有關：

所有整數的集合能與奇數做一對一的配對，以致於兩個集合是可比較的，奇數集合像所有整數集合一樣，有相同的無限秩序。同樣的，整數的平方 1、4、9、16、25……也能與整數成一對一的對應，它們能一個一個數。這樣的集合稱為「可數的」，對它們，我們能做成一個表，將它們與整數相對應。

我們或許會以為，這樣的一對一對應，是因為這些數列之間有「間隙」。我們也能數彼此間密切接近的對象嗎？譬如，所有有理數的無限集合是所有分數的集合，像 1/4、7/3 或 126/901。想像這些分數在一條無限的線上，用點與之對應，則在那條線的任何有限區段上，會有無限個這樣的有理數。它們緊密聯結，能計數它們嗎？

康托指出，這是可能的。想像所有有理數的無限列陣：

$$
\begin{array}{ccccc}
1/1 \rightarrow 2/1 & 3/1 \rightarrow 4/1 & 5/1 \cdots\rightarrow \\
1/2 & 2/2 & 3/2 & 4/2 & 5/2 \cdots \\
1/3 & 2/3 & 3/3 & 4/3 & 5/3 \cdots \\
1/4 & 2/4 & 3/4 & 4/4 & 5/4 \cdots \\
1/5 & 2/5 & 3/5 & 4/5 & 5/5 \cdots \\
\vdots & \vdots & \vdots & \vdots & \vdots
\end{array}
$$

其中，分子1、2、3……表示行，分母1、2、3……表示列。
每個有理數在列陣中，很明顯至少會出現一次，某些像 1 = 1/1 =
2/2 = 3/3……的有理數，出現了無數次。利用列陣中箭頭所指的順
序，我們能重新數這些有理數，將它們與整數做成一種對應。每一
個有理數，都會有一個整數來對應。因此，所有有理數的集合是可
數的。

當康托發現這個結果，他大聲驚叫：「我看到了，但我不相
信！」但有不可數的集合嗎？如康托所證的，答案為有，這真是不
可思議啊！

考慮 0 與 1 之間所有實數的集合。這集合包括了像 1/4 的有理
數，及 $1/\pi$ 的無理數。假設，我們能將這些數字用小數表達，使
$1/4 = 0.25$、$1/\pi = 0.3183$……。我們不要明顯寫出數字，讓我們以
符號來指示這些十進位的數，將第一個十進位數，在表中，表示成
$0.a_1a_2a_3$……，第二個數表示成 $0.b_1b_2b_3$……，而這些 a 和 b 是特定整
數。以這種方法進行下，我們可以想像將 0 與 1 之間的所有十進位
數字列表，使它們與整數相對應：

$$1 \longleftrightarrow 0.a_1a_2a_3 \cdots$$
$$2 \longleftrightarrow 0.b_1b_2b_3 \cdots$$
$$3 \longleftrightarrow 0.c_1c_2c_3 \cdots$$
$$\cdot$$
$$\cdot$$
$$\cdot$$

也許有人會以為所有 0 與 1 之間的實數是可數的。但若使用
「康托的對角線方法」，可以建造出一個不在這個無限表上的數。這
個方法，由檢視表上第一個數的第一位小數 a_1，然後選擇其他不同

於 a_1 的數字當 x_1。這個 x_1，將成為新數字的第一個小數。接著，看看表上第二位數的第二位小數 b_2，然後選出另一個不同於 b_2 的數當 x_2，成為新數字的第二位小數。這樣檢視它所有表上的數，再考慮這個新的數，$0.x_1x_2x_3\cdots\cdots$。由於，這個數字至少有一位與表上的各數字不同，因此這個數不在表上——這是這個「不在無限表上的數」建造起來的法子。因此，我們最先所認為能列出所有 0 與 1 之間實數的假設，必然是錯的——所以，由所有實數組成的連續統是不能數的。這是一個不可數集合的例子。像古人不能計算超過十的數一樣，我們發現所有可能數的無限集合，即連續統，並不能匹配所有整數的集合。所有數的無限連續統，「大於」只是整數的無限集合。

康托假設整數集合及 0 與 1 間的實數集合之間，沒有「大小」正好在中間的集合。很多人嘗試證明這個假設，但直到 1963 年，才由邏輯學家柯亨（Paul Cohen）指出，這無法由集合論的熟悉公設來證明，它是另一個獨立的公設。或許佐以其他新公設，才可能證明此一假設。

但康托早就知道，集合的大小不會停留在連續實數中——有一種「無限的無限」存在。譬如，平面中所有曲線的集合，不能與線上點的連續統做成一對一的對應，這個連續統相當於 0 與 1 之間所有數的集合。因為，我們能想像有一個曲線的集合，每一條曲線與平面中一條線上的一個點相交。我們只需要再畫一條沒有其他點可與它相交的曲線，就可以看得出來一組曲線的集合，比線上點的集合——連續統「大」。康托指出了永不止息無限集合上的階層組織。

1883 年，康托描述了他的研究成果：

在集合論中，我的探討已到達一個階段，集合論的延續必須推廣到超越現有限制的實正整數。這個推廣的方向，就我所知，尚無人注意到。

我根據這個數的概念推廣到某一階段，若沒有這個概念，我不能自由的在集合論中，往前再踏一小步。我希望這個情況，至少能合理化或為我主張中看似奇怪的理念找到藉口。

事實上，我的目的在使實整數數列，能擴展至無限。這個推廣看來似乎很大膽，但我不僅充滿希望，且有堅定的信心，這個推廣在不久的將來，將被視為相當簡單而合適的自然步驟。當然我也知道，採取這樣一個程序，會與絕大多數人的觀點相違背。

很多數學家認為康托瘋了（他曾精神崩潰，1887 年又重新工作，但 1918 年死在精神病院中），並將他的無限集合看成怪物。他尤其遭受以前的老師克羅內克以及龐卡萊的攻擊。但贊成集合論的人最後勝利了，並顯示集合論對所有數學提供了統一的架構。事實上，今天的觀念是數學等於集合論（然而，邏輯的領域大於集合論）。1926 年，當希爾伯特說：「沒有人能將我們逐出康托為我們建造的樂園。」已表達了大多數數學家的心聲。

某些康托的集合理念看起來太素樸了，因此後來的數學家企圖將他的原始理念形式化和公式化。其中尤以哲美羅（Ernst Zermelo）及法蘭哥（Abraham Fraenkel）的努力最為突出。可是，這個集合論的新統一工具到了十九世紀末葉，卻引來數學家開始對此學科上的一些基本架構，意見上發生分歧。一個數學基礎的新研究領域來臨了，它吸引了二十世紀最偉大的數學家及邏輯學家。這些數學家由於對數學推理的基本性質各持不同立場，因而有了明

顯的分野。我們將檢視這些主要學說的其中三種：羅素的邏輯論
（logicism）、布勞威爾的直覺論（intuitionism），及希爾伯特的形式
論（formalism）。這些學說與數學家如何看集合、邏輯角色，以及
他們認為什麼是實際數學證明等觀點有很大關係。他們一樣嚴密，
只是在原則的深層論點上有所不同。

檢視數學基礎的主要原因，在於集合論本身非常廣泛，並能
應用到所有數學上，但假如天真的使用它，就會使整個過程充滿矛
盾。為了說明這點，我想講一個簡短的寓言，這是大多數年輕人反
思上帝時，都能體會到的經驗。

反思上帝的少年

當我在高中時，我對上帝可能是什麼充滿了好奇。上帝絕對是
無所不知、無所不能、慈悲為懷，但祂只幫助那些不能幫助自己的
人。那麼上帝會自助嗎？假如祂不自助，則祂應該幫助自己。假如
祂確實自助，則祂便不應該幫助自己。

這種矛盾困擾了我良久。我也曾問過，假如上帝無所不能，
祂能改變邏輯定律嗎？假如祂能改變邏輯定律，則祂便是人類心
智所無法理解、目中無法的存在體。另一方面，假如祂不能改變邏
輯定律，祂就不是無所不能。這些選擇令我不滿。雖然我知道在這
個「十幾歲的神學」中有缺點，但它給我的感覺是：如果上帝不服
從邏輯定律，則我無法合理思考上帝；或者祂服從邏輯定律，這樣
祂又不是令人信服的上帝。這些顧慮令一個十幾歲的小孩幾乎茶不
思、飯不想。我知道，哥德爾發展了上帝存在的證明（我還沒有看
過），他自然知道不少與上帝邏輯觀念有關的邏輯矛盾。

一個集合，基本上是一些物體的組合，集合的元素可以有無限多個。假如我們現在考慮所有集合的集合，即有一個集合，它的元素是其他所有的集合。這麼一來，集合論中最根本的矛盾之一便出現了。這敘述看來簡單，直到我們問：這個所有集合的集合，它自己是否為集合的一分子時，問題馬上浮現。

　　假如它本身不是其中一分子，但因為它又是一個集合，所以它不該是所有集合的集合。另一方面，假如它包含自己，是其中的一分子，則它必須是總括集合的元素之一，所以就不該是所有集合的集合。假如我們很不仔細，很多自我指涉的矛盾，將出現在邏輯及集合論中。最有名的例子是「克里特說謊者弔詭」（Cretan liar paradox）。當我們考慮一個句子，它的陳述為「我不是真的」時，這弔詭就出現了。因為這樣的矛盾，暗示了不一致性——一句簡單的陳述同時為真又不為真。一旦在邏輯系統中，出現一個不一致時，我們將可證明任何陳述及其否定必然都是真的。簡單來說，就是沒有真理存在。

羅素的邏輯論

　　羅素自從發現困擾弗雷格的五號公設（axiom V）使重要的研究成果不一致後，他專心致力於這些邏輯矛盾上。羅素認為矛盾是因為忽略了不同「型」觀念間的區別而產生的。譬如，一個「集合的集合」與一個集合本身是不同「型」的。不同邏輯型式的比較，就像「蘋果」與「光明正大」比較，這是不恰當的。「集合的集合」就像一條蛇，嘗試由它的尾部開始吞食自己，這是辦不到的。但一條大蛇能吞食一條小蛇。經過不同「邏輯型式」的區別，我們能避

免矛盾。對邏輯型式有興趣的人，遠多過邏輯學家。人類學家貝特森（Gregory Bateson）便運用這種觀念，澄清了人類行為及生物組織。

羅素認為數學是邏輯的一支，他認為數學是專門處理與實際意義無關的系統思考。雖然這個理念不是源自羅素，因為很多數學家及邏輯學家，包括萊布尼茲、笛摩根、布耳、皮爾斯、史路德（E. Schröeder）、弗雷格、皮亞諾（G. Peano）等，對它都有貢獻，但此一理念由羅素具體化，並達到最清楚的形式。簡言之，羅素認為數學是部分的邏輯。更明確的說，數學與集合論相同，而集合論是邏輯的部分。

在邏輯中，我們能敘述各種規則。譬如，假如 A、B、C 是命題（我們不管它們的意思），假如若 A 則 B，若 B 則 C，那麼若 A 則 C，這是一個邏輯規則，與 A、B、C 的意義無關。羅素認為數學——包括幾何、數論、解析都是這樣的。這個觀念中，三角形及數不會存在，只有它們的邏輯命題會存在；也就是說，在其邏輯定義之外，數學構造是沒有意義的。

此外，表示邏輯關係的適當語言，並不是普通的人類語言，而是符號邏輯。1910 年至 1913 年中，羅素與他的同事懷海德出版了三大冊的《數學原理》（$Principia Mathematica$）。書中解析幾何的理論、自然數及實數，都用邏輯定律來描述。當代數學家甘魅尼（John G. Kemeny）對哲學家開了一個玩笑，他對《數學原理》批評道：「一本名著，每位哲學家都討論它，但沒有人讀它。」假如你曾像我一樣，嘗試讀它，你就知道為什麼了。它充滿了抽象的符號，而且除非你讀到第二冊，否則還看不到 1 + 1 = 2 的證明。

《數學原理》對於人如何思考邏輯與數學的關係，有重大的影

響，它是一個分水嶺，但卻不能滿足我們。形式理論的引入，是為了避免似是而非的矛盾，但在書中卻成為天大的累贅，甚至於不同的數（像實數及有理數）竟然屬於不同型式。而且，羅素和懷海德也強迫引入了很多巧妙設計的「人造」公設。數學家外勒（Hermann Weyl）對《數學原理》的批評是：「數學的基礎不在邏輯，就好像理想國不是建立在邏輯上。對許多人而言，數學比邏輯更多。但數學還要求其他什麼呢？」

布勞威爾的直覺論

　　直覺論者認為數學對象及真理都會存在，但它們僅存在於我們的心中及直覺想像中。由荷蘭數學家布勞威爾領導的直覺論者，對羅素的邏輯計畫提出批評。他們主張數學更多過邏輯，他們認為數學是建構於能描述數學實體，並領悟其特性的心靈能力上。對象如果不能如此直覺，就不算是一個真實的存在。布勞威爾的想法來自康德，他認為有些認知是天生的，尤其是數學的認知。像羅素為數學內容主張的空洞邏輯命題，並沒掌握到數學的本質。布勞威爾要求數學要有清楚、明晰的理念。

　　布勞威爾批評「排中律」（law of excluded middle）這個邏輯律的主張。這個主張認為，某個數學對象的一個特性 P，它要不是真的，就是它的否定是真的。這看起來相當合理，為什麼布勞威爾批評它呢？他認為排中律允許了數學家常用的歸謬法。歸謬法的內容是：只要證明命題 P 的二次否定：即非非 P 為真，我們就證明了命題 P 必須為真。按排中律，命題 P 和非非 P 在邏輯上相等。數學家常常不需實際構造，只簡單指出假如它們不存在，依排中律就會

產生矛盾，因此也就證明了該東西的存在。雖然我們知道該實體的存在，但沒有直覺到它的細節及構造。對於這點，布勞威爾強烈反對。布勞威爾認為所有證明必須是建構的（constructive），若不是由我們實際直接證明 P，就是直接指出 P 不合理。由於不允許使用這種證明方法，布勞威爾取消了數學證明寶庫中，最有效的工具之一。

布勞威爾對數學證明的批評，遭到二十世紀數學家希爾伯特所領導的形式論者反駁。愛因斯坦顯然不認同很多這些數學基礎上的爭論，稱之為希爾伯特與布勞威爾之間的「青蛙與老鼠的戰爭」（愛因斯坦在廣義相對論的數學理論上，雖與希爾伯特有優先權之爭，但卻是和平收場）。

希爾伯特的形式論

希爾伯特與康德都出生在德國的科尼斯堡（Königsberg）。科尼斯堡是數學中心，希爾伯特與另兩位主要數學家賀維茲（Adolf Hurwitz）及明可夫斯基（Hermann Minkowski，他發現愛因斯坦狹義相對論中的四維空間）在此組成了「科尼斯堡學派」。

不像其他的數學家，希爾伯特直到二十歲仍未顯露他的天分，但當他天分顯現時，卻一鳴驚人。希爾伯特對不變理論、代數數論、幾何都有很大貢獻。他的成就在許多方面，都可說是既廣泛又源遠流長的橫跨了所有研究領域。他盡力在如代數數論等專一數學領域上研究，並做了很大的貢獻，然後接下來的時間又突然轉到其他領域上。他在數學的領域上可謂貢獻良多。

他很快就在德國數學中心哥廷根（Göttingen）取得領導地位。

他常常演講研究內容，進而發表了劃時代的論文。在建造完全抽象的幾何科學上，他提出了重大的發現：不需參考實際的幾何物體，就能得到實現幾何公設的模型。有一次，他與兩位同事在柏林車站等火車時，以對這個發現充滿興奮的心情說：「一個人必須經常能用桌子、椅子、啤酒杯的說法，代替點、線、面的說法。」換句話說，什麼樣的物體滿足抽象公設不重要。希爾伯特是主導二十世紀思想抽象觀念最偉大的導師之一。

1900 年，在巴黎召開了第二次國際數學家會議，希爾伯特在演講中，公布了數學上二十三個未解決的問題，他認為數學的進步，要以解決這些問題的進度來評斷。希爾伯特正如古希臘人給我們的很多問題一樣，公布了他的問題。他開始了著名的演講：「我們之中，每一個人都深切希望，能揭開隱藏在未來後面的面紗，好讓我們能瞥見科學中即將來臨的進步，及它在未來發展上的祕密。」二十世紀中葉，即 1950 年左右，大約其中的十二個問題已獲解決。許多針對希爾伯特問題的解答相當深入，並開拓了新的數學領域。

後來，在他發覺主要的創造力衰退之後，他完全致力於數學哲學上，這是他終身一直保有的興趣。他以公設為基礎，視數學為一個演繹系統。但為了從公設證明定理，必須使用邏輯、基礎數論及集合論，又因為集合論及邏輯中有矛盾存在，除非我們很小心，否則很容易陷入困擾中。

因此，希爾伯特開始證明數學與演繹系統的一致性，把它當成一個大計畫來做。例如，他假定了數論的一致性，而證明了歐幾里得幾何的一致性。他的理念是拿一個數學領域，像歐幾里得的幾何，然後嘗試將它化約成另外更簡化的領域（如數論），如此就能

保有更堅固的基礎。最後，在我們將數學一直放在堅固基礎上後，就能證明數學在所有領域上的一致性。

為了達成堅固基礎，希爾伯特引進了「有限的立場」，它敘述任何包含有限操作的形式系統所允許的命題，只能以有限個符號來表示。譬如，要求用無限個步驟做出的證明是不允許的。

數學預防矛盾及不一致

希爾伯特的計畫，在數學中誕生了一門新學科——證明論（proof theory）。在證明論中，數學證明變成了數學及邏輯探察的目標，衍生了數學中的自省或自我參考。證明論的目的，在證明一組公設（一群命題表示成符號邏輯的語言）的一致性。今後，數學將看成是化約為符號的集合，完全表示了它的邏輯，這稱為形式數學系統。在這個觀念下，數學的本質完全包容在寫出的符號及實在規則中，它們能告訴你中間如何處理的過程。希爾伯特說：「數學的主題是……符號，它們的構造很明白，並可加以識別。」

證明論學家的工作，在證明這樣形式系統的一致性，即證實假如我們按明顯規則處理符號，我們絕不能同時證出命題及其否定。希爾伯特說：「一致性的問題……就是我們從公設按規則證明後，最後不可能得到 $1 \neq 1$。」此外，一旦我們確定了形式公設系統的一致性，就有信心繼續去證明定理；而所謂定理，也就是所有追隨公設的真命題集合。

這是形式論的架構。而在某些概念上，它與數學的概念相一致。這種具有目的及清晰的數學表現方式，使數學看來似乎永遠能預防矛盾及不一致的毛病。所以在強大的形式論路上，似乎沒有任

何束西能抵擋它。然而，後來在哥德爾的證明下，指出數學系統中證明所有定理的形式論計畫，乃至於證明它們的一致性，都是一個不可能的夢。

哥德爾定理

　　哥德爾是維也納智慧思潮下的產物，這股智慧思潮的代表人物還包括維根斯坦、克勞塞（Karl Kraus）、克里姆（Gustav Klimt）、波茲曼、佛洛伊德（Sigmund Freud）以及其他著名的科學家和哲學家。哥德爾的直覺天賦促使他檢視了數學的基礎。1931 年他發表了著名的定理，此定理可應用到像《數學原理》中的形式邏輯系統與希爾伯特的形式論計畫上。哥德爾定理簡單陳述了，任何含有算術公設的形式邏輯系統，若不是不一致（沒有人希望是那樣），就是在形式系統中，包含的可表示真命題是不可證明的。這個結果非常醒目，而且在邏輯及數學歷史上無先例可循。它意味著某些數學真理絕不能證明。在這個概念中，數學是不完備的。哥德爾定理明顯陳述了，有限的一致性證明無法獲得，這倒頗耐人尋味。因此，希爾伯特夢想證明所有數學的一致性，便是不可能的。

　　哥德爾是在形式邏輯的規範下，證明了他的著名定理。他的論證嚴謹，不容易看懂。但定理基本上是建構一個命題，表明：「我是不可證明的。」假如這個陳述為假，那麼這個陳述就是可證明的，這便顯示系統中有不一致性。另外一個可能是：若陳述為真，則實際上它是不可證明的。這種情形意指數學系統是不完備的，因為系統中有真但不可證明的陳述。因為「真」及可證明，是命題的不同性質，因此，避免了陳述本身說「我不是真的」這種矛盾。更

重要的是，他指出具一致性系統的陳述，本身即不可證明。

　　哥德爾定理如何應用到實際數學上呢？非常不幸的，他的定理一向不告訴我們，哪些命題是不可證明的。某些人認為在熟悉的形式系統中，哥德爾臆測每一個偶數，都是兩個質數的和（12 = 5 + 7，或 42 = 19 + 23），這個命題是一個真的、但不可證明的陳述（這個命題，對甚至很大的數，都已由電腦檢查過了）。但這很難講，或許明天就有人證明它是錯的。

　　某些人曾認為由於哥德爾定理之故，四色地圖的問題可逃避證明的過程，但他們錯了。雖然我們尚不能決定哪些定理不能證明，但可以確定的是，這樣無法證明的定理確知存在。而數學的形式論觀念（認為原則上，我們能找出數學中所有真的定理）便就此譜上休止符了。

成就永垂不朽

　　雖然哥德爾定理徹底改變了我們的數學觀念，他本人仍覺得數學（和集合論等同）還是在健康狀態——以不完備的代價，我們能避免不一致性。他所更深入思考的問題，是邏輯中超越了熟悉集合論的問題，在他生命後期中，仍一直持續思索可能的解答。

　　哥德爾的餘生，在美國的普林斯頓高等研究院度過。他和愛因斯坦是好朋友，常常互相拜訪，討論存在的基本問題，也討論世俗的政治。愛因斯坦曾向同事透露：「現在的哥德爾真的發瘋了，他竟然投票給艾森豪！」

　　哥德爾退休後離群索居，避免公開露面。當他在 1972 年 6 月，前往洛克斐勒大學接受榮譽學位時，我遇見了他。儀式之後，

一位同事問哥德爾,當他坐在慈善家洛克斐勒與傑出物理學家賽馳(Frederick Seitz,該校校長)之間的主位時有何感想?我記得他沉思良久,然後好像突然從夢中醒來回答:「是啊!我同時也是坐在他們之間的空間中。」我根本無法理解他到底在想什麼。

哥德爾在餘生中,繼續探求很基本的問題,他將哲學看成一門實在的科學。他開始受胡塞爾的哲學所吸引,主張有一個第一哲學,可由內省直觀進入超越意識存在的基礎。他認為質疑公設的真實與否是有意義的,公設不只是形式系統,也顯示出一種邏輯存在的特性,這個特性存在於公設之外,並提供公設最終的基礎。

對數學對象的認知,哥德爾也有一套見解:「雖然數學對象遠離意識經驗,但我們確實有對集合論的一種物體認知,這些公設加諸我們身上,讓我們直覺感到它們是真的東西。我們對這類數學直觀認知應有信心,就如其他感官的認知一般自然……」哥德爾正如我先前所批評的,是「認識論的柏拉圖主義者」,在他晚年,甚至設計了上帝存在的數學證明。1978 年,他死於新澤西州的普林斯頓,死因是營養不良(他害怕食物有毒而導致厭食)。他一直是最深入的邏輯思想家,他的成就可謂永垂不朽。

哥德爾的努力,改變了後來數學家對數學性質的思考方向。即使是在純思想中,對於什麼能證明都有限制存在。在他之後,邏輯學家繼續加深他們對形式系統的了解。今天,現代邏輯分割成集合論(最早由康托、哲美羅、法蘭哥所發展)、模型論(公設的模型)、證明論(希爾伯特及哥德爾)、直覺論(布勞威爾及他的學生海庭〔Arend Heyting〕,後者將它復興成構造論的推理,1930 年代消除了排中律)及遞迴論(recursion theory)——這個理論的源由,在使演算法概念更為明確,它源自哥德爾、圖靈,丘池

（Alonzo Church）等天才，更由於電腦的興起而帶動當代的研究興趣。

圖靈的創造力

經由弗雷格、羅素、希爾伯特的成就，數學邏輯根據周全的規則，掌握了符號串的處理已變得相當清楚。數學證明即是典型的例子。英國數學家圖靈，他的研究特徵即同時具備獨特創造力及深奧目的，一心想要將這樣的邏輯處理在機器上完成（後來稱這種機器為「萬用圖靈機」）。像我以前解釋的，這個機器視為一個概念機器，而非實際機器。它是由一個包含一組符號的磁帶所組成，這組符號可按預定程式塗消或列印。事實上，圖靈機很簡單，但就如圖靈所指的，它擁有「可計算」（computability）的完整概念，這是圖靈機概念的基礎。圖靈機使邏輯機械化，因此將邏輯化約成完全的形式形態。

圖靈將圖靈機的概念應用到數理邏輯上。基本問題是：在有限的時間中，這個機器到底什麼能做，什麼不能做？他向初學者顯示，即使是最複雜的電腦，他也總是能化約成這樣的一台萬用機器。假如某些事情能計算，它就能在圖靈機上計算。或者是說，圖靈機定義了「可計算」的意義。

圖靈繼續定義了一種新的數——可計算的數，它能用一個指令有限的程式，在萬用機器上計算出來。譬如 $\pi = 3.14159\cdots\cdots$ 有一個無限的十進位展開，但可寫一個很短的程式計算 π，因此 π 是一個可計算的數。又因為 π 在展開上有無限個小數點，因此 π 的程式將一直不停工作，然而程式還是有限的。不可計算數不會有這

樣的有限程式。可計算數與不可計算數的區別，與我稍早敘述的可
模擬與不可模擬系統的區別，有很密切的關係。對一個不可模擬系
統，不會存在比系統本身更簡化的模擬程式。

　　哥德爾定理在圖靈機上顯現了新的外貌。我們能想像到，在
某個公設系統中，建立機器以證明定理。假設它開始證明一個「定
理」，但機器卻不曾停止，我們如何得知機器會停止呢？這是著名
的停止問題。哥德爾指出，在十分豐富的公設系統中，仍存有不可
決定的命題。因此我們知道，機器對這樣的命題將不會停止（證明
不完）。但我們無法預先決定哪些命題的證明過程無法停止，因為
停止問題本身就是不可決定的；某些命題的可決定性與否，本身就
是不可決定的。

　　雖然丘池並不為機器概念所吸引，但他的研究在邏輯上與圖靈
相同。他證明了有關命題邏輯有效性（logical validity）上的基本定
理（現在稱為丘池定理），並將它表示成邏輯公式。一個公式，不
管我們為它的符號、函數、常數等做何解釋，假如它是真的，則它
可說是邏輯上有效的。丘池定理陳述的觀點是：沒有一個圖靈機，
能決定任意的邏輯公式是否在邏輯上有效。假如我們接受「所有直
覺上可計算的公式，都能在圖靈機上計算」（丘池的主題）這個概
念，則他的定理暗示，沒有任何機器會告訴我們，是否有任意一個
公式在邏輯上有效，這需要天分猜測及想像才能做得到。

　　這個結果似乎加強了哥德爾的著名說法：即有些事情或許心知
可為，但頭腦卻不能證明。或者簡單來說，我們的心不能化約成一
個萬用的圖靈機，這可說是丘池定理的另外解釋。

數學家的食物——偉大的問題

　　邏輯及數學基礎中這些迷人的發展，卻遭重實用的數學家看成大有問題。邏輯發展及數學基礎的研究，是對風行於十九世紀末葉集合論矛盾的回應。這個問題現在似乎已解決了。與現代數學的巨大海洋相比，今天的邏輯被看成是一潭死水。數學家韋爾（Andre Weil），他對數學與邏輯間的連結有下面的評語：「假如邏輯是數學家的衛生習慣，那就不是他的食物來源。唯有偉大的問題，才能提供數學家每天的食物。」他又以同樣心情說道：「我們學習追蹤整個科學，使它回到單一來源，它是由一些記號及規則構成，有著毫無疑問的根基。不過只靠科學，我們很難避免飢餓，但在不確定或有危險的情形下，我們總能退回這安全窩。數學家由內容，而非形式，來維持其活力。羅素認為數學與邏輯相同，或許原則上這是正確的，但實際上卻缺乏生命力。要說數學與集合論相同，就像說詩與句子相同一樣，這種說法遺漏了內容與意義。」

　　雖然本章的重點在數學哲學（因此強調邏輯及數學的基礎，而非數學本身，會更為恰當），但我們要有全面的視野。數學哲學是一個沼澤，少數實用數學家擔心會陷在裡面，他們較喜歡在數學問題上研究。但實用數學家也有他們自己的哲學觀念，而且在這方面有很大的貢獻（像希爾伯特）。因此，檢視數學家的觀念是很重要的，即使他們是反哲學的都不例外。

　　門外漢很難了解二十世紀數學的偉大發展。新的領域誕生了，我們的經驗豐富了，二十世紀的數學重點已產生變化。概略來說，所有的數學都具備數學對象（如數與幾何流形）與它們相互轉換的特徵。對象與態射（morphism）即是所有數學的主題。二十世紀之

前，數學家著重在對象本身的性質。

在十九世紀，發現了新的數（像四元數及複數），接下來便深入研究。另外，也發現並探究了新的非歐幾何學。二十世紀中，數學的主要興趣在它們的態射而非對象。數學實體之間的抽象關係變成了研究目標，實體只占了次要角色。數學家最後終於了解抽象的力量——在某些方面而言，態射反而定義了實體。譬如，某些形態使實體不變，像一個繞著實體中心轉動的圓，由於此不變性，因而定義為「圓」。這就是實體的轉換，定義了它們究竟是什麼的例子。態射及映射（mapping）強而有力的概念，已大量開拓了。

要揭露現代數學的整體狀況很困難。數學史家范氏（J. Fang）比喻數學的發展，就像一座城市的成長。在市中心是舊傳統的城市，它有保存的地標，代表舊數學。而新城市完全圍繞它而成長。我們發現，舊城市周圍有堅固可利用的十九世紀建物，在它周圍是水平延伸、快速成長的二十世紀郊區，這就是新的數學領域。郊區很大，以致完全超越了裡面的城市。有些郊區甚至變成自主的城市，郊區之間發生了溝通的問題，某些郊區很難知道其他區域的存在。本來舒適的數學領域，成長到幾乎失控，任何邏輯學家宣稱能對這個世界設定秩序都是荒謬的，要了解所有的進展已不可能。

布爾巴基的貢獻

然後，尼克勞斯·布爾巴基（Nicolas Bourbaki）出現了，他是二十世紀偉大的法國數學家，繼承了希爾伯特與龐卡萊，以城市設計師的姿態出現，從混沌中製造秩序。他有夢想家的自信，評論並改變了整個現代數學。數學與他站在同一邊，不管我們如何看布爾

巴基，數學家何模思（Paul Halmos）形容他的成就：「無論如何，二十世紀數學少了他就完全改觀。」阿廷（Emil Artin）給他更崇高的評價：「在我們的時代，他創造了永垂不朽的成就，這是整個現代數學的詮釋。這個成就是在各個數學分支間的共通聯繫下完成的，現在，這個架構支持數學的整體構造，在短時間內不易荒廢，也很容易吸收新觀念。布爾巴基嘗試在最大的可通性及抽象中，提出每一個觀念，因而達成了這個目標。」

誰是布爾巴基？布爾巴基其實是法國一個數學團體的名字，這個團體理解到單一個人無法達到整體數學的概要領悟，因此形成此一組織，並且以布爾巴基的筆名寫文章（至少開始時是如此）。布爾巴基由一群有共同數學哲學觀念（抽象及通則的本質）及共通興趣的奠基者所組成。早在 1930 年代，多產的布爾巴基開始發表充滿難以置信想像力及深度的數學論文，震驚了數學界。一位新的天才來臨了。

開始時，他的身分不明（除了他的出版商荷曼出版商之外），但現在已知是由一群發起人所組成，包括嘉當（Henri Cartan）、謝瓦雷（Claude Chevallier）、狄沙特（Jean Delsarte）、迪厄多內、韋爾等當時法國的頂尖數學家。布爾巴基的著作《數學原本》（*Elements*，依歐幾里得的著作命名），是涵蓋所有數學的百科全書，到今天這套書仍一直再版。

最早的成員有些已遭取代，不斷又有新的成員加入。成為布爾巴基的一員，可說是數學家的榮耀。他們在夏天，常在法國鄉間或巴黎開會，集體研究並計畫未來的叢書。這些會期中，顯現了偉大的團隊精神。嘉當回想那些日子說：「每一位成員為了整體，必須忘記他的專長，被迫重新開始學習每一件事。每一個問題都必須互

相討論，因此最後的結論只能從討論的結果而來。」

布爾巴基這個名字有一個很有趣的來源。傳說中兩個住在希臘克里特島的兄弟——伊曼爾（Emanuel Skordylis）及尼克勞斯（Nicolaus Skordylis），在十七世紀土耳其人入侵時奮勇反抗，他們被土耳其人稱為「烏爾巴基」（Vourbachi）或「強勢領袖」。這個讓敵人冠上的綽號就留給了他們的後代，而在希臘，烏爾巴吉就念成了布爾巴基。

一百年之後，伊曼爾的一個偉大孫子，擔任船員的紹特（Sauter Bourbaki），被拿破崙的哥哥派到埃及，傳達拿破崙會回到法國進行武裝政變的訊息。政變成功後，拿破崙為了感謝他，讓他的三個兒子到法國受教育。其中一個兒子後來成為法國官員，而其後代查理‧布爾巴基（Charles Bourbaki），成為法國軍隊的將軍之父。查理將軍在普法戰爭中失利，帶領殘餘部隊到瑞士去。在那裡，他企圖自殺，但失敗了。戰後，他嘗試競選議員，但也失敗了，他在 1898 年過世，是一位相當失意的人。他的雕像立在第戎（Dijon）市中心——這裡是布爾巴基創始者之一迪厄多內的故鄉。

當尼克勞斯‧布爾巴基初試啼聲時，嘉當堅稱查理有個姊姊嫁給尼克勞斯的一個孫子。他們的後代就是尼克勞斯‧布爾巴基，這位 1930 年代中突然冒出頭的數學家。其他數學家若認為布爾巴基根本不存在，便會受到強烈抗議。《數學評論》（*Mathematical Reviews*）的編輯包斯（Boas），就是其中的一位數學家。布爾巴基為此甚至編造謠言，說包斯事實上根本不存在，B、O、A、S 只是代表雜誌社裡的一群編輯而已。無論如何，到了第二次世界大戰之後，布爾巴基的真正身分才真相大白。

數學社團寫下經典

　　布爾巴基發展了數學上一個一致哲學，他的觀念遠離了羅素的數學（即哲學觀念）。布爾巴基直接批評羅素的觀念，寫道：「要說這個演繹推理是數學的統一原理，可說是毫無意義的老調。這種表面的說法，確定無法評估不同數學理論間的明顯複雜性，就像我們不能只因物理學及生物學都同樣應用實驗方法，就將此兩門學科統一成單一學科。利用演繹鏈的推理方法，只不過是一種轉變的機制，可以應用到所有前提之下，因此不能賦予這些主題特徵。」像布爾巴基等實用數學家，絕不會對數學與邏輯形式論，製造出混淆不清的錯誤。

　　布爾巴基致力於用最抽象的一般性，研究數學的「構造」。布爾巴基的《數學原本》中，第一部有六冊，它們是集合論（做為所有數學的基礎）、代數、一般拓樸學、實變數函數、拓樸向量空間及積分。布爾巴基的主要方法是抽象化，這是自前所未有的通則化中，發現數學統一原理的過程。在公設中發現的「構造」，表面上看來形式非常任意，但就如每位數學家所知，內容其實相當受限於數學想像能力。就布爾巴基的觀點而言，他們對數學公設的看法與希爾伯特相同，他們認為公設的角色不是為了求嚴密，而是強制了數學上的組織架構。

　　即使連布爾巴基的批評者，也認同他們的觀念，認為邏輯與數學是不同的。就某方面而言，由弗雷格、羅素、哥德爾所引導的數學整體邏輯、公設及基礎，現在看來似乎是繞了一個大圈，或許這是必須的吧。邏輯學家或許會反對這個特徵，堅持他們的研究在數學上占有核心地位：數學家怎麼能忽略他們如此重要的地位？

拓展新希望

　　在實用上，數學的直觀成分要多於邏輯的成分。一位實用數學家的思想方法與經驗科學家類似，這些方法已包含在假設演繹系統中。數學家用他們的直觀，猜測數學的構造。他們冒險進入一個數學領域中，找尋簡單、統一而非凡的定理，這個結果受重視的程度，以數學家走了多遠、領域的困難度，以及所滋生價值的重要性來評價。當一個大問題解決後，通常若不是在未知領域上展拓了新希望，就是關閉了繼續探索之路。

　　我們從數學探求之路來看，可以看出數學非常類似我們所謂的假設演繹法，這是想像及嚴密思想的組合。正如我在自然科學中所堅持的理念，數學理念因為富有創造力，並能在概念環境中持久，因此能生存下來。像所有理念一樣，數學理念也參與選汰性系統。邏輯學家所處理的數學哲學，只涵蓋了現代數學領域的一小部分，而且是相當貧乏的部分。

　　我們如何為數學勾勒其特徵呢？某些偉大數學家已提供了答案，但卻沒有一個能令人完全滿意。笛卡兒視數學為秩序及關係的一種科學，在他之前的希臘人也如此認為。萊布尼茲認為數學探究了所有可能世界的構造（包括我們希望的）。龐卡萊及外勒視數學為無限的科學。最近我們發現了數學的新定義——複雜系統的科學，或符號形式中的實體模型。

　　數學（及所有數學定義）上最特殊的是沒有外在實體。雖然，數學或許源自對感覺世界的反映，但它的最終生命卻是在心中，是對於邏輯秩序在純判斷上的連鎖關係。雖然數學與經驗科學有關聯，但它本身是自律的，是為自我的需求而創造。數學上的諷刺

是：雖然它純粹是人心的產物，但它有自己的生命，而它的構造似乎超越了人類經驗，且與人類經驗無關。在經驗科學的例子裡，我們雖也證實了獨立性，但我們可將經驗科學歸諸自然，它與我們的心無關。數學上卻沒有這樣的托辭。那麼，這樣獨立的數學領域，如何可能呢？

為了回答這個問題，讓我們回想一下數學系統是如何開始的。我們假定了一些公設及定義，像歐幾里得公設及定義便是一個例子。公設必須是相互間一致的，簡單、明白、通俗，最重要的是能令人產生興趣。在歐幾里得的例子裡，整個平面幾何的構造都跟隨在這組公設之後。數論及算術的公設也有相等的創造性。這些數學公設系統的特徵，是內容豐富得令人驚喜。有些公設系統可能很薄弱，它們不會產生有趣的事物。

數學似乎是一個複雜性的例子，它有邏輯上的複雜性。從一些基本邏輯命題——公設，我們可得到豐富而含蓄的構造。我相信這是因為從一個簡單邏輯系統，可產生數學的複雜性。雖然數學的起點很單純，只是一組很容易為心所了解的公設，但它的探索過程開拓成有自我生命、豐富且複雜的命題領域，在這個領域裡，人類的想像力可恣意漫遊，卻無法為心所徹底了解。數學領域就像一部在簡單規則基礎上作用的、不可模擬的自動機。

一道微光橫跨黑暗空間

以色利數學家雷賓（Michael Rabin）曾這樣描述數學領域：「想像一組完全為真的數學命題，像占據了廣大的空間。這些定理中有一小部分已經證明，我們可將它想像成一道細微的光線，橫過

了這個黑暗空間。這個廣大空間的其他黑暗部分，布滿我們尚未證明的真定理，它們可能永不能證明。我們不能證明這些真定理的原因在於：證明的過程需要很長的時間，即使最大的超級電腦，花上宇宙生命的長時間，也不能完成計算。由於需要這樣大卻有限的計算時間，以致於我們永不會知道它們是否為真。其他『真』定理或許需要無限的計算時間，這些定理在一個特定公設系統中是不可決定的。光線指示我們的，是『真』並可證明的定理，它們並不需要很多計算時間，而有天分的數學家能用人類技巧發現它們。」

　　雷賓所訴求的數學計算觀並不是新的，在過去幾世紀中早就有人強調過了。這個計算觀是什麼呢？我喜歡用「數學的機械化」來描述它。按照這個觀點，若不說你如何能計算數學，則談論數學實體便無意義。亦即你必須能在一個機械計算器上找到證明。數學的領域即是可計算的領域。然而，數學是如何在訴求純概念的超越領域裡，化約成機器化的符號處理呢？讓我們檢視這是如何做到的，而如果無法做到，也讓我們了解為何做不到。

　　「數學如何可能」與「語言如何可能」的問題相似，兩者同樣令人好奇。數學與語言都是人類的心智產物。我認為只有在我們更了解頭腦的作用之後，才比較有可能回答人心如何做數學的問題。數學，即使具備所有超越特性，最終仍是物質器官——頭腦的結果。我們本來以為數學像一個全面性科學，但也許其實它相當特殊，是我們特殊的頭腦構造及特殊演化的結果。我們是否能建造人工心靈，以不同方式看數學，而創造出不同的數學世界？或者，所有受這個宇宙物質定律所限制的人工心靈或自然心靈，基本上只能達到相同的數學及邏輯構造？這些問題的答案現在還不知道。更明確來說，目前根本無法想像我們如何能回答這些問題。

但事實上，我們問這些問題，正表示數學的計算觀有價值。我們認為：數學最終是什麼，將根據物質構造本身的計算能力來決定。

電腦成為數學寶庫

電腦對於人如何看待數學有很大的影響。電腦實施離散操作，它們是有限的機器。不是因為電腦特別聰明，而是因為它們的計算能力及速度，才使數學家特別喜愛使用。因為電腦基本上是一種沉默的機械設備，但卻能確實完成數學家預先安排的工作，因此數學家對它們有十足的信心，也能精確使用它們。

假如一位數學家，想要檢查 π 以十進位展開的前十四億三千萬個小數點中，十個整數是否平均分布，利用電腦是唯一可行的辦法（它們的確是平均分布）。電腦可用來模擬數學方程式、隨機過程，並建構複雜的證明。三十年前，我在洛克斐勒大學的同事王浩，使用一個電腦程式證明很多定理，包括了羅素及懷海德的《數學原理》中所有的基本邏輯定理。這是電腦第一次顯示能證明邏輯定理。我很訝異現在的電腦設備，竟占美國國家科學基金會的數學研究預算的百分之八。數十年前，沒有人能想像數學家需要「設備」。電腦現在已是數學的部分寶庫，它提供了我們推理的圖像，其中的機械性使我們精確看到正在進行的事。

因為大多數電腦是有限的、數位的設備，它們相對影響了我們對數學的看法。電腦不能直接處理一條線或曲線上的無數個點。在數值分析目的上，一條曲線可切成分離的各段來近似曲線。電腦的數學世界是一個離散系統，而不是一個連續系統。但電腦能以和我們相同的方法來處理一個連續統，方法是經由符號處理所代表的

離散邏輯步驟。譬如,當方程式允許有已知函數的解時,電腦程式能用來實地解微分方程式及積分方程式,而毋須數值的解。電腦只是使用預先安排的連續函數已知性質。原則上電腦似乎能做我們想的任何事情。但實際上,它們的能力仍太落後。至少在可預見的將來,數學的想像能力不會有代用品。

電腦不能「直觀的」猜測,在整體概念及模式識別上,電腦的表現很差。在這方面,電腦尚無法與人類的能力競爭,它們只是工具罷了。或許有一天,真的人工心智能自己探究數學世界。它們或許有像我們對前幾個整數或在三維空間中的直覺,並發展成百萬個整數或高維空間上的「直覺」。這樣的人工心智或許能發現我們所重視、但卻絕無法想像到的新東西。

最終的物理限制

不管電腦變得多麼有效,或模擬人心多麼深入,它們總是服從自然律的加工品,在這情形下,數學及邏輯推理中最有效的心靈,仍服從宇宙的物質限制。1960 年代,IBM 實驗室的蘭道爾(Rolf Landauer),追隨馮諾伊曼的腳步,開始探究計算的最終物理限制。目前這方面的研究仍停留在起步階段。1982 年,麻省理工學院召開計算的物理學會議,會中討論已知計算上的基礎物理限制(計算上的確有這樣的限制)。這是一種奇妙的狀況,因為我們對這些物質限制的理解本身,表示成數學及邏輯推理,而邏輯符號處理必須遵守自然律,而自然律卻又用邏輯符號表示。心靈的超越世界與物質自然世界間的關係,可用蛇吞食自己來比喻。

我對物質世界與數學觀念世界間的相互作用,至少可提供一個

例子。可計算的觀念是用圖靈機來規定的。通常圖靈機是想像的機器，不是實際的機器。但實際上，假如我們討論邏輯的電腦時，就必須考慮實際的圖靈機，並且建造圖靈機。圖靈機按古典物理定律工作——我們可想像一個由齒輪及軸建造的圖靈機，利用一條紙帶穿過而帶動。我們能使機器電子化，但這卻不會改變其操作按照古典物理的事實。

量子電腦

　　很多年以前，我決定設計一台量子力學的圖靈機。我的目的在設計一台非圖靈機，這種電腦不能化約成一台簡單的圖靈機，其原因在於，量子力學無法化約成古典力學。為了完成這種機器，我們必須在電腦設計中，應用量子力學的基本特性。使用各量子狀態間長距離的關聯性，就很容易完成它。

　　我們想像一個光子（光量子）源，放出成對自旋相關的光子，每一個光子走向相反的方向，然後，這些光子穿過一些偏振器之後，在兩個不同地點偵測。受偵測的光子形態，不管它們是否穿過偏振器，都能表現成一個 0 與 1 的亂數列（0 代表未測到，1 代表偵測到）。在每一個偵測站得到的兩個數列，每一個都是亂數，但它們的相互關係卻不是亂數。此外，這個相互關係無法用古典物理定律得到，因為它的本質屬於量子力學。這些亂數數列，能當成每一個偵測站中，兩個普通圖靈機的部分輸入，這些機器用這些輸入進行某些計算。現在，由兩個圖靈機組成的整個設備，能視為單一電腦。因為量子力學的相互作用，不能用古典力學評估，因此這台電腦不能化約成一台萬用圖靈機。

雖然我有「非圖靈機」的觀念已有多年（其他人也提出類似的機器），但我找不出哪一個問題能由這台新機器解決。1985 年在雪特島第二次大會中，我遇見物理學家費曼。我知道他對計算的基本問題很感興趣，這個興趣部分來自於與電腦科學家傅雷德金的討論。我告訴費曼我找不到一個適合的問題讓「量子電腦」來解決，當然這個問題不能在一個標準圖靈機上完成。他立刻說：「量子電腦能模擬量子力學的關聯性。不會有任何普通電腦可以做到。」當然他是對的，但我仍在尋找的是一個邏輯問題，而非模擬。

圖靈機能模擬人腦嗎？

　　這個問題的困難，在於圖靈機定義了我們所說的「可計算」及「可決定」的意思。標準數學問題是設計成可計算的。因此，要發現「量子電腦」能做而圖靈機上不能做的問題，我們需要改變以往對數學領域的思考。這聽起來似乎有點「本末倒置」。無論如何，這個例了說明了數學上的可計算性是根據電腦，但最終則根據自然的實際物質律。以後可能會有很多不同種類的非圖靈電腦，它們將賦予計算及數學理念新的意義。

　　圖靈機能模擬人腦嗎？假如量子力學關係在神經網路中扮演了基礎角色（沒有證據），則人腦不能為普通的圖靈機所模擬。另一方面，假定人腦的基本操作可用古典物理正確描述，那麼決定性混沌在頭腦作用中，也許扮演了某種角色。原則上，圖靈機能模擬每個原子在人腦中的運動。但即使我們使用最大的超級電腦（相當於一個圖靈機）模擬一毫秒的人腦操作，都需要上千年。那不是一個實際可行的過程。

　　某些人以為人腦的智慧行為，能以圖靈機模擬，可是這並不意指它的物理狀態可模擬。事實上，這些人完全不管人腦的構造。他們暗示模擬發生在一個較高的概念及符號階層。無論如何，因為概念及符號在它們的脈絡之外，並沒有明確的定義，所以模擬問題是未定義清楚的。因此，我們如何能預先安排電腦來做這樣的模擬，也是不怎麼清楚的。

　　所以，要回答人腦是否能在圖靈機上模擬，首先得認清人腦操作在基本上是否屬於量子力學？假如不是，則原則上人腦能模擬，但實際上，這仍是一個完全不可能的工作。

期待改變文明的答案

　　數學從千年前的宗教根源，延伸到今天的抽象及普遍形式，它的成就令人敬畏。數學是人類文化的力量，毫無疑問它將繼續深入未來，並且帶給我們更多的驚奇。我們或許只在探究的開頭，數學的大陸及世界仍等著發現。至於何處才是冒險的終點，到現在仍無法看得到。

　　數學對象存在「哪裡」？「如何」存在？似乎仍是深奧的疑問；數學思考的性質仍是一大祕密，而這些問題的答案尚未揭露。這個迷惑是物質表現知識、存在、思想的普遍問題。

　　至少在二十世紀，我們對真實的超驗秩序（如數學對象）已能由它的物質表現及實際物理過程來思考。同樣的，宇宙的物質秩序除非藉由超驗概念，否則無法透過理性表達，這些概念很多來自數學及邏輯。超驗觀點及自然觀點是一元實體的兩面表現。由於我們思想及語言的範疇，尚不能容納此一元實體的整個表現，因此它仍

是無法捉摸的。只有經由經驗上範疇構造的改變——這是藉由經驗科學的發現所造成的改變，以及對心靈更深入的了解，才能達成整體觀念的表現。

　　屆時，我相信部分的答案也許在於：我們過去問了許多錯誤的問題，也錯誤區分了「超驗」與「自然世界」的分別。但一旦能看到這個答案，應該算是相當不錯的成就了。當那天來臨時，這個答案將改變整個人類文明。

第 **13** 章

創造的工具

給我一個支點，我就可以移動地球。

—— 阿基米德

　　我在十二歲的時候，曾經親手拼湊過礦石收音機。所需要的零件都可在五金行中買到，包括電線、電阻和晶體。我認真把電線纏在衛生紙的捲筒上當感應線圈，銲上線，然後把它釘在麵包板上。天線則從二樓窗口一直拉到鄰家的樹上。另外利用避雷針當地線一直埋到地底去。我大致了解它的原理，可以想像電流先在天線上振盪（由電波引起），然後是晶體、線圈振盪，接著電容器濾波選出適當的振動。每次戴上耳機，收聽到電台的節目，我總是很驚奇。我只是像拼圖一樣，把零件湊了起來，整個電波世界就開門了，不知道還有其他什麼由簡單東西拼湊的奇妙設施。雖然礦石收音機的選波功能不大好，但自己製造的感覺真棒。

　　我有一個鄰居是業餘無線電玩家，也就是通稱的「火腿族」，後來他幫我造了一個短波接收機。我利用打零工賺的錢去費城買零

件，測試了每個零件，所以裝好後馬上就成功了。我記得，它能收聽到歐洲及非洲的電台，從原件組成的收音機居然能得到各地的訊息。

　　直到今天，收音機及電視的成功，還是令我驚奇。

唯有「由下而上」

　　幾年之後，當我們夫妻倆與朋友在肯亞北邊的伊索羅沙漠中狩獵旅行時，我想起拼湊礦石收音機的經驗。我的一位獵人朋友，剛剛射殺了一頭襲擊村莊的野牛，然後我看到兩個十來歲的黑人勇士當下剖開牠。他們熟悉野牛的每一部分，並仔細留下他們要的部位。他們對水牛內臟的認識，就像我深知收音機的內部一樣。

　　結束伊索羅之旅的幾個星期後，有一天，我在奈洛比的一條老街閒逛（我喜歡城市的老街），無意中發現了一些專修各式東西的店鋪。這裡的肯亞人，以前不是獵人就是牧人，他們努力工作，安裝現代城市所需的設備，包括冷氣機、電冰箱、汽車收音機。這些工人顯現的當地產業特色、工作的狂熱及勤奮，令我印象深刻。我以前所見的獵人技巧及人類的心靈狀況，完全在這些工人身上顯露出來。

　　後來，我和一群非洲人，談論如何加速當地的教育及新興技術的發展。當時他們已表現出需要以電腦當教育工具的觀念。我問到，是否有任何人熟知電腦的內部構造，例如如何操作——不需要很詳細，只要有一些基本概念即可。沒有一個人知道，而且，也沒有人覺得這很重要。我不同意這個看法。我認為非洲未開發國家的前途，有賴於基礎建設（鐵路、公路、下水道等）的發展，就像我

在奈洛比老街所看到的技術，不要嘗試引進不合適的高級技術以躋身工業國家。

我們必須從「由下而上」的方法了解物品的完成過程，否則會認為這些技術像是魔術，對世界產生妄想（像工業國家般）。日本人就是經由這種方法，教育了他們的子民，但他們發現僅僅模仿及抄襲，不能讓他們成為世界市場的龍頭。人類要成就任何事業，除了透過「由下而上」這個方法之外，別無他法。

當我還是史丹福大學研究生時，這種「由下而上」的風氣使我印象深刻。很多物理學家正參與建造第一台超大型直線加速器，它是個超過三公里長的怪物，價值高達一億二千五百萬美元。高能電子沿著一條長形真空管道加速，粉碎核靶。這種冒險任務過去從未嘗試過。

成功的關鍵——動手做

有一天，製造這台機器的科學家碰到一個人麻煩。在特定能量下，他們發現一種新的、未預期的不穩定，瓦解了高能電子束，除非避開這個能量，否則整個計畫將失敗。計畫主持人兼物理學家潘諾夫斯基（Wolfgang Panofsky），立刻停止一切行政瑣事，組織了一個專家小組研究這個問題，並建造了新的測試設備。他不只是下命令的管理者，也是掌握細微末節的研究者。

記得曾有一次，在午夜過後，我看到他在機械工廠的車床邊工作，正著手建造測試設備（有多少技術導向的基礎工業負責人，能在危機時身先士卒？通常唯有優秀人才才能夠如此，有些人在日後則成為創始者）。兩個星期之內，潘諾夫斯基和他的工作小組克服

了不穩定問題。當他確信不會再有問題時，才回到行政崗位。他從由下而上的過程中，認識了複雜的機器。這件事，使我想到自己的技巧：我雖是理論物理學家，但我仍知道如何操作車床。

這種「動手做」的研究方式，是現代科學成功的關鍵；不想把手弄髒的人，不會在科學界有輝煌成就。有一次，我提著投影機到演講廳，碰到一位傑出的亞裔同事，他注意到我正提著投影機，問我為什麼要這樣做。我說因為那一年我負責所有的演講，必須為演講者提供視聽設備。這位仁兄看起來若有所思。然後他說因為他要負責下一年度的演講，他想要找個祕書提投影機而不準備自己提。我回答：「老兄，這就是為什麼現代科學在西方萌芽，而非東方的主要原因。」他立刻領悟了我的觀念，隔年我果然看到他毫不抱怨提著投影機到演講廳。

當我推崇「動手做」研究，及機器和設備要「由下而上」了解時，某些教授企圖鼓吹的「由上而下」研究方法攪亂了我，這個方式會造成物質存在基礎概念的消失。它只能產生一種人，這種人在操作及管理現代社會中的複雜技術或設備時，抱持著不切實際的成功想法。

「由下而上」的發現，改變了我們的生活方式，它是由那些深入物質細節的人所完成的，他們以一種新的方式來看物質基礎。這就像蘇格拉底的看法一樣，他發現真正的知識來自街上、工作台及商店中。技術行為是一種知性的信心遊戲，它通常受經濟及社會的影響，它很容易由人的信念來運作。

用心觀察細節

　　上帝存在生活細節之中。任何不用心觀察的人，很容易流於偶像崇拜。但我們如何到達細節深處呢？我們如何能看到正在發生的事情呢？這些問題的答案在儀器中——儀器是我們創造的工具，然後儀器創造了我們的世界。儀器及實驗方法顯露了現代科學世界，這個世界遠超過大多數人的想像。

　　今天，大自然就是一個儀器的認知實體，在它之中，我們觀察到的重點，是由理論的網連結了它們。很久以前，阿基米德就曾說過：「給我一個支點，我就可以移動地球。」我們參考槓桿儀器，假如桿很長，我們又有一個支點和一個立足點，就能確實移動地球。

　　儀器將許多人類的意識及心智做人工化擴展，推向一個新的世界。隨儀器及實驗之後而來的理論理念，產生了新儀器。有一些例子頗能支持我的論點，因為科學史就像一部儀器史，它也是理論觀念的歷史。

　　伽利略或許未建造出第一台望遠鏡，他卻是第一位用望遠鏡來審慎觀察天體的人；他也利用它來增進與梅迪契家族（當時統治佛羅倫斯的義大利家族）的關係。他看到前人未見過的物體，包括了木星的衛星、金星上的山丘，他斷定這與教會主張的托勒密宇宙觀完全不同，而比較接近哥白尼的宇宙觀。他對抗羅馬的宗教權威，因而使得新興的科學革命推向北方，在那裡獲得了科學的根基。隨後的人開始改良望遠鏡，可快速觀察天體，因此，光學天文學誕生了。牛頓發展了反射式望遠鏡，它是一種使用凹面鏡當聚焦元件的裝置，它催生了百年之後在美國的威爾遜山及帕洛馬山上所建造的

第一部大型反射式望遠鏡。

天文學歷史能從天文儀器的發展來追溯。赫歇耳（William Herschel）的十五英寸反射式望遠鏡，建造於 1780 年代初，它是當時最好的儀器，指引了赫歇耳首次看到，我們今天熟知的複雜動態宇宙。在十九世紀，望遠鏡上加裝了精確的時間設備，校正了地球的轉動；照相術引入後，量度了恆星的線光譜，開啟了天文物理及恆星化學研究之門。十九世紀末，使用大鏡片的折射式望遠鏡也已明顯到達實用的極限了。經由第一台大型反射式望遠鏡的建造，美洲的天文學超越了歐洲，西方世界的科學重心改變了。

第一次及第二世界大戰，是儀器發展上的一大刺激。諸如高品質乳劑底片的使用、光學技術、由雷達衍生電波望遠鏡的發展，以及載送高空天文設備的火箭，全都是拜戰爭之賜。天文學上所有重大的發現，都來自新儀器或技術前導。今天，宇宙的探索跨越了整個電磁波譜，包括可見光、紅外線、X 射線、γ 射線、無線電波及微波輻射。人造衛星很快就攜帶了太空望遠鏡，這是不受大氣層效應所限制的裝置，它能看到更深遠的宇宙。誰能想像我們會看到什麼東西？假如沒有這些儀器，並且只准用我們的肉眼，那麼今天我們所認識的宇宙恐怕無法想像。或許與未來的儀器相比，現代的儀器是「盲目的」。

探究小宇宙

當望遠鏡的發展探究了大宇宙時，另外的發展則呈現了小宇宙：在望遠鏡既有的技術上製造了顯微鏡。荷蘭科學家雷文霍克建造了高解析度的顯微鏡。他看得見每件東西，尤其是像紅血球、農

夫的牙垢、排泄物的有機物質，他是第一位看到「細菌」的人。當他將觀察結果送到倫敦的皇家科學院時，幾乎沒有人相信，但過了不久，很明顯的，有機小宇宙中的新視野隨之開啟。他的方法受模仿，當有效的儀器落到科學家手中，就開始展現了生命過程的物質基礎。

接下來幾世紀，顯微鏡的解析能力與對比大幅度改良。而照相術的引進，則創造了永久、準確的觀察紀錄，同樣的，相位差顯微鏡的發明，大大改善了辨識能力，這是一項重大突破。

但 1930 年代電子顯微鏡的全新發展，則產生了更重大突破。使用電子極短波長的特性，以及彎曲磁棒當透鏡的電子顯微鏡，能觀察到細胞小世界中的新細節。生物學家利用這種新儀器，探究了活生生的小世界，而包括 X 射線繞射、放射性追蹤劑、質譜儀、紅外線光譜儀及微波光譜儀等其他儀器及技術，則提供了詳細的化學分析；層析儀的出現也顯現了大型有機分子。同時物理學家建造了高能加速器，這是一種「物質顯微鏡」。它們出現在二次大戰後，並在後來的數十年中探究了超越原子核的世界。最後它們能偵測到夸克——這是質子及中子的組成基石。

新的儀器通常先由科學家建造，假如儀器具有商業價值，有些公司就會加以製造。從實驗室到商品化之路，短則數年，長則數十年。假如市場看好，儀器發展的關鍵，在於能否讓不是專家的人也能運用裕如。精密科學儀器的商業化，是現代科學及技術發展的基石之一。

今天，更有一種新儀器：電子穿隧顯微鏡，它能偵測且「看」到單一原子。它由一根非常細的針組成，針巧妙懸在樣品上，針尖幾乎碰到樣品的表面。在針與樣品之間施一個電壓，因為針實際上

不會接觸到表面，因此按古典物理，針與樣品間不會有電流。但按量子物理，電子實際能「穿越」間際，而產生可測量的電流。這個電流量對間隙距離非常靈敏，以致於針尖在樣品上移動，能偵測到單一原子產生的峰谷狀。從距今八十年前，物理及化學家尚不相信原子存在來看，這真是一條漫漫長路。

達爾文的「儀器」

但是在某些情形下，儀器推動科學發展的情況不是很明顯。達爾文的演化論就是一個例子，但是它的確是科學家及大多數人，思考生命起源問題時的最重大轉變。從亞里斯多德之後，達爾文的學說可說是人類思考生命問題的集大成。他的儀器是什麼呢？他確實用了顯微鏡，那個時代的博物學家已很熟悉這種儀器。但這些不是他的偉大發現中最重要的部分。

達爾文的儀器是一艘名為「小獵犬號」的船。他乘著船繞行地球達五年之久，蒐集了很多樣本。船雖然是以前就有的，但他和這具儀器的配合，卻讓人類思考從未探視過的、對生命的展望。達爾文航行中的所見所聞，激發了他的思考，進而促成他完成了生物的演化論。

為了說明船是達爾文的儀器，我參考了古爾德所寫有關阿格西（Louis Agassiz）的航行文章。阿格西是十九世紀頗具影響力的美國博物學家兼科學家，也是宇宙創造論者，他認為達爾文簡直錯得離譜。所以他在晚年，決定重踏達爾文的足跡，追查他的南美之旅，並到達加拉巴哥群島，希望能證明達爾文錯了。雖然他從未寫下詳細的旅行紀錄，但他的所見所聞必動搖了原有的想法，後來他的確

不再反駁達爾文。阿格西經由達爾文的「儀器」來看世界,他不像伽利略時代的紅衣主教,拒絕從望遠鏡來看天體,最後,他所看到的一切終究使他自己的信心動搖。

儀器改變了認知與想像

今天,人類已完成太空之旅,發明了電波望遠鏡、高能加速器、電子顯微鏡、電腦,以及能分析複雜生物分子的機器等新穎並且有效的儀器。這些儀器創造的現代科學世界,超越了我們的認知。我們創造了儀器,儀器則改變了人類的認知以及想像。

雖然我相信新技術的引進或老技術的新方法運用,能解釋很多巨大的科學改變,但不是所有情況都如此,堅持這個觀念是很愚笨的。技術在文化呈真空狀態時不會存在,它靠的是扎實的文化背景。也就是說突然的發現,是需要早已預備好的心靈,這個心靈是透過文化來陶冶的。但若只有這樣的心靈,一旦不提供儀器,科學注定會失敗,亦即對科學發現而言,儀器雖不是充分,卻是必要條件。

雖然「物質儀器是科學創造的根本」不是什麼新調,科學家和哲學家並不太重視我的觀點,他們強調的是「思考導引出發現」,儀器及少數製造者是沉默的,但知識份子的思考形式涵蓋一切。這種強調「想」及「寫」比「做」及「製造」更重要的古典文化態度必須改變。

我也認為我們對儀器的概念太狹窄了。當我們想到儀器時,就會想到顯微鏡、望遠鏡、電子測量設備等物質製品。但人類也流行「認知儀器」,尤其是人心會將數學技術當成工具促進發現。十九世

紀黎曼彎曲空間幾何的發明，就是一個例子——當愛因斯坦創造廣義相對論時，它就變成他手中的「認知儀器」。牛頓也必須用微積分，當成敘述力學定律的適當數學語言。同樣的，當物理學家發展統計力學時，他們從數學家手中得到機率數學。

另外一個最現代的「認知儀器」是新發明的軟體。新的數學演算法，使科學家能更有效使用電腦，並解決以前的棘手問題。程式具備獨特的解析能力，使科學家在新發現之中，站在有利位置。這些「認知儀器」本來僅限於概念及資訊領域中，可是科學家將它們使用成工具，擴大了人類的解析能力。

科學上最後的未知領域

今天，在探究大宇宙及小宇宙中，有物質儀器及認知儀器的偉大陣容，這兩個主要的未知領域，代表人類感官的極限範圍。現在，我們對真實世界的領域已有完整的概念。毫無疑問的，當我們的儀器改良時，將帶來更多的驚奇，許多重大發現等待我們去發掘。我相信，從數世紀之後回過頭來看，最近幾世紀的科學演化，只能看成是一個開始——只是在真實領域中的探索和打樁而已。

我們的儀器已顯示了原子、分子、質子、細胞等不可見的世界，人類已經知道這些世界中存在的物體。我們無法詳細知道它是如何組織的，這是一個複雜性問題。假如說，現代科學的前三個世紀擴展了人類感官，並學習了物質及生命的特性，那麼，後三個世紀看到的將是複雜科學的興起。它的來臨將展示新的科學寶庫，這個複雜性將是我們科學上最後的未知領域。

為了素描這個新領域，我們只要回想所有物質都是由原子組

成，世界的複雜性只是六打不同原子排列的結果——這真令人驚奇，但這是千真萬確的。

從原子組合中，建造了分子、細胞及活的生命。但生命的存在，只是很多複雜且有趣分子的排列之一，它能適應地球的環境。其他同樣複雜且有趣的分子組合，也能由人工構成。沒有人知道原子組成物的限制。假如我們不知道生命的存在（假定我們是其他生物）則沒有人能猜測出它的可能性。原子及分子若不能以完全不同方式排列，這是毫無道理的。

1959 年，物理學家費曼做了一次演講，題目是「這下面空間還大得很呢！」（There's Plenty of Room at the Bottom）。他描述了分子城市、分子工廠，修理工能派到人體的破損處去修理。分子電腦將控制這個微小世界，使它有益於人類。新的實體——分子機器人，與生命不同，但具備一些生命的特性。一旦我們抓住這個廣大小世界的潛能及它的可能排列，科學的未來方向就很明顯了。

如何更理解世界？

這個分子世界對人類世界的意義，在卓斯樂（Eric Drexler）的名著《創造的機器》（Engines of Creation）中，已略有描述。他預言當第一部未來組合器建造完成時，將產生「組合器革命」。組合器是能自我複製、組織的分子機器，它們由分子電腦控制，並以十億分之一秒為單位來運作。它們可放到環境中，能採礦種樹、清理城市。簡單來說，它們已成為人類的小分子奴隸。生化學家已在使用有機分子的方向上，經歷了漫長時間。但除了使用生物化學的核心方式外，仍有很多方法可將原子排列成分子。

　　或許我們可以從比活細胞小數千倍的分子中建造電腦。這個奈米技術，完全能修補破壞的軀體，並建造新的生命形式。且不管這樣的幻想能否實現，已知的化學及物理定律中，沒有一個說它行不通。或許，在這條革命的道路上，唯一的障礙是人類如何貫徹決心。

　　精通複雜性，不僅將使我們創造新的世界及生命，也使我們了解一般世界的複雜性成分。透過新儀器、神經科學、生物學，將可以探測最複雜的軀體及人腦，這是個會耗費許多時間研究的未知領域。像心靈及視覺上的認知科學研究，或者社會、經濟、語言、文化演化的量化研究，都是複雜科學相關的範圍。哪一種儀器可以使這個世界變得更容易理解呢？

　　電腦是複雜科學的儀器，它將呈現出人類從來不認識的新天地。因為它可以藉著機械方式處理大量資訊，這個科學研究的新工具，早已顯示了一個新世界。這個世界以前我們接近不了，這倒不是因為它很小或是很遠，而是因為它很複雜，單單以人類的心智是不能了解的。

　　我們常常視電腦為輔助工具，例如商業上的應用或深具潛力的人工智慧。無論如何，我在此強調的是，電腦的角色是一個研究儀器，它是第一個新生代儀器，可拓展複雜性的領域。這個拓展將是科學界的最大探險，算得上是第二次科學革命（第一次革命是由哥白尼、伽利略、牛頓的力學所引發）。

　　電腦的複雜性新科學，將會消弭各學科間的界限。生物學、物理學、電子工程、經濟及人類學中的某些問題，能用相似方法討論，這並不是因為這些領域有一些性質重疊，而是因為解決這些問題的特殊抽象技術是相似的。未來的科學組織，正如大學中所分的

各科系，將會大幅改變，這些都將呈現出科學上的新階層組織。

　　一旦我們重視世界的複雜性，它將是一種挑戰而非阻礙——這會是一個機會而非障礙，科學的未來視野也將隨之擴大。現在探索這個世界的儀器已建造完成，那就是電腦，而這種儀器的改良，根據的就是複雜科學的進展。

　　我已經在本書的第一部分描述了很多這類問題，包括認知科學的問題、心物問題、思考科學寶庫的問題。當複雜科學成熟時，這些都將迎刃而解。科學發現明顯影響了哲學，科學家用興起的複雜科學，開始思考哲學家的傳統知性領域——心靈。這意味著「思辨哲學」的結束，回歸到昔日的自然哲學家精神，他們毫不猶豫在實驗室或工作台前，捲起袖子「去做哲學」。

　　哲學家早就在寫軟體了。

　　當然，仍有純理論派學者堅持科學必須根據認識論，以哲學為基礎。但假如我認為科學發展就像是生命的演化，則那種思辨科學的實用性，及科學真理的哲學方法簡直就不合適。哲學不是科學的基礎，科學也不受它評斷，就像哲學並非生命演化的基礎一樣。

縮短人與自然的距離

　　我相信新科學的最大衝擊，將是縮短了自然及人類之間的距離。因為當我們了解如何處理複雜性時，自然科學與人性間的傳統障礙，不會永遠維持下去。人類文化、情感及信仰的秩序，將以一種新的科學方式描述。就像義大利的文藝復興一樣，未來人文的新形象，將隨著當代互相溝通的科學及藝術孕育而生。

　　我堅信現代世界的歷史，在未來將看成「科學」及「技術」的

歷史，它將支配國際局勢的演變。世界的未來將由專精複雜性新領域的國家及人民所掌握，因為它將是財富、安全、福利的來源。

培根曾說：「知識就是力量。」他說出了宇宙的真理，但這個想法留下了一個大哉問：我們是否具備執行這個力量的智慧？具備智慧的我們，是否願意為千千萬萬沒有能力的人服務？有時候，我懷疑是貧困或貪婪阻擋了我們。但我仍是樂天派，我相信知識加上智慧發揮出的力量，將是超越死亡的生命力。

我始終深信，人類事物的秩序不完全由威權建立的那一天，是會來臨的。甚至假如那一天永遠不會到來，曾經抱持著這個希望的人，此生也可以說是了無遺憾。

|第三部|

結論

第 **14** 章

理性之夢

理性之夢帶來妖怪。

—— 西班牙畫家高耶（Francisco Goya）

　　在本書中，我探討科學的領域和人類理性的極限。科學提供對真實世界的理性觀點，這觀點將宇宙視為有秩序，無論活的或死的，都看成按規則運行的物質世界。

　　這是極有力的觀點，嚴謹且簡潔，但卻對人類最關心的問題出奇沉默。

　　科學能讓我們知其然，卻無法知其所以然。

　　政治、法律、藝術和宗教，則提供對真實世界的其他觀點，從第一人稱立場出發，根據的是實用或美學的理性原則。正如幾世紀以前義大利哲學家維科所指出的，這個真實世界（文明與文化的世界）才是我們真正能掌握的，因為這個世界是我們而非上帝所創造的。

創造的瞬間、失望的深淵

也有完全非理性的觀點，無關規則、無關判斷，但往往能在瞬間撕破日常生活的外衣，而讓我們看到真實感情的部分。理性好像是蛋的脆殼，常在危機時破裂，讓我們看到裡面軟弱的部分。這些危機可以是創造的時刻，也可能是失望的深淵——在這樣的時刻，我們周遭的世界改變，我們的想法和價值觀也隨之起了變化。

偉大的量子物理學家鮑立（Wolfgang Pauli）是極端的理性主義者，他病重臨終前，便遭逢這樣的危機。荷蘭宗教史學家奎斯培（Gilles Quispel）曾告訴我以下的故事。心理學家榮格（Carl Gustav Jung）有一次派奎斯培遠赴埃及，買一本「靈知主義」（Gnosticism）的古典經文（後來就叫榮格抄本）。多年後，奎斯培應榮格之邀，做了一系列有關靈知主義的演講。鮑立那時正和榮格合作，寫一篇談「共時性」的論文（探討恰巧同時發生且意義上相關的事件），就來聽演講並參加餐會。奎斯培坐在鮑立旁邊，談話內容十分引人入勝。突然鮑立改變話題，激動問道：「你相信有人類性格的神嗎？」奎斯培嚇了一跳，閃過了這個話題。後來他才知道鮑立瀕臨死亡，正尋找他生命更深一層的意義，此過程使他重新確認他的猶太祖先和傳統。

在那一場關於靈知主義的演講之後，鮑立走向奎斯培，言辭沉重說道：「這神——靈知主義的神，我可以接受。我永遠無法接受有人類性格的神，不可能有這種能忍受人類痛苦的神。」幾個月後，他過世了，他已見到了信仰的神：耶路撒冷的神，而非希臘的理性之神。

1960年代末，我在亞洲旅行，途中在印度加爾各答的統計研

究所演講。我在市內停留數天，獨自閒逛人滿為患的街道。加爾各答是個赤貧的城市，街上漂泊著成千上萬無家可歸的人。我雖然看到貧窮，卻也同時看到井然有序且快活的生活，共存於不可言喻的痛苦中，那是個日常生活和宗教不可分的世界。這場景也讓我憤怒，因為我認為社會改革、教育及行政措施，可以減少許多如此悲慘的景況。

有一天，我獨自走過貧民區一條人跡罕至的巷子。路上有一大堆垃圾，我正要通過時，注意到垃圾中有些動靜，像是隻好大的狗，但我知道那區域不可能有狗。不管是什麼，他突然進入我眼前。他像個大蜘蛛般移動，有個人頭但沒有四肢，他朝我古怪的笑。我嚇了一大跳，急忙向後跑。當我後退時，聽到身後有人聲，一種無法描述的美妙歌聲唱著讚頌大自在天（Shiva，印度神話中象徵破壞的神）的歌，歌頌生存之美。如電擊般，我轉身看到那蜘蛛人唱著，從那極度悲慘的軀體發出超凡的歌聲。那時，我恍然大悟，剛剛拒絕以人道對待那個人，是我得到的教訓。我感到羞恥，發誓以後不能忘記以人道待人，我和那蜘蛛人是有連繫的。

情感危機之後的新價值觀

當為生存而奮鬥，當智識的成分之外還有情緒的成分時，學習會最有效率。情緒不一定是負面的，柏拉圖認為真正的教育必含有情慾的成分。我們的感情生活不受理性拘束（雖然也可以用理性來檢視它），在感情最濃密之處，我們知道沒有規則可以遵循，引導我們安抵彼岸。這是創造的機會，我們常會在情感危機之後，學到新的規則和價值觀。

危機可能來自混亂及不確定，此時總是有危險，不知不覺中陷入智識、政治、科學或宗教上的基本教義派。其特徵是能找到絕對的堅信（堅信階級鬥爭、科學的絕對或聖經的絕對），像是一個找到堅石為立足點的人。但它實在是人類智識上的末期病狀：一切發展已停止，成長所需的不確定和風險都已消除。

我們需要分辨這種基本教義派想法，和有道德理念之人的真實信念。前者是把個人內在的信仰投射到外在世界，而以為同樣理所當然，則世界（而非個人）變成是確定的。而信念的本質是把個人信仰當成純粹的內部事物，個人的主觀部分並不一定屬客觀世界。所以，我們的信念可以是很堅強，但它會演變和成長。因為它並不是視為磐石般的外在實體，而是個人創造性的一部分。

人類感情既有如此巨大的力量，包括創造、實現或毀滅的潛力如此雄厚，那麼脆弱的理性又怎能規範我們的生活？尤其當面對互相衝突的價值觀時，光靠理性是不夠的，那些價值觀往往取決於我們的國籍、文化、種族、年齡和性別。

進一步而言，極力想了解自然和心靈的複雜科學，能提供我們什麼洞識呢？信仰的巨人馬丁・路德（Martin Luther）雖理性推動他的運動，但他曾說「去他的理性」。阿奎奈（Thomas Aquinas）把理性看成是人內在神性的表現，但他知道信仰是「底線」。高耶親眼目睹啟蒙時代的理性之夢，轉變成猙獰的拿破崙戰爭。

理性的殿堂

追究起來，理性的殿堂是否只不過是為那無意識的、原始的感覺服務呢？還是它是領航員？簡言之，第三人稱的觀點如何能啟

發第一人稱的存在熱情？

　　首要的重點，是科學發現提供了我們對宇宙物質世界的了解。至少，我們的信念和哲學觀要與科學不衝突，雖然不一定要植基於科學。若你採的信念直接與科學事實矛盾，你就冒了很大的險。長遠而言，採這種信念無助於個人或群體的生存。

　　雖然根深柢固的信念不能和科學矛盾，但它也不能只奠基於科學，尤其以宗教信仰為然。天主教長久以來曾以托勒密的地心宇宙觀為其信仰支柱。當哥白尼推翻該宇宙觀，教會便感到它的信念受到威脅。衝突的發生，肇因於科學發現總是暫時的，而信仰卻追求永恆。如果信仰植基於科學，當科學對實體的想法改變時，它會顛覆信仰。

　　今天，西方有些人著迷於東方宗教，他們說現代量子論和東方宗教比較吻合。這樣把物理和宗教之間做聯繫是非常膚淺的，完全不能與科學理念或宗教洞識的深度相提並論。東方宗教信徒聲稱冥思狀態和量子場有關，這種說法往好處想是一個錯誤，往壞處想可就是欺詐。想要把自然科學，直接和主觀的心靈狀態聯繫是相當可笑的。從錯誤事實中，不可能產生正確的道德理念。

　　新的複雜科學讓我們知道，如何從簡單規則中產生複雜結果，我們描述的許多電腦模型便是基於這種想法。我們的一些道德行為看來十分複雜，但它們可能源自可以了解的簡單元素。科學無法做價值判斷，但它卻能幫助我們了解。

　　我不知道有沒有行為合乎倫理的電腦模型存在，但有許多經濟行為的電腦模型，詳究起來頗能發人深省。一個特性是它們往往與直覺相反。我記得有些經濟學家朋友曾問我一些問題，如做某件事是否會導致利率上升。雖然我竭盡所能推測，但是答對和答錯的機

率幾乎各半。因為我忽視某些因素，正確答案就往往與直覺相反。

　　我猜想我們的許多價值觀也是如此。我們希望達到某些目標，因此採取了有利於此的價值觀。但若我們能模擬那價值觀的複雜後果，也許會發現，最後的結果往往恰與我們的期望相反──因為，人類的思考百密總有一疏，那最想要的事沒能實現，或者它有其他副作用。新的複雜科學及電腦模擬所提供的視野，也許可讓我們從中領略價值觀的另一面。科學不能解決倫理衝突，但它可幫助我們更精確了解衝突點何在。

　　以說謊這件事為例。我們篤信誠實的價值，認為人不應該說謊。但若每個人永遠都說實話，人們可以相信別人說的任何一句話，那麼社會上若出現一個說謊的人，他便可以牟取極大利益，這就不是一個正常社會的狀況。另一方面，若社會上每個人都在說謊，那根本無法運作。平衡狀態似乎是社會上的人多半誠實，但偶爾說謊──真實的世界似乎正是如此。從某個角度而言，正因為我們當中有騙子，我們自己也有時撒謊，所以我們通常既誠實又謹慎。這種科學分析可以幫我們了解自己的行為。

呈現世界的另一種面貌

　　新的複雜科學也將直接挑戰人類的價值觀。在生命醫學的倫理上，這個現象早已發生。對人、動物基因的修改，藉由人工延續生命及器官移殖都頗有爭議。未來，這種問題會層出不窮。有一天，人們會對人工生命有道德顧慮──我們對自己創造的生命有何責任？我們能讓這種生命彼此傷害或互相殘殺嗎？我們也許要考慮人工生命可容許的行為有哪些。也許最後，我們該讓創造出來的生

物自行決定他們要怎麼辦。

　　因為複雜科學會改變科學的架構，將呈現真實世界的另一種面貌，也必將影響我們看待白己和人性本質的方式。

　　愛爾蘭詩人葉慈（W. B. Yeats）在晚年表示，他畢生盡力發掘深層真理，並且在作品中反映出來，最後他發現做不到，但他了解到人可以具體表現這個真理。換言之，真理的容器是我們自己的血和肉，我們的生活及行為都反映出這個真理。

　　以複雜理論來說，葉慈的洞識表達了不可模擬系統的獨特性。這是思考「你是誰」的一個方式——一個無可模擬的生物系統。沒有人能以一個較簡單的系統模擬你和我。我們做出的物品可以視為一個模擬，它可以比我們身體支撐得更久，但它絕對無法捕捉人類心靈的豐富與深度。貝多芬就曾說，他寫下的音樂，絕對無法比得上他內心聽到的音樂。

如來佛掌中的孫悟空

　　由此觀之，不但個人是不可模擬系統，整個文化及生命更是如此——它是一個龐大的「計算系統」，這個系統也許是在一步步解出造物者的謎題，這謎題我們迄今無法理解。我們像個三維的格狀自動機，按自然律的簡單規則，發展出生命遊戲的無限複雜後果——一個奇異的形象。而就如所有不可模擬系統一樣，我們的未來不可預測，盲然不知朝向何處。有些人也許對「自行發展到最佳狀態」的智慧較有信心，其他人則計畫、控制或是試著預測。這些人全都在系統內競爭與合作。這就好像《西遊記》中的孫悟空在如來佛掌中翻筋斗，發現即使翻到宇宙盡頭，也還在如來佛掌中。我們

根本無法從生命遊戲中跳脫出來。

推理過程雖考慮了世界本質，但都是從公設出發達到結論。人不能只靠理性來推演倫理價值，因為不同價值的人，就會選擇不同的公設。我們要靠什麼事物來規範價值的形成呢——我們從哪兒得到指引呢？

千年以來，人類已對這類問題提出各種答案。有些人認為，在人之上的超驗基礎，才能形成我們的價值——指的就是上帝。另外有些人則訴諸權威——教會、政黨、憲法、大師或文化傳承。另外一些有哲學傾向的人，則基於某些普遍原理，如康德的「定言令式」、羅爾斯（John Rawls）的「無知之幕」，及費爾阿本的「相對民主」。現在大家應已明白，每個理性的人都接受的價值標準，是不可能存在的。人類的文化呈多元化，需求亦多樣，從殘酷到神聖無私都有，因而有不同的價值。另外有些人則認為，我們應信任內心的感覺來定是非。但這種信任很容易誤託，個人和國家都曾因此受騙受害。那麼面對道德抉擇時，我們靠什麼取捨呢？

尋求倫理的絕對標準，有點像在科學中找尋絕對真理。有些科學哲學家要求永恆的科學知識，現在我們知道那不可能，科學是個選汰性系統，它受制於我們對真實世界的了解。同樣的，倫理秩序體現於人類多元的文化及生存的衝突中，而非靠任何超驗的、抽象的或情感的原則。我們的抉擇，要定位在現有權力關係，即特定社會文化環境中，而不是想像的世界裡。抽象倫理原則，若不能落實於複雜世界裡的個人抉擇時，就好像脫離實驗的科學。

面臨道德抉擇，詢問要什麼樣的指引，就好像一個物種在下一步演化前，要哪一種指導方向一樣。我們的道德行動，是否代表一種體現於文化、法律和行為之中的選汰性系統？如果是的話，我們

選擇出來的就是倫理秩序,就像天擇之後得到的是物種的形態。

精神冒險的分水嶺

雖然各種價值系統可視為互相競爭或合作,以備人類抉擇,但當你、我面臨抉擇時,這些想法有什麼用呢?了解這是一種選汰性系統並不能幫助我們做抉擇,但能告訴我們抉擇的後果。我們的行動變成自我建造,它塑造我們的性格,決定我們和文化的關係。我們仿效典範,由此塑造了自己的性格,也塑造了文化。

認清必然性之後,我們才有自由。

個人如何行動,決定於我們與深層原始感覺之間的聯繫,這聯繫是脆弱易誤的理性達成的。我們的倫理行為轉變為一種準則,其過程是不可模擬的,就像演化。為達到某一特定目標應如何行動的問題是無解的,就好像預測不可模擬自動機的前途一樣。

理性夢想著建築起知識帝國與心智大廈,但有時我們卻住到了它旁邊的小茅舍中。理性顯示我們創造和毀滅的力量,但如何善用這股力量,則取決於比理性更深層的潛能,其深沉更甚於傳統和文化,一直深入到生物演化的原動力。這股力量使生命戰勝死亡,也是我們之所以能演化成人類的原因,它也使我們勇於面對生存的掙扎,並且奮力不懈。

我們無疑正站在人類精神冒險的分水嶺上   知識的新綜合體、藝術和科學的整合、對人類心理的深入掌握、宗教文化對人類生存與感情的深刻描述、基於合作及非暴力競爭的國際秩序等等,似乎都是可以期待的了。

未來永遠屬於會做夢的人。

科學文化 A03

理性之夢
科學與哲學的思辨
The Dreams of Reason
The Computer and the Rise of the Sciences of Complexity

國家圖書館出版品預行編目(CIP)資料

理性之夢：科學與哲學的思辨 / 裴傑斯(Heinz
R. Pagels)著；牟中原, 梁仲賢譯. -- 第三版.
-- 臺北市：遠見天下文化, 2016.02
面；　公分. -- (科學文化；A03)
譯自：The dreams of reason : the computer
and the rise of the sciences of
complexity

ISBN 978-986-320-932-4 (平裝)

1.科學哲學

301.1　　　　　　　　　105000134

原著 ── 裴傑斯（Heinz R. Pagels）
譯者 ── 牟中原、梁仲賢
科學文化叢書策劃群 ── 林和（總策劃）、牟中原、李國偉、周成功

總編輯 ── 吳佩穎
編輯顧問 ── 林榮崧
責任編輯 ── 李淑嫻、胡芳芳；林榮崧；林柏安
封面設計 ── 張議文
版型設計 ── 江儀玲

出版者 ── 遠見天下文化出版股份有限公司
創辦人 ── 高希均、王力行
遠見・天下文化・事業群 董事長 ── 高希均
事業群發行人／ CEO ── 王力行
天下文化社長／總經理 ── 林天來
國際事務開發部兼版權中心總監 ── 潘欣
法律顧問 ── 理律法律事務所陳長文律師
著作權顧問 ── 魏啟翔律師
社址 ── 台北市 104 松江路 93 巷 1 號 2 樓
讀者服務專線 ── 02-2662-0012 ｜ 傳真 ── 02-2662-0007, 02-2662-0009
電子郵件信箱 ── cwpc@cwgv.com.tw
直接郵撥帳號 ── 1326703-6 號　遠見天下文化出版股份有限公司

電腦排版 ── 極翔企業有限公司
製版廠 ── 中原造像股份有限公司
印刷廠 ── 中原造像股份有限公司
裝訂廠 ── 中原造像股份有限公司
登記證 ── 局版台業字第 2517 號
總經銷 ── 大和書報圖書股份有限公司　電話／ (02)8990-2588
出版日期 ── 2020 年 2 月 19 日第三版第 2 次印行

定價 ── NT420
ISBN ── 978-986-320-932-4
書號 ── BCSA03
天下文化官網 ── bookzone.cwgv.com.tw

天下·文化

BELIEVE IN READING